# Diseño y desarrollo del currículum

Isabel Cantón Mayo
Margarita Pino-Juste
(coords.)

# Diseño y desarrollo del currículum

Alianza Editorial

Primera edición: 2011
Cuarta reimpresión: 2021




Calle Juan Ignacio Luca de Tena, 15; 28027 Madrid
www.alianzaeditorial.es

PAPEL DE FIBRA CERTIFICADO

ISBN: 978-84-206-6398-2
Depósito legal: M. 39.732-2011
Printed in Spain

# Índice

# Introducción

La palabra «currículum» tiene que ver con la latina *carrera* y puede referirse a dos ámbitos: la carrera de la vida a los contenidos o materias de una carrera de estudios. Realmente para Kliebard el devenir del currículum es el de la historia social. El primero en utilizar la palabra currículum fue Bobbit, en 1918, referido al curso o cuerpo de cursos de una institución educativa. En la actualidad el currículum, sintetizando propuestas legislativas y técnicas, se refiere al conjunto de competencias básicas, objetivos, contenidos, metodología y evaluación que los profesores planifican, desarrollan y evalúan en los centros educativos. Desde la LOGSE (1990), el currículum responde a las preguntas ¿qué enseñar?, ¿cómo enseñar?, ¿cuándo enseñar? y ¿qué, cómo y cuándo evaluar?, abarcando las respuestas a estas preguntas los conceptos señalados antes. Por su parte, la LOE (2006), en su artículo 6, define el currículum como «el conjunto de objetivos, competencias básicas, contenidos, métodos pedagógicos y criterios de evaluación». Existe un acuerdo genérico entre ambas con la incorporación de las competencias en la última de las leyes educativas.

Términos cercanos son el «diseño curricular» y la «teoría curricular». Diseño, viene de la palabra latina *designo,* dibujar. Está vinculado a la planificación, a la forma de una cosa u objeto, a la visión espacial del mismo. Tiene dos acepciones que nos sirven a los educadores: como proceso (planificación de la enseñanza) y como producto (materialización de la idea previa o proyección). El currículo entonces es el diseño que permite planificar las actividades académicas con anticipación de los objetivos previstos en la educación. El diseño curricular es la planificación de este proceso de enseñanza-aprendizaje, es decir, el puente entre la teoría y la práctica, entre la realidad diaria de cada ciudadano y el mundo de la escuela de docentes y discentes. Esta planificación conlleva una serie de fases o tareas que se explicitan en los elementos prescriptivos del currículum y debe llevar parejo un proceso de reflexión basado en el conocimiento y la acción.

Ello implica el dominio por parte de los docentes de determinados contenidos teóricos que permitan la toma de decisiones fundamentada durante la elaboración de proyectos y programas.

El currículum, entendido como previsión estructurada de conocimientos y experiencias de aprendizaje, debe implementarse de forma innovadora para que facilite la resolución de problemas de la realidad de modo reflexivo, crítico y creativo. El currículum no es aséptico o neutro, sino que está teñido de influencias culturales, políticas, sociales, históricas y hasta personales. Su función es conseguir en los educandos la adopción de una cultura compartida en el proceso de escolarización de cada país con sus niveles, tradiciones y costumbres.

La finalidad de este texto es ofrecer unos contenidos organizados y estructurados de forma didáctica que permitan el dominio y la consolidación de conceptos básicos sobre el currículum y el diseño curricular desde dos perspectivas: una teórica que permita la fundamentación y justificación de las acciones docentes, y otra práctica que haga posible descubrir las reglas básicas de la programación didáctica.

De ahí que consideremos que el texto puede ser muy útil para los docentes de cualquier nivel educativo que se estén formando, pero también para el profesor en ejercicio que pretenda actualizarse o revisar sus técnicas de programación didáctica.

El libro se estructura en trece capítulos donde se trabajan todos los elementos prescriptivos del currículum desde una perspectiva teórica y, además, en la parte práctica, se ofrecen cuatro unidades didácticas programadas desde diferentes modelos y aplicando diferentes métodos didácticos con el fin de que sirvan de guía y ayuda al profesorado de todos los niveles educativos.

El capítulo 1 se centra en la conceptualización de la didáctica a través del estudio de las definiciones ofrecidas por diferentes autores ya que, como término polisémico, goza de diversos significados que varían con el devenir de los tiempos y los contextos. También se estudian términos relacionados como: enseñanza, aprendizaje, instrucción, formación intelectual, etc.

El capitulo 2 se dedica a detallar algunas de las competencias más importantes de un docente como son: la comunicación, la regulación de los espacios de aprendizaje, la formación ciudadana, la observación en el aula, el compromiso con la formación permanente, el diseño y gestión de los procesos de enseñanza-aprendizaje y la organización de los centros educativos.

El capítulo 3, titulado «Teorías y modelos curriculares», intenta resumir las teorías que nos ayudan a dar respuesta a las nuevas realidades científicas de cómo se organizan los procesos de enseñanza-aprendizaje.

El capítulo 4, sobre el diseño curricular, analiza y justifica este concepto y determina su estructura y funcionalidad. Además, se describe cómo el diseño curricular modela la práctica educativa y se explicitan los principales modelos de currículum.

El capítulo 5 se centra en los niveles de concreción curricular, explica el concepto de unidad didáctica y sus elementos curriculares, al tiempo que señala en cada uno de ellos la legislación específica en diferentes comunidades autónomas.

El capítulo 6 realiza una aproximación a los diferentes currículum de Educación Infantil, Educación Primaria y Educación Secundaria Obligatoria, detallando las características de cada etapa educativa, los objetivos y contenidos, la metodología y la evaluación.

A partir del capítulo 7 se detallan aspectos concretos en el diseño de cada elemento curricular. Así, el capítulo 7 estudia las competencias y objetivos; el capítulo 8, los contenidos; el capítulo 9, la metodología; los capítulos 10 y 11 se dedican a los recursos, y el 12, a evaluación.

Se ha decidido incluir dos capítulos sobre recursos dada la importancia de esta temática y la escasez de textos que resuman las principales características de este elemento curricular. Por ello, en el tema 10 se estudian medios y recursos didácticos como el cartel, el póster y el mural, la imagen analógica y digital, el fotolenguaje, el vídeo, la prensa, la radio o el cine y la televisión, mientras que en el 11 se trabajan las Tecnologías de la Información y la Comunicación (TIC) como recurso o material didáctico, enmarcando algunos principios educativos para la enseñanza con TIC y sugiriendo tipos de actividades.

Por último, en el capítulo 13 se explicitan cuatro ejemplos de unidades didácticas de diferentes ámbitos: Educación Infantil, Primaria, Secundaria y Escuela Oficial de Idiomas.

Consideramos que este libro permite a los futuros docentes de cualquier nivel educativo disponer de un manual básico para planificar sus programaciones didácticas, ya que ofrece, de forma sencilla y práctica, una base epistemológica, pero también práctica o técnica, sobre el diseño curricular y sobre cada uno de los elementos del currículum.

Isabel Cantón Mayo
Margarita Pino-Juste

# Relación de autores

**Catalina M. Alonso García**
UNDED

**Manuel Area Moreira**
Universidad de La Laguna

**Ana Rosa Arias Gago**
Universidad de León

**Antonio Bautista García-Vera**
Universidad Complutense de Madrid

**Roberto Baelo Álvarez**
Universidad de León

**Isabel Cantón Mayo**
Universidad de León

**Julia María Crespo Comesaña**
Universidad de Santiago de Compostela

**M.ª Teresa Domínguez Pérez**
Universidad de Vigo

**J. Ricargo Gago Conde**
Profesor de Secundaria

**Domingo J. Gallego Gil**
UNED

**Reyes Hernández Castilla**
Universidad Autónoma de Madrid

**Victorino Madrid Rubio**
Universidad de León

**Elena Martín Monje**
UNED

**F. Javier Murillo Torrecilla**
Universidad Autónoma de Madrid

**Ramón Pérez Pérez**
Universidad de Oviedo

**Margarita Pino-Juste**
Universidad de Vigo

**Beatriz Rodríguez López**
UNED

**Primitivo Sánchez Delgado**
Universidad Complutense de Madrid

**M.ª Luisa Sanchiz Ruiz**
Universitat Jaume I de Castellón

**José Tejada Fernández**
Universidad Autónoma de Barcelona

**José Luis Vázquez Fernández**
Director del CRA El Burgo Ranero, León

# 1. ¿Qué son la didáctica y la teoría del currículum?

José Tejada Fernández

## 1. La conceptualización de la didáctica: aproximación etimológico-definicional

No es fácil realizar la conceptualización de la didáctica, cuando una somera revisión de la literatura más representativa al respecto, además de manifestar los continuos esfuerzos dedicados a esta tarea, indica que este término no es unívoco, sino que goza de una rica polisemia, que incluso varía con el devenir de los tiempos y los contextos.

Varias explicaciones podrían atribuirse al anterior aserto. En primer lugar, el hecho de que estemos ante una ciencia, como tal, relativamente joven. Esto conlleva, en comparación con las que cuentan con cierta tradición, un menor grado de precisión y homogeneidad en su estructura conceptual, por no poder contar con un periodo de consolidación a través del cual los conceptos se van depurando, y que permita un consenso más evidenciable, por tanto, entre los teóricos.

Por otra parte, también es importante destacar que en cada una de sus definiciones existen unos supuestos previos o unos niveles de abstracción distintos con los que cada autor opera. Esta diferenciación inicial, que implica distintos parámetros de referencia, provoca que el resultado conceptual, obviamente, sea diferente.

Además, en las mismas definiciones sobre didáctica se incluyen otros conceptos —enseñanza, aprendizaje, instrucción, formación intelectual, medios, etc.— que por sí mismos también resultan la mayoría de las veces ambiguos o incluyen en su seno dificultades semánticas.

Sea como fuere, al margen de la problemática particular del concepto, lo que nos interesa en este momento es tomar postura en torno a lo que hoy día se entiende por «didáctica», requisito imprescindible para avanzar en nuestro cometido.

En primer lugar, el análisis etimológico del término didáctica pretende mostrar la evolución conceptual habida sobre el particular. Concretamente podría decirse que es el primer paso para conocer el sentido originario del mismo y verificar cómo dicho sentido se ha ido modificando y abriendo a toda una riqueza semántica, para llegar a la actualidad, donde tanto la denotación como la connotación de didáctica prácticamente no coinciden en nada con sus orígenes. Pero tampoco la didáctica hoy tiene que ser fiel a sus orígenes, ni ésta en nuestra pretensión.

Volviendo a los orígenes, podemos verificar que la raíz «*da*» *(deade, edaen, dedaeka, daemon)* se asocia a significados como: enseñar, estar instruido, aprender, conocer, docto, sabio, instruido. *Didaskein,* de donde suele hacerse derivar el término didáctica, lleva asociado el reduplicativo «*di*», cuyo significado tiene que ver con la enseñanza y la instrucción.

A continuación presentamos otros tantos términos de esta familia léxica.

> *Didask* (mostrar) y *theaon* (contemplar).
>
> *Didaktikos:* perteneciente a la enseñanza.
>
> *Didaktike:* enseñar, en relación con los saberes que pueden y deben enseñarse.
>
> *Didasko:* enseñar.
>
> *Didaxis:* acción mostrativa efectiva, lección, docencia (sentido más activo).
>
> *Didaskalos:* maestro.
>
> *Didaskalia:* tiene la doble acepción de teatro y enseñanza (conjunto de anotaciones que explicaban las lides trágicas o cómicas de las fiestas dionisíacas y leneas. En Roma adquiere el carácter de auténtico guión teatral).

A partir de estas etimologías, *grosso modo* se observa que la didáctica tiene que ver con la enseñanza. Por tanto, una primera aproximación definitoria de didáctica permitiría considerarla como «lo relativo a la enseñanza».

En síntesis, se puede afirmar, después de este breve repaso etimológico, que la didáctica *se refiere a la enseñanza*. De ello se desprende que la «enseñanza» es el elemento constitutivo del contenido conceptual de la didáctica. Nos enfrentamos, así, a un nuevo problema conceptual a raíz de dicho término, dada su ambigüedad y polisemia. Conscientemente se margina otro problema adicional de capital importancia, cual es si verdaderamente hoy día puede concebirse la enseñanza como el objeto de la didáctica o, por el contrario, existen otros elementos en el fenómeno didáctico además de la enseñanza.

Aplazamos momentáneamente esta problemática, que será abordada con detenimiento cuando analicemos el objeto de la didáctica, y continuamos buscando luz en las definiciones aportadas por los tratadistas del tema, ya que la definición basada en el análisis etimológico es insuficiente para nuestro propósito en este apartado sobre lo que entendemos por didáctica.

Por su parte, el análisis de las definiciones de los autores —tanto españoles como extranjeros— más significativos en esta área de conocimiento nos permite realizar un acercamiento conceptual, puesto que con ello podemos concretar los elementos esenciales.

No obstante, esta vía conlleva un problema adicional, que no podemos dejar de advertir, a la hora de aunar concepciones: la descontextualización de dichas definiciones. Es decir, al analizar semánticamente cada definición y compararla con las demás se obvia que cada una de ellas proviene de paradigmas de interpretación o niveles de abstracción distintos, por lo que la terminología varía tanto cualitativa como cuantitativamente. Detrás de cada definición, hay, pues, una línea de trabajo.

En un trabajo anterior, Tejada (2005), realizamos un análisis de contenido de más de cuarenta definiciones — y a él nos remitimos— para fijar con precisión las coincidencias entre los aspectos categorizados. De las definiciones analizadas se desprende una serie de consecuencias que nos ofrecen la evolución del concepto, su campo semántico, su caracterización científica, sus finalidades, así como su imbricación con respecto a la pedagogía.

Una síntesis de estas definiciones nos indica que:

1. La didáctica desde el punto de vista de su *contenido* (*definiens*) se ocupa y preocupa de la enseñanza, del aprendizaje, de la instrucción, de la formación intelectual, de la comunicación de conocimientos, de los procesos de enseñanza-aprendizaje.
2. La didáctica es una ciencia, técnica, arte, teoría, norma, tecnología, por lo que se refiere a su *estatuto epistemológico* o circunscripción lógica.
3. Desde su *delimitación disciplinar* es considerada parte de la pedagogía, es una disciplina pedagógica, ciencia auxiliar de la pedagogía.
4. La *finalidad* de la didáctica es la formación, la instrucción, la instrucción formativa, el desarrollo de facultades, la creación de cultura, etc.

## 2. El proceso de enseñanza-aprendizaje como objeto de la didáctica

Como acabamos de ver, la aproximación al concepto de didáctica a través de las definiciones de los distintos autores nos indica una diferencia desde el punto de vista de su contenido respecto a otros tratamientos pedagógicos que viene especificada por otros tantos términos primitivos como son enseñanza, aprendizaje, instrucción, formación intelectual, etc.

Para ello, pues, se torna necesario que profundicemos en los términos aludidos, puesto que en sí mismos se nos muestran, igualmente, polisémicos, al margen de que desde una prespectiva histórica también su importancia y concepción hayan evolucionado.

### 2.1 La enseñanza

Es éste un término, sin duda, polisémico y uno de los más ambiguos en el campo de la ciencia pedagógica. Si atendemos a su etimología, procede el latín *in-signare* que viene a significar «poner en signo», «mostrar», «señalar». Históricamente ha sido el primer significado de la didáctica y muchos tratadistas han coincidido en que es el término clave de la misma, centrando en ella su objeto de estudio (Mattos, Titone, Nerici, etc.).

Desde un punto de vista conceptual, se ha venido definiendo el enseñar como codificación y transmisión de informaciones, donde lo importante ha sido

> la búsqueda de los medios más adecuados de transmisión de cultura dejando de lado otras variables del fenómeno didáctico, como si éstas se dieran como lógica consecuencia de una adecuada acción de enseñanza.
>
> Ferrández, 1986:83-84

Este planteamiento de la enseñanza, que ha tenido su peso o influencia a lo largo de la historia de la didáctica, donde predomina el carácter transmisivo, resalta el protagonismo del docente sobre el discente, que, por tanto, se convierte en mero receptor de los contenidos, y reduce el acto didáctico al papel de transmisión de conocimientos o información.

Sin embargo, no todos los autores coinciden actualmente con esta delimitación de la enseñanza. Varias razones explicarían esta afirmación. De una parte, porque se entiende que «enseñar» desde su ámbito semántico («dar signo», «mostrar», etc.) desborda el ámbito específico de lo didáctico. Por otra, por todo lo contrario; es decir, por entender que el concepto de enseñanza no cubre todo el ámbito de lo didáctico, que incluiría no sólo la actividad docente, sino también la discente.

Este planteamiento transmisivo es monopolar, puesto que prescinde de otro polo fundamental en didáctica cuál es el aprendizaje. No quiere decir esto que existan exclusivamente dos polos tan restrictivamente entendidos como enseñanza y aprendizaje.

También es cierto que la enseñanza, como transmisión, en el amplio sentido de la palabra,

> existe y aparece en multitud de fenómenos del hombre en sociedad, donde se dan continuas mostraciones que llegan a nuestro campo perceptivo y las interiorizamos de alguna forma de acuerdo a los parámetros personales de interpretación. Así entendida la enseñanza, el campo de la didáctica sería inconmensurable y encontrar su punto definitorio supondría un intento asintótico.
>
> Ferrández, 1986:84

Además, en tal dirección, la enseñanza no pertenece en exclusiva al campo didáctico, al margen de que una escuela receptiva —libresca y memorística— no es la más adecuada para responder a las exigencias modernas de nuestra sociedad, dejando a un lado las dificultades que conlleva el materialismo didáctico, consecuencia primera de dicho planteamiento.

Por tanto, es necesario acotar el contenido de la enseñanza en el ámbito de la didáctica contemporánea, de manera que sea rescatado de su ambigüedad y podamos operar con él a lo largo de nuestro trabajo.

En primer lugar, podríamos detenernos en el contexto más amplio del «enseñar», ya aludido, esto es, el acto didáctico. Varios son los modelos que explican tanto descriptiva como fenomenológicamente el acto didáctico[1]. Por su interés y significación en este momento de desarrollo del trabajo seguiremos las directrices de dos de ellos, con el propósito de tener un hilo conductor, sin que esto signifique que el resto carezca de importancia.

Fernández Huerta (1985), en su análisis fenomenológico del acto didáctico considera que existen cinco dimensiones esenciales en el mismo: 1) un ser que enseña, 2) un ser al que se enseña o muestra (destinatario de la enseñanza), 3) un objeto enseñable (el contenido u objeto sobre el que se enseña), 4) un mediador de la enseñanza (el recurso, método o procedimiento

---

[1] Desde los lineales (Glaser), triangulares (Larroyo y Pozo o Matos), hasta los cúbicos (Fernández Huerta), tetraédricos (Ferrández) o piramidales (Gimeno), entre otros.

a través del que se enseña lo que se enseña) y 5) un acto enseñante (conjunto de acciones implicadas en el proceso).

Por su parte, Ferrández (1986,1996), después de considerar que efectivamente las cuatro primeras dimensiones de Fernández Huerta son las fundamentales, amplía las mismas por su insuficiencia para entender el acto didáctico fuera del contexto real donde se produce. En su nomenclatura las denomina *nucleares* y constituyen el estudio de la didáctica. No obstante, destaca la importancia que tienen también en dicho fenómeno las variables *endógenas* y *exógenas*. Las primeras emanan de cada realidad escolar concreta en su dimensión física y social (recursos humanos, materiales y funcionales), mientras que las segundas provienen del entorno social donde se produce el acto didáctico (expectativas sociales, política educativa, influencia del microgrupo, ambiente cultural, etc.).

Así pues, desde el análisis del objeto formal de la didáctica, observamos que el acto didáctico, en el que se sitúa la enseñanza, es un espacio sistémico en el que los diversos componentes o variables que lo constituyen interactúan entre sí, se condicionan y se modifican.

Si reparamos en dicho análisis, podemos obtener una serie de consecuencias que es importante destacar. Momentáneamente resaltamos dos:

a) El profesor ya no es el único protagonista, con lo cual eliminamos el peligro de reducir la enseñanza a la acción del profesor. El discente y el grupo también son agentes del acto didáctico.
b) Conectado con lo anterior, es evidente que desde la perspectiva didáctica no se puede entender la enseñanza si no es con relación al aprendizaje. Se convierte de esta forma en un proceso interactivo en el que participan docente y discente, así como el contexto en el que los intercambios se producen. Y esto vale tanto para el ámbito de la educación formal como de la no-formal.

Esto nos lleva a replantearnos la relación existente entre enseñanza y aprendizaje, de la que nos ocuparemos posteriormente. Baste por ahora referir la opinión que algunos autores relevantes han dado al respecto. Dewey (1989) fue uno de los primeros en plantear la cuestión; su conocida ecuación «la enseñanza es al aprendizaje lo que el vender es al comprar» indica que no hay enseñanza si no existe aprendizaje, al igual que no existe venta si alguien no compra.

En este punto podría ser interesante retomar el neologismo de *enseñaje,* propuesto por Torre, que permitiría una

> nueva conceptualización del objeto de la didáctica que respondiera al proceso interactivo y correlativo de la enseñanza-aprendizaje entendido como transacción entre sujeto

y medio, de tal modo que sólo cabría hablar de enseñanza cuando se diera un cambio formativo.

1993:66

Es decir, la enseñanza propiamente didáctica hay que conectarla ineludiblemente al aprendizaje.

Existen, además, una serie de características o cualidades específicas que nos permiten apuntalar aún más el concepto de *enseñanza didáctica* y diferenciar ésta de la que no lo es o de conceptos próximos[2], conectadas con la línea argumental que desarrollamos; es decir, dentro del contexto del acto didáctico. Nos referimos a la *enseñanza didáctica* como una acción intencional, sistemática, contextualizada y compleja (Tejada 2005).

*Intencional y sistemática.* Es un comportamiento intencionado, ya que su meta es inducir al aprendizaje.

De lo anterior puede llegar a desprenderse fácilmente como consecuencia el que la escuela o la institución educativa es la única que enseña. Sin embargo, «también lo extraescolar tiene capacidad de una enseñanza intencional y sistemática y esto no admite duda hoy en nuestra cultura dominada por los mass-media» (Ferrández, 1986:85), a lo que ya hay que añadir los self-media.

La intencionalidad, si nos situamos en el contexto específico del acto didáctico, la aporta el propio docente de acuerdo a sus propias creencias-competencias pedagógicas y a la lectura que hace de la situación específica en que actúa.

Otro problema distinto es si realmente nosotros podemos considerar objeto de tratamiento didáctico aquella enseñanza con intención no educativa. Desde la perspectiva que venimos reflexionando, no cabe duda, aunque ésta produzca aprendizaje, que la misma quedaría fuera del campo didáctico[3].

---

[2] «Adiestrar», «amaestrar», «entrenar» = promover destrezas operativas de respuesta en situación limitada. «Adoctrinar» = Imbuir, insuflar doctrinas sin buscar ni comprensión ni aceptación personal.

«Condicionar» = Lograr respuestas condicionadas a estímulos específicos. etc. (Fernández Huerta, 1985:88).

[3] Zabalza (2004) menciona una serie de cualidades de la enseñanza para que ésta sea denominada «educativa» como tal: *valía de los contenidos* (en sí mismos como para el sujeto y/o la sociedad), *veracidad de lo que se enseña, actualidad* (significación para la propia vida y el propio desarrollo individual y colectivo), *utilidad* (provecho que se espera de la actividad didáctica), *adaptación a los sujetos*, ampliación de la enseñanza a todos los sujetos y a toda la vida y dimensiones de la vida, etc. También podría aludirse

*Contextualizada.* No cabe duda de que el acto didáctico se produce en un espacio social donde se da una relación social directa (cara a cara, discente-docente) y una relación social indirecta (contexto institucional), constituyendo de esta forma el contexto próximo del aprendizaje, sin olvidar el medio social general en el que el acto didáctico se produce.

Por tanto, dicho contexto constituye un marco de condiciones del acto didáctico y por ende de la enseñanza, que afectan al proceso instructivo en su dimensión relacional y que obligan a estrategias instructivas particulares.

En este sentido, las aportaciones del paradigma ecológico son sumamente relevantes. Baste momentáneamente la referencia a Tikunoff (1979) para destacar que es en el aula donde básicamente se desarrolla la enseñanza[4], y en la misma se dan cita una serie de variables que, siguiendo la terminología de su modelo ecológico, se denominan *situacionales, experienciales y comunicativas*.

*Compleja.* La enseñanza ha adquirido semánticamente nuevas extensiones según los enfoques desde los que se ha planteado, integrando en la acción de enseñar cada vez más componentes y ello es obvio desde la consideración de la enseñanza como transmisión hasta hoy. Por ejemplo, enseñanza preactiva, interactiva y posinteractiva

El estudio de la evolución del concepto de enseñanza nos permite concluir en este sentido. Zabalza (2004) destaca cinco etapas de enriquecimiento semántico-didáctico del concepto: 1) transmisión de la información o los conocimientos, 2) condicionamiento, 3) dirección del aprendizaje, 4) orientación del aprendizaje y 5) articulación de la experiencia extraescolar e intraescolar.

## 2.2 El aprendizaje

El aprendizaje es otro de los grandes conceptos del campo semántico de la didáctica. De hecho, la didáctica, en cuanto estructura operativa finalizada (el saber y el quehacer didáctico), está indefectiblemente orientada hacia el

---

a su eficacia y efectividad. Dado que estos conceptos entrañan conceptualizaciones muy diferentes según los paradigmas en los que podemos ubicarnos, nos reservamos su tratamiento para el momento en que los analicemos con posterioridad.

[4] Con carácter general, mantenemos esta línea argumental, a sabiendas de que hoy día, y sobre todo de cara al futuro con la incorporación de las TIC, se hace difícil sostener esta afirmación. Nuevas modalidades de enseñanza y aprendizaje desde hace algún tiempo han aparecido y estamos abocados a planteamientos institucionales-organizativos donde la interacción cara a cara dejará de tener todo el protagonismo.

aprendizaje de los alumnos. Sin embargo, no siempre es objeto directo de la didáctica; como ya señalamos, también el aprendizaje, al igual que la enseñanza, por su uso y aplicación, desborda el ámbito de lo didáctico.

La etimología latina (*aprehéndere*, de *prehéndere* = coger, atrapar) nos refiere el aprendizaje como una acción de adquisición, de apropiación de algo, para llegar a denotar la *adquisición de conocimiento de alguna cosa por medio del estudio o experiencia* (Diccionario de la Real Academia de Lengua).

Conceptualmente, el aprendizaje también se nos muestra problemático, dependiente de la teoría en la que se sustenta. No es éste el momento ni el lugar de analizar las distintas teorías del aprendizaje, estudio propio de la psicología y objeto de otras disciplinas en el currículum de formación de nuestros alumnos, aunque es necesario tener presentes dichas teorías para elaborar la teoría de la enseñanza más idónea en la que sustentar la acción didáctica. De ahí que no entremos en un análisis exhaustivo de las definiciones respecto al aprendizaje[5] y busquemos una acepción que, aunque no satisfaga a todas las teorías del aprendizaje, al menos sí pueda considerarse didácticamente válida.

Fernández Huerta (1985), tras una revisión de definiciones de psicólogos de la educación, psicólogos del aprendizaje y psicodidactas, destaca una serie de descriptores en el aprendizaje:

a) Modificación o cambio duradero de la conducta —no es necesaria una permanencia total—
b) de las disposiciones o aptitudes individuales
c) que se manifiesta en el cambio, variación o extinción de respuestas o comportamientos,
d) que se produce gracias a la práctica intencional y reforzada,
e) de un contenido que puede ser integrado.

Según Scurati, un concepto abierto de aprendizaje desde el punto de vista didáctico incluye (citado por Zabalza, 1990:175):

a) Adquirir informaciones y conocimientos, esto es aumentar el patrimonio cultural (dimensión cognitiva).
b) Modificar las actitudes, las modalidades de comportamiento y de relación con los otros y con las cosas (dimensión comportamental).

---

[5] Entre otras cosas porque habría que responder a la pregunta de si hay un sólo tipo de aprendizaje o varios, y también distinguir entre aprendizaje y maduración, adaptación sensorial o instinto.

c) Enriquecer las propias perspectivas existenciales y las capacidades operativas, acumular experiencias, extraer informaciones del ambiente en el que se vive y se actúa, asimilar y hacer propias determinadas formas de influencia, etc.

Ferrández, desde un planteamiento de proceso y resultado, lo define como

> un proceso por el que se provoca un cambio cualitativo y cuantitativo en la conducta del sujeto, gracias a una serie de experiencias con las que interactúa; se eliminan aquellas conductas que aparecen o mejoran gracias a tendencias naturales de respuesta, a la secuencia madurativa o bien a estados temporales del discente.
>
> 1986:93

Esta breve muestra de opiniones viene a significar que para el didacta lo importante es que todo aprendizaje es:

> - Una acción que se desarrolla a dos niveles, el comportamiento y el pensamiento.
> - Un proceso donde participan activa y conscientemente docente y discente.
> - En tanto educativo y producido por un medio institucional reúne unas características particulares: orientado por objetivos, dirigido al desarrollo global del sujeto, delimitado por las necesidades personales y las convenciones sociales.
>
> Zabalza, 1987:191

Y requiere, para ser tal, de:

- Una situación «materialmente apta» para que se produzca —maduración discente—.
- Una actividad intencional y sistemática sobre los contenidos o paquetes didácticos.
- Un conjunto de incentivos que provoquen en el interior del sujeto la suficiente fuerza motivacional. Si no hay motivación, no existe aprendizaje integrado.
- Una modificación (mejora o corrección) de la conducta que se especifique en aptitudes, actitudes, creencias, hábitos, etc.

En síntesis, desde la óptica de cambio formativo, el aprendizaje se caracterizaría por (Tejada, 2005):

a) Afectar a la triple dimensión personal: cognitiva, afectiva y conativa.
b) Ser tarea del alumno y del profesor.

c) Desarrollarse a lo largo de la vida.
d) Ser de naturaleza innovadora.

Todo ello quiere decir que los elementos aludidos se constituyen en variables de la función enseñanza-aprendizaje[6] y deben ser analizados si se quiere comprender bien el fenómeno didáctico y construir, a partir de todo el sistema complejo, nuevas teorías o introducir planteamientos axiomáticos originales.

Estas matizaciones nos conducen a resaltar el papel tan importante del aprendizaje en la didáctica actual, convirtiéndose en un contenido con un amplio espectro de la misma, superando ya la tradicional concepción de que la didáctica se ocupa y preocupa del aprendizaje intelectual, puesto que si el aprendizaje didáctico ha de ser integrador, también son materia de incumbencia de la didáctica los aprendizajes de orden psicomotor y afectivo, en tanto que son potenciadores de los aprendizajes intelectuales, aunque no debieran separarse tan tajantemente estos tres tipos de aprendizajes si no es con intención de análisis.

### 2.3 La instrucción

Si reparamos en este concepto es porque el objetivo de la didáctica es la actividad instructiva, entendiendo esta actividad como acción personal, grupal, institucional o instrumental con intención de promover una mejora, optimización y perfeccionamiento en el discente.

De hecho, la síntesis del proceso de enseñanza-aprendizaje desemboca en la instrucción o personalización integradora de los contenidos didácticos. Es decir, la instrucción es entendida como la intersección resultante de dos fenómenos imbricados: enseñanza y aprendizaje.

La instrucción (de *instruere* = construir dentro) consistiría, según Titone,

---

[6] Estas variables, que constituyen las condiciones internas y externas del aprendizaje, lo favorecen, hoy son objeto de estudio tanto de los teóricos de la enseñanza como de quienes la practican, convirtiéndose en un objeto de investigación para la didáctica de carácter privilegiado, que hasta hace poco lo fue sólo para la psicología. Pueden catalogarse, si entendemos el aprendizaje como tarea discente en: maduración, motivación, actitudes, habilidades, actividades, expectativas, atención, atribución, percepción de la tarea, autoestima, transferencia, etc., mientras que desde la perspectiva del aprendizaje como tarea docente destacaríamos las estrategias didácticas y la relación educativa. Esto nos lleva a considerar al discente un agente activo, siendo el docente un mediador en el proceso de enseñanza-aprendizaje (Ferrández, 1996).

> en la formación interior de la mente. Lo que quiere decir que no es instrucción la simple acumulación de nociones, la memorización de datos inconexos. Auténtica instrucción es la que da por resultado la construcción de estructuras mentales (que no han de concebirse como categorías vacías) y el afinamiento de las funciones lógicas (claridad de percepción, seguridad de juicio, secuencialidad de ilaciones, etc.). Tal formación mental tiene lugar mediante la asimilación de la cultura, la cual es contenido y forma.
>
> 1976:27-28

Este autor refiere la instrucción como «enseñanza con efecto». Para Fernández Huerta instruir no es más que «construir en la mente del escolar estructuras culturales e integrarlas» (1985:88).

Torre, por su parte, entiende la instrucción como

> el proceso por el que el discente adquiere conocimientos o perfecciona sus facultades mediante la enseñanza o actividad personal [...] aprendizaje interiorizado que contribuye a la construcción del pensamiento de forma eficiente.
>
> 1993:71-72

Como puede apreciarse, la instrucción implica aprendizaje, integración de cultura, pero bajo ciertas condiciones: implica orden, estructuración, perfeccionamiento de las funciones mentales, distinción entre el contenido en sí y la forma del mismo.

La instrucción puede entenderse como producto (integración de objetivos culturales) y como proceso (actividad discente según sus modos de aprender, hasta que configure una estructura cognitiva personal, como apoyatura a la estructura personal afectiva y conativa).

Esto nos lleva al análisis de la dimensión intencional, teleológica de la instrucción: la formativa, con lo cual entramos directamente en un aspecto más específico y característico de la didáctica, y en definitiva de su campo conceptual, aunque también el término «formación» presente sus ambigüedades.

## 2.4 La formación

Entramos de nuevo en un concepto complejo y polémico. No es este el momento de entrar en disquisiciones filosóficas o discusiones en torno a la confusión existente entre el objeto de la didáctica y el objeto de la pedagogía, por ejemplo. Más adelante estudiaremos la delimitación disciplinar de la didáctica, que nos aportará luz al respecto.

Lo que nos interesa subrayar aquí es que lo didáctico no se define como algo únicamente técnico, sino también axiológico, y desde esta perspectiva la formación es el vehiculador del componente teleológico del discurso didáctico:

> Un discurso didáctico reducido a la mera generalización y/o aplicación de prescripciones «a-orientadas» o «des-orientadas» formativamente perdería una parte sustantiva de su naturaleza pedagógica.
>
> Zabalza, 1990:202

De ahí que nos preocupemos del tema. En general, pues, la «formación» podría definirse como «el proceso de desarrollo humano hasta lograr la plenitud personal» (Zabalza, 1990:201).

Dejando a un lado la ambigüedad que proporcionan ciertas interpretaciones al término, podemos destacar algunas características del mismo. En primer lugar, la formación supone un proceso, al igual que la instrucción, pero más interiorizado, lo que equivaldría a decir, en términos de Ferrández, que

> mientras que la instrucción permanece en un nivel intelectual, la formación se inserta en la personalidad y se manifiesta en actuaciones. [...] La formación como la instrucción ya sedimentada forma parte del patrimonio personal porque se ha realizado sobre ella una labor de recreación e integración.
>
> 1986:73

En segundo lugar, la formación como proceso no puede trabajar en el vacío, sino que necesita un soporte exterior en el que apoyarse y que se centra en la información. Este material informativo imprescindible puede ser proporcionado por la instrucción, con lo cual ésta se presentaría como la vía de alimentación del proceso formativo. Por último, el proceso formativo también se caracteriza por la intencionalidad perfectiva.

De lo que no cabe duda es de que la formación adquiere enorme relevancia por la dimensión cualitativa que introduce en la acción didáctica. Es ahí también donde la instrucción cobra sentido como acción educativa especializada. Una instrucción sin formación se quedaría en un simple entrenamiento, en un mero ejercicio técnico despreocupado de sus efectos en el desarrollo general del sujeto. Por tanto, la didáctica ha de generar estructuras conceptuales y estrategias operativas que permitan, articulen y optimicen los procesos de desarrollo de los alumnos.

Por último, hay que destacar que la didáctica es complementaria y contingente a la acción del medio social (como medio formativo). Quiere esto decir que la didáctica necesita un modelo de formación que dé sentido a los procesos instructivos, dado su carácter axiológico. Dicho modelo actúa como mediador de las relaciones escuela-sociedad, instrucción-sociedad, ya que no es concebible una escuela o una instrucción no socializada; en cuanto a los parámetros formativos que en ella se gestionan (de hecho, la institución educativa suele conceptualizarse como el lugar donde sistemáticamente se va construyendo al sujeto formado a partir de los patrones sociales vigentes), sí constituye una característica de actuación institucional cierto nivel de independencia e incluso de contradicción respecto a tales patrones.

## 3. La didáctica como tecnología y práctica

La didáctica cobra pleno sentido en su dimensión aplicada; es más, lo didáctico supone siempre connotación de actividad práctica. Nadie duda de la importancia del desarrollo tecnológico en el progreso de cualquiera de las actividades del ser humano (incluido el progreso científico), pero hay que advertir de sus limitaciones, y simultáneamente asumir que toda tecnología tiene un precio para dicho progreso. Esto nos remitiría a su análisis o evaluación desde criterios de eficacia, eficiencia, comprensividad, efectividad.

No es nuestro propósito, ni nuestro objetivo, profundizar en estas cuestiones, pero no podíamos eludir al menos su insinuación al acometer este apartado. Lo que realmente nos interesa es caracterizar la dimensión aplicada de la didáctica, verificar cuál es el sentido de la misma y su significado en el ámbito que nos ocupa, ya que es de sumo interés para su configuración epistemológica.

Coincidimos con Ferrández (1986) cuando apunta que el significado exacto de «práctica» incluye a la vez «lo tecnológico», «el hacer» y «lo artístico». Desde esta óptica podemos verificar que algo puede hacerse bien por aprendizaje repetitivo al actuar siempre de la misma manera y verificar que dicha acción es eficaz; no se sabe con exactitud «el porqué» se hace así, y aún menos se diferencia de otras formas de hacer igualmente correctas o eficaces. Por otra parte, se puede actuar de otra forma, cual es el «saber el porqué» se está actuando, conociendo o disponiendo de diferentes modelos de actuación que en cualquier momento se pueden utilizar según las exigencias del contexto de intervención. He aquí, pues, una primera diferencia entre la persona práctica (a secas) y el tecnólogo: la conciencia del «saber hacer»; la primera tiende a mantenerse en los mismos comportamientos, mientras que el segundo busca modelos y se adapta a las variaciones imprevistas.

Esta asunción tiene algunas consecuencias en nuestro campo de estudio. De entrada, hay que dejar claro que no es suficiente con que la acción didáctica sea intuitiva, experiencial, sino que ésta debe ser racional, enlazada con la consideración teórica. Esto quiere decir que la caracterización aplicada, y no sólo teórica, de la didáctica exige que nos ocupemos de la lógica de toda actividad planificada, de la acción tecnológica.

Hay que advertir, antes de continuar, que nuestro planteamiento sobre este particular no es exclusivamente una apuesta por lo tecnológico. Aunque nos ocupemos de ello, somos conscientes del riesgo que puede correrse al convertir la didáctica en algo únicamente instrumental, ya que ello ocasionaría la pérdida del verdadero valor educativo. Lo que queremos decir es que la dimensión aplicada-práctica de la didáctica ha de ser holista e integrar adecuadamente todos los componentes en dicha acción: el teórico, el tecnológico y el artístico, llegando a la praxis aristotélica. Por seguir con Aristóteles, se trataría de tres formas distintas de acción (acción racionalmente verdadera, acción técnicamente efectiva y acción moralmente ilustrada) que podrían corresponder a otros tantos tipos de pensamiento (el razonamiento científico o abstracto, el razonamiento técnico e instrumental y el racionamiento práctico o deliberativo).

Los griegos entendían por *tekhne* un «saber hacer» con cierto conocimiento de causa, de esta forma la diferenciaban del simple «hacer» basado en la experiencia. La «técnica», pues, es un hacer que acumula la experiencia y el conocimiento interpersonal, mientras que el «arte» se fundamenta en la habilidad personal. Cuando se realiza un estudio, una reflexión sobre la técnica, nos encontramos ante el concepto de tecnología: estudio sobre el «saber técnico».

El tecnólogo sabe del porqué de su actuación, puesto que se apoya en razones no meramente subjetivas para resolver los problemas, conceptualiza y analiza las relaciones de los componentes del problema con el objeto de descubrir las causas que lo generan, y a partir del conocimiento de esas causas propone alternativas de solución.

No obstante, la tecnología superaría el estatuto de simple ciencia aplicada (Bunge, 1981:35) para convertirse en teoría y práctica, reflexión y acción, el «enfoque científico de los problemas prácticos». Incluye, como venimos sosteniendo, el hacer (la práctica) y el saber (la reflexión teórica). En la práctica, ciencia y tecnología constituyen un *continuum* de reflexión/acción y acción/reflexión.

La implicación de mejora nos llevaría también a integrar el papel de la innovación en dicho *continuum.* De hecho, la innovación es un concepto estrechamente unido al desarrollo tecnológico, de manera que no es posible concebir dicho desarrollo al margen de los procesos de innovación, convirtiéndose éstos, a su vez, en el motor de la investigación científica. Como destaca de la Torre:

El desarrollo tecnológico viene marcado por dos factores fundamentales: búsqueda sistemática de procedimientos y bases teóricas que optimicen los criterios de eficiencia y el imperativo de innovación constante. Extrapolando estos criterios, afirmaríamos que todo desarrollo científico, institucional o personal viene condicionado también por procesos sistemáticos de mejora, esto es, utilizando los medios adecuados para conseguir un fin propuesto, al tiempo que se incorporan nuevos modos de pensar o actuar.

1993:37-38

Todo lo anterior no implica, por lo que respecta a la didáctica, que hayamos de situarla en un contexto exclusivamente de utilización-aplicación-validación operativa de conocimientos científicos ajenos, sino que en la propia acción didáctica surgen conocimientos científicos específicos, y es en la propia acción escolar donde se crea y amplía el espacio objetual que la didáctica trata de abordar científicamente.

Como señala Ferrández:

La tecnología tiene sentido si se contempla desde la perspectiva de la acción, cuando ésta no es ciega, sino guiada por el conocimiento racional del objeto. De aquí se puede inferir que la tecnología didáctica sería la planificación, proceso y control continuo de experiencias de aprendizaje mediante estrategias que nacen de las leyes que configuran una teoría instructiva y que se encaminan a alcanzar objetivos de aprendizaje.

1986:178

Esto implica que, si la tecnología didáctica consigue los objetivos de aprendizaje, tiene sentido, pero, si no es así, es inútil y, por tanto, exigirá automáticamente la revisión de la teoría que la configura.

Teniendo presente lo expresado hasta ahora, resulta fácil asumir que la didáctica cumple a la perfección los requisitos demandados por la tecnología: es una ciencia teórico-práctica, explicativa y aplicativa. Implica siempre acción sobre la realidad (proceso de enseñanza-aprendizaje) para conseguir unas finalidades (instrucción formativa).

En síntesis, podemos asumir que la didáctica es

una ciencia aplicada que tiene por objeto el proceso de instrucción formativa integral e integrada posibilitando la aprehensión de la cultura y el desarrollo individual y social.

Tejada, 1999:110

## 4. Didáctica y teoría del currículum

Afrontar la conceptualización del currículum se nos antoja, de entrada, una tarea ardua. Lo cierto que es estamos ante un término que ha tenido y tiene numerosas acepciones, y de ahí la proliferación de sus definiciones (Tejada, 2005). También cabe añadir que el *boom* o el auge de lo curricular en nuestro contexto cultural se desata en las últimas décadas, cuando en otros contextos culturales, el anglosajón fundamentalmente, goza de una historia de más de tres siglos, con una cuantiosa bibliografía.

Cierto es que, como apuntamos, las definiciones se multiplican y apenas se puede sacar luz de las mismas por contar con referentes muy diferentes. Obviamos su análisis para referir una aproximación a este campo de estudio, muy utilizada, cual es la de sus concepciones. En tal sentido, con carácter sintético, se entiende el currículum:

a) Como un conjunto de contenidos culturalmente organizados.
b) Como plan de instrucción.
c) Como experiencias de enseñanza-aprendizaje.
d) Como práctica.

Laten en cada una de estas aproximaciones los paradigmas imperantes en cada momento, de manera que en las dos primeras predominaría el paradigma tecnológico, la tercera podría estar a caballo entre éste y el paradigma interpretativo, y la última entre el interpretativo y el sociocrítico. Cabe advertir, como hemos podido comprobar, que ninguna por sí misma puede abarcar la complejidad del currículum, admitiendo que el mismo es una y otra cosa y todas a la vez, con lo que es necesario operar más a fondo en los intersticios en los que unas y otras se enlazan, desde la representación cultural y la representación de la acción hasta la acción misma, que, a su vez, genera una cultura propia.

En nuestra conceptualización entendemos el curricular como

> un conjunto de contenidos culturales organizados en un plan de instrucción que integra las experiencias de enseñanza-aprendizaje que han de desarrollarse por los diferentes agentes educativos, sujeto a revisión-reflexión según su desarrollo práctico y contexto particular con la finalidad del desarrollo personal y social.
>
> Tejada, 2005:91

De todas formas, aunque el currículum se nos presenta como una palabra mágica y emblemática del actual sistema educativo, asumiendo su polisemia por incluir referentes filosóficos, psicopedagógicos y epistemológicos de la teoría educativa hasta la planificación y el desarrollo de los distintos espacios y momentos de la práctica escolar y aunque como término no sea nuevo, no podemos concluir que el cambio terminológico en nuestro contexto sea atribuible a las exigencias de la moda. Más bien, diríamos que es la resultante de un cambio paradigmático con relación a los procesos de enseñanza-aprendizaje.

Retomando los orígenes, nos tropezamos con dos trayectorias muy diferentes, la latina, dominada, preocupada y ocupada en lo «didáctico», y la anglosajona, más centrada en lo «curricular». Ambas cuentan con circunstancias sociológicas, ideológicas y económicas que provocan su emergencia; no obstante, hay una gran diferencia que posteriormente ha alimentado la concepción restringida en relación con la didáctica y la curricular, limitando la primera al *cómo* (metodología: método universal para enseñar todo a todos) y la segunda respecto al *qué* (contenidos: programas, actividades, experiencias).

Pero lo que también llama la atención más allá del uso terminológico[7], si damos el salto al presente siglo, es que las distancias no son tan grandes como pudieran parecer, dado que ambas tradiciones han vivido prácticamente las mismas vicisitudes conceptuales y epistemológicas, produciéndose en su desarrollo similar afectación en cuanto a los referentes paradigmáticos, corrientes, teorías y modelos explicativos. De hecho, al margen de dichos referentes, el término «currículum» en educación no es nuevo, sino que designa elementos, funciones y conceptos que han constituido el esqueleto básico de la didáctica general, compartiendo el mismo espacio teórico-práctico, reflejando la enseñanza como objeto clave, la planificación y el desarrollo curriculares, el análisis de los procesos de aprendizaje, el diseño, implementación y evaluación de las innovaciones, de los medios y recursos, de los procesos de formación de profesores, programas especiales, adecuaciones curriculares, etc. Más aún, en la aproximación conceptual de la didáctica hoy verificamos que la misma no se limita exclusivamente al *cómo,* sino que tiene bastantes ingredientes conectados con el *qué,* y no se limita al proceso de enseñanza-aprendizaje en el aula, sino que integra, para que ello sea posible, otros contextos tanto endógenos como exógenos.

Pero reparemos un poco más en dicha evolución. Si asumimos, como en un principio se hizo, los planteamientos del currículum ligado a los contenidos de la enseñanza (logocéntricos) e incluso al modo en que el planteamiento disciplinar permite el desarrollo de la estructura cognitiva, la didác-

---

[7] Hay que recordar en este punto que el término «didáctica» no se utiliza en el mundo anglosajón, aunque ahora existe una tendencia aproximativa para que esto sea posible (Doyle, 1992). Para ello se utilizan términos como pedagogía o psicología de la educación.

tica se relacionaría con el currículum en forma de didáctica especial. Si, por otra parte, se entiende el currículum como un conjunto de experiencias de aprendizaje, según centro de interés o necesidades de los alumnos (planteamiento psicocéntrico), amén de las connotaciones de la didáctica diferencial, la didáctica estaría más conectada con la actividad, en un entronque más de carácter metodológico o si se prefiere de estrategias metodológicas, donde lo importante es la estrategia y los medios y recursos como articuladores de la actividad y posibilitadores del aprendizaje. En este caso, la hermandad con la psicología de la educación es evidente. También es cierto, como muchos nos han hecho ver, que la didáctica adquiere una relevante dimensión tecnológica, pero esto no es nada nuevo. También el currículum ha vivido dependiente del mismo bajo planteamientos positivistas (Tyler, Taba, Bloom, etc.).

Si, por contra, se asume un planteamiento curricular eminentemente práctico, como ciencia que se ocupa del proceso de enseñanza-aprendizaje, el quehacer didáctico propone la intervención de acuerdo con los valores de la práctica.

Este breve repaso no sólo pone sobre el tapete las concepciones sobre el currículum, sino que también evidencia los diferentes caracteres de la propia didáctica (teórico, técnico, práctico, artístico).

Llegados a este punto, cabe preguntarse de nuevo en relación con el *boom* de lo curricular y uno concluye que no ha sido tal más allá de la terminología. Podríamos decir que estamos sencillamente ante dos tradiciones y un sólo campo o ámbito de estudio (Bolivar, 1999, 2008; Estebaranz, 2004)[8]. En nuestro contexto europeo siempre hemos estado afectados por los vaivenes del currículum en mayor medida que en el contexto anglosajón, y esto ha tenido su incidencia. También es verdad que ha habido una cierta resistencia a la asimilación terminológica que hoy no se evidencia. Los ejemplos expuestos con anterioridad sobre las diferentes traducciones de currículum por programa son una buena prueba, al igual que lo es la influencia de Tyler, Taba, etc., y todos los tecnólogos del currículum que en las décadas de los sesenta y setenta tuvieron su incidencia sobre la tecnología didáctica como un subámbito de la didáctica general.

Estos nuevos planteamientos en la dinámica del currículum producen sus efectos en nuestro contexto, en el que ya había preocupaciones críticas importantes en relación con la exclusividad del planteamiento tecnológico de la didáctica (Gimeno, 1981). Quizás la publicación de la obra de Gimeno y Pérez (1983) *La enseñanza: su teoría y su práctica*, donde se integran nu-

[8] Estos autores nos ilustran en detalle sobre dichas tradiciones, ofreciéndonos los matices diferenciales de su incidencia en ámbitos geográficos concretos (Alemania, Francia, EEUU, España, Italia, países nórdicos, etc.).

merosos artículos de autores norteamericanos, marque el punto de inflexión en la incorporación del currículum y lo curricular en nuestra tradición, dando pie a la presencia de la sociología de la educación como impregnadora del debate, superando de alguna forma la psicologización anterior. No debemos olvidar que en esta década se estaba diseñando la nueva reforma del sistema educativo, y como acontece en este tipo de situaciones, se presenta un momento idóneo para introducir cambios conceptuales importantes. Como destaca Bolívar (1999), en un primer momento se introduce el concepto, para, posteriormente —con la primera propuesta de la reforma—, implicar a los agentes, de manera que el lenguaje curricular lo llegó a impregnar todo. Pero se corría un riesgo ante la imposición de una cierta «ortodoxia curricular» y es el de la trivialización del currículum con su psicologización, impuesta desde los más altos estamentos oficiales, con una clara ausencia de teoría del currículum y del cambio curricular.

En la actualidad, con la incorporación del debate posmodernista e incluso con su crítica y los nuevos afloramientos del pragmatismo relativista, las relaciones entre didáctica y currículum adquieren nuevas formas. De momento, hay una fuerte preocupación por unir ambas tradiciones.

Las notas anteriores, si bien destacan el discurrir en paralelo de dos tradiciones, no son suficientes para agotar el problema que tenemos planteado. Hay que incidir un poco más para verificar la interrelación de estos conceptos. La recurrencia de nuevo a Doyle (1992), preocupado por la unión de ambas tradiciones, centra el problema aunque no aporte una solución clara. Destaca el autor que

> es difícil focalizarse conjuntamente en el currículum y la didáctica (pedagogy). Cuando los investigadores intentan captar el currículum, la didáctica fácilmente se escapa por el fondo; y cuando vuelven su atención a la didáctica, fácilmente el currículum se torno invisible. Necesitamos un marco común para entender las transformaciones didácticas del currículum.
>
> 1992:507

De aquí se desprende al menos una consecuencia: no podemos plantearnos el dilema didáctica o currículum, porque no podemos establecer delimitaciones férreas entre ambos campos, sino que ambos confluyen hoy en un proceso de mestizaje que potencia la interconexión de los mismos, buscando coincidencias y apuntando los matices diferenciales.

Por otra parte, al margen de los posicionamientos o posturas habidas en relación con esta problemática, coincidimos con De la Torre (1993) en que didáctica y currículum no son términos equivalentes sino *interrelacionados*, con diferente origen, tradición cultural, núcleos temáticos y connotaciones conceptuales. Pero en esta interrelación resulta insuficiente asumir que el currículum es el campo de proyección de la didáctica, porque ello puede llevar a subsumir el currículum en la didáctica. Si expandimos su consecuencia en el terreno de la teoría de la enseñanza equivaldría a integrar la teoría del currículum dentro de la teoría de la enseñanza, cuando, como muy bien apunta Bolívar (2008) esto es imposible, llevándonos más bien a afirmar que la teoría curricular debe integrar la teoría de la enseñanza.

Como destaca Bolívar:

> Si bien es preciso justificar y legitimar los contenidos a enseñar con teorías curriculares, los procesos de transformación didáctica ocurren ineludiblemente en la enseñanza, por lo que el aula es el espacio de intersección de currículum y didáctica. La enseñanza es, entonces, entendida como un proceso curricular donde contenidos y actividades se funden más que como un intercambio personal (comportamientos docentes y discentes), mediado por un conjunto de factores personales, curriculares y contextuales.
>
> 1999:93

Con ello, recalamos en el aula como el espacio básico de encuentro común donde se produce el acto didáctico, reservando el resto de los contextos para los matices diferenciales entre didáctica y currículum. De nuevo tropezamos aquí con Doyle (1992), y no podía ser de otra manera, dado el planteamiento ecologista de este autor. El segundo nivel de contexto —institucional— además, como ya habíamos apuntado, permite integrar lo organizativo, siendo intermediario en el desarrollo del currículum, con su manera peculiar de acomodar, ajustar en clave de proyecto curricular de centro el mismo, tarea previa y necesaria en el aludido desarrollo curricular. Pero también el primer nivel, sobre todo desde un planteamiento de política educativa y sociología de la educación, proporciona las claves para articular el currículum. No retomamos más argumentos sobre este particular. En cualquier caso, no debe desprenderse de esta síntesis y en este momento que lo didáctico queda reducido al aula. Transitar por los diversos niveles de contexto implica a diferentes agentes y la toma decisiones tanto curriculares como didácticas en cada uno de ellos. El cualquier caso, la integración de unas y otras deben partir de un planteamiento del currículum como proceso.

## Bibliografía

Bolívar, A. (1999): «Tiempo y contexto del discurso curricular en España». *Revista de Currículum y Formación del Profesorado,* 2, pp. 73-97.

— (2008): *Didáctica y currículum: de la modernidad a la postmodernidad*. Málaga: Ediciones Aljibe.
Bunge, M. (1981): *La ciencia: su método y su filosofía*. Buenos Aires: Siglo XX.
Dewey, J. (1989): *Cómo pensamos*. Barcelona: Paidós/MEC.
Doyle, W. (1992): «Curriculum and pedagogy», en Jackson, PH. W. (ed.), *Hanbook of Research on Curriculum. A Proyect of the A.E.R.A.*, Nueva York: Macmillan, pp. 486-516.
Estebaranz, A. (2004): «Currículum», en Salvador Mata, F., Rodríguez Diéguez, J. L. y Bolívar, A. (dres.) *Diccionario enciclopédico de didáctica,* Vol. I. Málaga: Ediciones Aljibe, pp. 270-295.
Fernández Huerta, J. (1985): *Didáctica*. Madrid: UNED. (2.ª ed.).
Ferrández, A. (1986): *Proyecto docente de cátedra didáctica y organización escolar*, Dept. Pedagogía y Didáctica, UAB, documento policopiado.
— (1996) (coord.): *Didàctica general*, Barcelona: EDUOC.
Gimeno, J. (1981): *Teoría de la enseñanza y desarrollo del currículo*. Madrid: Anaya/2.
— y Pérez Gómez, A. (1983): *La enseñanza: su teoría y su práctica*. Madrid: Akal.
Jiménez, J. M., González Soto, A. P. y Fandos, M. (2006): *Visió general de la didàctica*. Tarragona: Publicaciones URV.
Tejada, J. (1999): *Proyecto docente de cátedra de didáctica y organización escolar,* UAB, Bellaterra.
— (2005): *Didáctica-currículum: Diseño, desarrollo y evaluación curricular*. Mataró (Barcelona): Davinci Continental, S. L.
Tikunoff, W. Y. (1979): «Context Variables of a Teaching Learning Event», en Bennet, N. y MacNamara, D., *Focus on teaching*. Nueva York: Longman.
Titone, R. (1981): *Psicodidáctica*. Madrid: Narcea.
Torre, S. de la (1993): *Didáctica y currículo. Bases y componentes del proceso formativo*. Madrid: Dykinson.
Zabalza, M. A. (1987): *Diseño y desarrollo curricular*. Madrid: Narcea.
— (1990): «La Didáctica como estudio de la educación», en Medina, A. y Sevillano, M. L. (coords.), *Didáctica-adaptación. El currículum: fundamentación, desarrollo y evaluación*. Madrid: UNED, tomo I, pp. 91-124.
— (2004): «Enseñanza», en Salvador Mata, F., Rodríguez Diéguez, J. L. y Bolívar, A. (dres.), *Diccionario enciclopédico de didáctica*, Vol. I. Málaga: Ediciones Aljibe. pp. 536-567.

# 2. El educador competente

Julia María Crespo Comesaña

## 1. El uso del término «competencia»

Desde la década de los cincuenta dentro del campo de la psicología, la lingüística y la teoría comunicacional, ya se utilizaba el concepto de competencia. Chomsky, en 1957, la definía como la capacidad y la disposición que permiten la interpretación y la actuación. Más tarde, el sentido de este término fue retomado y redefinido desde el mundo del trabajo y la empresa. Dentro de este ámbito, la palabra competencia fue utilizada por primera vez bajo un enfoque conductista por McClelland en 1973. Este profesor experto en motivación, que por entonces trabajaba en la universidad de Harvard, realizó estudios que le permitieron asegurar que los elementos que ordinariamente se tomaban como base para predecir el éxito de una persona en el desempeño de sus funciones dentro de un puesto de trabajo como las calificaciones de los expedientes académicos, las credenciales, los resultados de test de aptitudes y conocimientos, la experiencia o las habilidades no siempre eran buenos predictores del rendimiento laboral. Así, utilizó el término «competencias» para referirse a aquellas variables o características propias de la persona que estaban detrás del éxito en el trabajo. Estas competencias podían ser identificadas si se observaba a diversas personas durante el desarrollo de su trabajo y luego se procedía a contrastar las características de aquellas que lograban un desempeño realmente eficiente en sus funciones con las de los sujetos que demostraban un nivel de resolución inferior.

El reconocimiento de las competencias adecuadas a cada tipo de desempeño y ligadas a un trabajo determinado no solo orienta en la elección de candidatos para esa labor, sino que permite la formación concreta de los sujetos en esas variables.

Siguiendo a Jiménez (2007), el enfoque centrado en la competencia, visto como herramienta para mejorar el nivel de resultados de la formación académica para el mundo laboral, empieza a desarrollarse en los años 80 desde Inglaterra. Se propone la búsqueda y configuración de un sistema formativo que prepare efectivamente al sujeto para el ejercicio eficaz de una actividad dentro del mundo del trabajo.

Desde los años setenta hasta ahora estamos viendo como el tema de las competencias en el ámbito educativo promueve múltiples investigaciones y trabajos que han favorecido una gran diversidad de definiciones y una multiplicidad de enfoques para su estudio e implementación en la práctica. A partir de los años noventa la idea del aprendizaje basado en competencias se plasma en la creación de distintos modelos educativos que buscan la incardinación de los sujetos en la sociedad actual.

Hoy día el debate sobre las competencias centra la atención de la escena educativa, pero incluso sin salir de este ámbito, sigue sin existir una definición precisa. Además, se ha generado un debate en el que se plantea si, dado su origen en el mundo de la empresa y la competición productiva, son una herramienta adecuada para guiar los procesos de enseñanza-aprendizaje desde el punto de vista pedagógico. La argumentación sobre este último aspecto excede el propósito de este capítulo por lo que no abordaremos esta cuestión; pero debe entenderse que, pese a la amplia aceptación de la competencia como elemento organizador del currículo, ni es un término de significado unívoco ni es una herramienta válida aceptada, sin reservas, por toda la comunidad pedagógica.

## 2. Qué es una competencia

No existe una única forma de definir el término «competencia». Numerosos autores como Spencer y Spencer (1993), Zabalza (2003) o Medina (2009), entre otros, han elaborado diversas definiciones para acotar el concepto. Tomando como base el trabajo de García Aretio, Ruiz Corbella y García Blanco (2009), nosotros hemos realizado una síntesis de elementos esenciales presentes en las distintas aproximaciones terminológicas y estos tienen que ver con:

- La referencia a una variedad de elementos o facetas de la persona como conocimientos, habilidades o actitudes que están presentes o deben adquirirse.

- La consideración de diversos entornos en los que se activan de forma específica esas facetas personales (contexto de trabajo, relacional...).
- La característica referida a que los aprendizajes puedan ser transferidos de forma eficaz de unos contextos o entornos a otros.
- La finalidad de utilidad de la propia competencia que viene establecida por su conversión en conducta efectiva que debe ser elicitada concretamente por el sujeto atendiendo a los elementos propios de la situación particular en la que se encuentra.
- Un saber hacer eficaz, lo que implica una actuación discrecional; esto es, una actuación que atiende tanto a los elementos contextuales como a los personales para hacer los ajustes específicos. Esta actuación *ad hoc,* y el proceso por el que se lleva a cabo, es perfectiva, de lo que se deduce que las competencias pueden alcanzar grados de dominio y pueden orientar el proceso de autoperfeccionamiento del individuo.

Después de esta selección de los elementos más comunes presentes en las definiciones podemos hacer una doble aproximación al concepto de competencia. Por una parte, está el intentar definir ese rasgo, esa característica, esa propiedad que connotaría a la persona competente con respecto a una labor o función. Esto sería como intentar hacer o recoger la imagen fija de la cualidad que se posee y que explica la actuación eficaz, eficiente, exitosa de un sujeto ideal al resolver un tipo de cuestión en relación a un contexto. Bajo esta perspectiva podríamos decir que las capacidades son las herramientas que permiten a un sujeto mantener sus esquemas mentales en permanente estado de eficiencia, entendiendo ésta como un equilibrio entre la organización eficaz de los esquemas cognitivos del sujeto y la resolución de problemas planteados por su interrelación con el medio.

Por otra parte, también podemos abordar la definición de competencia desde una perspectiva didáctica y pedagógica, apuntando hacia aquellos elementos que deben ser trabajados y la forma de trabajarlos, es decir a las ganancias que se deben alcanzar para conseguir como resultado de un proceso formativo esa persona competente, antes descrita, que se nos señala como meta. En todo caso, una competencia:

- Puede plantearse en términos de una necesidad expresada desde la comunidad: una demanda social.
- Es un elemento presente en el currículo que acredita la interrelación del resto de componentes curriculares en una organización coherente centrando la atención en el educando y en el proceso consciente de aprendizaje.

- Busca un aprendizaje flexible cuya eficacia se muestre en contextos diversos.
- Apunta simultáneamente a múltiples dimensiones del educando.
- Desde el punto de vista de la concepción global del aprendizaje del sujeto es un aglutinador de contextos y agentes educativos.
- Tiene sentido como idea que fundamenta la necesidad de la interconexión de los elementos organizativos del centro.
- Apunta a la formación de un individuo capaz de llevar a cabo conscientemente, durante su vida, las acciones que le permitan mantener en perfecto equilibrio sus esquemas cognitivos en relación con las demandas del medio.

Podemos decir que las competencias estarían en relación con las estructuras cognitivas de las personas y, por tanto, tendrían que ver con sus esquemas, que son las herramientas a través de las que filtramos, interpretamos y resolvemos los problemas.

## 3. Relación entre las competencias del docente y las del educando

Una de las novedades que incorpora la Ley Orgánica de Educación de 3 de mayo de 2006 (BOE 106, de 4 de mayo) es la referida a la inclusión de competencias básicas como un elemento fundamental del currículo (art. 6). Aunque la propia LOE no va a especificar de forma clara un listado de competencias, posteriormente, con el conjunto legislativo que va a desarrollar esta ley, es decir, con los reales decretos que van a regular las enseñanzas mínimas, se van a establecer las ocho competencias básicas que deben ser incluidas en los respectivos decretos de cada una de las comunidades autónomas por los que se establece el currículo tanto para Educación Infantil como para los niveles obligatorios del sistema educativo (ver capítulo 7, «Competencias básicas y objetivos de aprendizaje»).

Debemos pensar que estas competencias definidas para los alumnos de la educación infantil y el período obligatorio deben tener alguna correlación con las propias de los docentes que tendrán a su cargo la formación de dichos alumnos. Es decir, las competencias que han de tener los profesionales de la educación tienen que ser las que los habiliten para planificar, organizar y llevar a cabo procesos de enseñanza-aprendizaje que posibiliten los logros señalados por estas ocho competencias con la participación activa de sus alumnos.

Es por ello que normativamente se establecen las competencias en las que deben ser formados los docentes de los diferentes niveles: la Orden

ECI/3854/2007, de 27 de diciembre, referida al docente de Educación Infantil; la Orden ECI/3857/2007, de 27 de diciembre, para los profesionales de Educación Primaria, y la Orden ECI/3858/2007, de 27 de diciembre, para los profesores de Educación Secundaria Obligatoria, Bachillerato, Formación Profesional y Enseñanza de Idiomas, todas ellas aparecidas en el BOE 312, de 29 de diciembre de 2007.

Estos documentos generan tres conjuntos de competencias, uno para cada cuerpo profesional en función del cual se redacta el documento. Como cada uno de los grupos está relacionado globalmente con las ocho competencias básicas señaladas normativamente para la formación de los alumnos existe, a pesar de algunas diferencias, un estrecho grado de similitud entre ellos.

No vamos a entrar en el análisis pormenorizado de cada grupo de competencias; lo que haremos es sustraer aquellos aspectos relevantes y comunes que guían la actividad del docente en cuanto tal y que constituyen el núcleo de lo que consideramos competencias del agente educativo en el sistema formal (Educación Infantil, Primaria, Secundaria Obligatoria, Formación Profesional o Bachillerato), es decir, del maestro o profesor, cualquiera que sea el nivel educativo en el que preste sus servicios.

## 4. Campos competenciales del docente

Dejaremos al margen las cuestiones particulares relativas a las didácticas específicas de las respectivas áreas curriculares y el conocimiento necesario en dichas áreas para centrarnos en aquellos ámbitos de los que todo el profesorado debe poseer conocimientos, en los que debe haber construido capacidades y generado actitudes que le permitan el desempeño eficiente de su actividad profesional.

### 4.1 La comunicación

El ser humano es un ser incompleto en su nacimiento. Los procesos que se llevan a cabo para su desarrollo como persona se efectúan a lo largo de su vida y dentro de grupos diferentes en distintos contextos. Estos grupos transmiten al sujeto normas, valores, conceptos, muestran pautas de comportamiento... y todos estos factores tienen la doble misión de hacer de él un elemento integrado e integrante del grupo y, además, en el caso de los contextos formativos formales, añadimos la procura del despliegue individual progresivo y permanentemente perfectivo de todas sus potencialidades. Para conseguir todo esto es indispensable una herramienta: la comunicación.

Los procesos formativos son actos comunicativos. La capacidad de construir contextos de comunicación es la pieza fundamental del sistema sin la cual nada podemos conseguir. Pero, ¿qué entendemos por comunicación?, o mejor dicho, ¿qué tipo de comunicación es realmente educativa?

La comunicación, siguiendo a Kaplún (1998), es un término que admite diversas definiciones, pero no debemos confundir una relación comunicativa de carácter informacional con otra de carácter dialógico, aunque en ambos casos se trate de actos de comunicación.

La comunicación entendida como información, en general, se produce en un contexto en el que emisor y receptor no tienen el mismo nivel. Es un proceso vertical. El emisor, que es siempre la misma persona, domina la situación y tiene el uso preferente de la palabra. Existe muy poca relación intersubjetiva entre el emisor y el receptor salvo la necesaria para adaptar el nivel del mensaje a las características del receptor y, de esta forma, asegurar la eficacia de aquél.

En el terreno educativo, los métodos tradicionales, centrados en la figura del docente, utilizan este estilo comunicativo fundamentalmente. Generan situaciones de comunicación que pueden ser extrapoladas con facilidad a otros contextos similares. Estos procesos, por lo general, producen aportaciones de tipo cuantitativo en los conocimientos de los alumnos, pero es más difícil mover desde ellos los cambios profundos. El docente debe conocer el ámbito de conocimiento del que habla y organizar el discurso desde la doble perspectiva del orden epistemológico (lógica interna por la que se presentan los contenidos de un campo de conocimiento) y del orden psicológico (para lo cual se debe conocer las características de la etapa y nivel evolutivo en la que se encuentra el alumno). Se trata de adaptar el mensaje al público diana.

Cuando el proceso comunicativo se realiza en clave dialógica, los papeles de emisor y receptor están constantemente cambiando de persona. La posición en el dominio del contexto y uso del discurso es parecida en los participantes. El proceso es más horizontal. Existe una conexión intersubjetiva, una relación de atracción. Hay un interés común por hacer que el otro comprenda y por comprender al otro; por eso, son procesos únicos que se dan entre sujetos particulares. Si bien podemos aprender de su uso, la estructura del discurso nunca se repite en otras ocasiones. Esta experiencia comunicativa es un trampolín para que se generen cambios importantes, pero se produce en situaciones en las que todos los participantes aportan algo y en las que el docente no parasita el papel de los alumnos.

Aunque ambos tipos de comunicación tienen un momento y un peso distinto, según los diversos niveles educativos, en los procesos de enseñanza-aprendizaje una concepción basada en la adquisición de competencias que coloca al educando en el centro de la acción está fuertemente ligada a los procesos dialógicos, La búsqueda y perfeccionamiento de competencias están unidas a los procesos de reconstrucción y reordenación de los esquemas de pensamiento del sujeto, por lo que éste debe implicarse desde todas sus dimensiones personales en esos contextos dialógicos. En este sentido, la función del docente será la de preparar estas situaciones comunicativas para que el alumno pueda dar el salto que solamente a él le corresponde y consiga ese aprendizaje significativo.

La preparación de estos procesos es compleja, es necesario saber todo lo que se explicita para el modelo informativo y además: conocer y saber poner en práctica estrategias y recursos didácticos, manejar la comunicación asertiva, demostrar un interés real por el discente, conocerle bien y percibirle como persona y no como un objeto, tener claros los objetivos y las competencias que están mas allá de la propia acción, pero que la hacen pertinente, y observar todo el proceso para percibir los elementos que puedan indicar un cambio o un refuerzo en el mismo. Se requiere formación en los campos específicos de conocimiento como las matemáticas o la filosofía y formación en el campo de la didáctica, la pedagogía y la psicología, y además, actitud y aptitud para la labor de la docencia.

Para autores como Aubert, García y Racionero (2009), los procesos que generan auténtica comunicación y por lo tanto enriquecimiento y crecimiento de las personas y de las comunidades que conforman son los dialógicos, por lo que los procesos de enseñanza aprendizaje deben atender a ellos.

Cuando hablamos de comunicación no hablamos en exclusiva de dominar un lenguaje verbal (oral o escrito), paraverbal, gestual o de la imagen. Hemos de referirnos también a la necesidad de conocer y utilizar, en clave formativa, las nuevas tecnologías de la información y la comunicación. No solamente porque están configurando de manera diferente el mundo, el conocimiento y la sociedad, ni porque el alumno tiene el derecho de que se le forme para el mundo del futuro, que es en el que desarrollará todas esas competencias que pretendemos ayudarle a conseguir y que está marcado por las tecnologías de la información y la comunicación; sino porque el propio alumno, influenciado por los nuevos medios de comunicación, ha construido un modelo de comunicación con el que se relaciona con el mundo, y ese modelo es en buena medida diferente del de las generaciones anteriores.

Aunque todas las razones aludidas para enfatizar la necesidad de la incorporación de las nuevas tecnologías en los procesos de enseñanza-aprendizaje son verdaderamente importantes como para ser tratadas con extensión y profundidad, nos detendremos en la última de ellas.

Numerosos autores, como Tapscott (1998) o Bernal y Barbas (2010), están señalando las diferencias que existen entre el modelo comunicativo en el que ha crecido la generación de los que actualmente ejercen como docentes y el modelo comunicativo de la generación de sus discípulos. Sendos modelos han sido construidos bajo la dirección de diferentes pautas aportadas por los medios de comunicación dominantes en cada momento histórico. Para estos autores, el modelo de la generación adulta es, en general, un modelo vertical, jerarquizado y pasivo que encaja bien en los modos de hacer de la institución escolar clásica. En cambio, el modelo de la nueva generación creado con el concurso de las nuevas tecnologías tiende a la horizontalidad, a la instantaneidad y a la participación y, como muchos autores están advirtiendo, genera un nuevo modelo de aprendizaje (Gutiérrez, 2003).

Dado que esta nueva generación está llamada a insertarse en la era de la comunicación y la información, en la sociedad del conocimiento; la escuela debe evolucionar con los nuevos tiempos y cambiar su estructura comunicativa para conseguir sus objetivos, que siguen siendo los de preparar a cada persona para vivir plenamente en el tiempo histórico que le pertenece.

Esta perspectiva presupone no solo el uso de las nuevas tecnologías como contenidos de aprendizaje, sino su utilización como mediadoras de este aprendizaje. Esto supone para la institución educativa un reto y en la superación de este reto reside la legitimación de la escuela como agente formador efectivo de las nuevas generaciones.

Hemos dicho que la herramienta fundamental que posibilita el proceso formativo es la comunicación. Desde este ámbito, la escuela actual pretende enseñar a los hombres y mujeres del futuro utilizando un modelo anclado en el pasado. La escuela debe adaptarse a los nuevos tiempos, y ello supone la capacitación del docente para trabajar con las nuevas tecnologías de la información y la comunicación, incluyéndolas en la organización del proceso educativo trabajando sobre ellas, con ellas y a través de ellas.

## 4.2 La regulación de espacios de aprendizaje en contextos de diversidad. La formación ciudadana

El hombre es un ser social y necesita de los demás para sobrevivir, por lo que las disposiciones para la convivencia social están presentes en los seres humanos; pero estas disposiciones deben de ser educadas conforme al momento histórico en el que el individuo vive.

La sociedad en la que nos movemos es una sociedad democrática. Aunque podemos definir ésta como una forma de gobierno o un tipo de doctrina política, en un sentido más profundo, que implica las múltiples dimensiones del la persona, la democracia es una forma de vida, un estilo de relación con lo que nos rodea. Implica la asunción de reglas de conducta que nos van a permitir convivir social y políticamente, pero además implica creer profundamente que la dignidad y los derechos de cada ser humano conforman los valores que deben regir las acciones de los individuos particulares y de las instituciones públicas y privadas, tanto en las cuestiones que van dirigidas hacia otros individuos como en aquellas otras que se refieren a la relación de respeto que debemos mantener con el medio en el que vivimos.

La ciudadanía, entendida como el ejercicio de la práctica ciudadana en contextos democráticos, no es, pues, una habilidad inherente al sujeto, como señalan Ortega y Mínguez (2001). La ciudadanía es un modo de actuar y ser que se aprende, que se adquiere.

La adquisición de esta disposición pasa, entre otras cuestiones, por el conocimiento de uno mismo, el reconocimiento y valoración del otro y, en función de ambos parámetros, la autorregulación de la propia conducta. En este proceso formativo es fundamental el aprendizaje vicario y la participación en contextos democráticos. El docente se convierte en el punto de referencia como modelo de conducta y como creador de situaciones y espacios para ejercitar las capacidades implicadas en esta competencia. También supone que los diversos espacios de la institución escolar han de poseer una estructura democrática. La dinámica dentro de estas instituciones se ha de caracterizar por la participación efectiva, responsable y reflexiva de todos los miembros de la comunidad escolar. Por supuesto, esta participación viene dada por un proceso dilatado en el tiempo en el que cada uno de los actores va encontrando su sitio y en el que, entre todos, van creando una cultura propia que fundamenta el proceso participativo.

El proceso participativo aludido incluye a todos los sujetos que conforman la comunidad escolar y se extiende a todas las dimensiones en las que es posible ubicar el trabajo y la organización de la institución escolar, por lo que podemos hacernos a la idea de las dificultades que entraña la implementación de cada acción encaminada a la formación de una conciencia ciudadana.

Si la complejidad es un atributo de estas actuaciones aun en comunidades que tienden a la homogeneidad (si es que en algún caso podemos usar este término), mucho más lo es en contextos donde la diversidad cultural es evidente. En los últimos años, trabajos como los de Cebolla (2010) o Santos, Crespo, Lorenzo y Godás (en prensa), estudian el impacto de la inmigración en las instituciones educativas y nos advierten sobre las posibles consecuencias negativas derivadas de la despreocupación en la gestión de los procesos de integración de la inmigración en nuestros centros formativos.

Las tendencias actuales de las corrientes migratorias configuran un nuevo panorama en la constitución étnica y cultural de las sociedades europeas. Aunque la gestión en democracia no es puesta en cuestionamiento más que por pequeños grupos de ideología extrema, está claro que la nueva situación precisa de la formación de una ciudadanía basada en la convivencia y en la superación de las fronteras del individualismo. Para ello, es preciso que las escuelas, los institutos y las universidades se conviertan en ejemplos de organizaciones democráticas en las que todos y cada uno de los individuos tengan un espacio de participación, decisión y responsabilidad. En estos espacios, la gestión adecuada del conflicto es un elemento importante para garantizar el respeto de los derechos de cada sujeto. El docente tiene un papel clave como estimulador de la comunicación y como mediador en las situaciones de dificultad. Debe crear los espacios para la participación e idear la forma de esa participación. Esto no es posible si el propio docente no ha hecho suyos los valores de la democracia y no se empeña en hacerlos efectivos a través de la práctica de su trabajo.

## 4.3 La observación en el aula

Para llevar a cabo de una forma adecuada la labor de la docencia, es imprescindible conocer a los alumnos. Ello supone estar en posesión de una información que nos permita: colocarnos en la posición del otro para prever sus problemas o su posible respuesta, entender sus necesidades, conocer el punto de partida para trabajar un nuevo tema, incidir sobre aspectos que resultan importantes para el sujeto o planificar estrategias didácticas personalizadas. No parece fácil disponer de la información necesaria para tratar de forma personalizada a cada educando. Sin embargo, las múltiples situaciones que se producen dentro del ámbito escolar nos brindan la oportunidad de obtener de ellas referencias relevantes, y la herramienta necesaria para conseguir esta información es la observación.

Si la efectividad del proceso formativo estriba en la adecuada aplicación de los recursos disponibles del sistema educativo en función de las características y necesidades del alumno, la observación resulta el elemento que hace posible el conocimiento de esas características y particularidades, y que nos permite fundamentar nuestra actuación como profesionales, ya que nos capacita para razonar el propósito y la causa de nuestra planificación y actuación.

Pero ¿qué es observar? Una de las definiciones más clásicas nos la proporciona De Ketele (1984), que indica que la observación es un proceso voluntario e inteligente que fija la atención sobre un objeto, situación o sujeto para obtener información relacionada con el objetivo de la observación.

La observación aplicada a los procesos de enseñanza-aprendizaje no es nueva; hasta ahora, pedagogos, psicólogos, antropólogos y sociólogos, por citar algunos, se han valido de ella y han utilizado los resultados para incrementar el saber en sus respectivos campos de conocimiento. La novedad reside en que el observador está ahora en el propio contexto; no es un agente externo, es el propio docente. Este nuevo enfoque a nivel práctico viene avalado por la propia legislación. Desde la normativa se busca un conocimiento y una reflexión sobre la propia práctica, la comprensión del proceso educativo de forma contextualizada y una aproximación mayor al educando y a la comunidad. Desde la nueva concepción del docente, la observación, así entendida, reduce la distancia existente entre la teoría, su ámbito de creación y la práctica; además, incrementa la efectividad de las estrategias utilizadas en los procesos de formación

¿Qué podemos observar? Todo aquello que está presente en los procesos de enseñanza aprendizaje como las diferentes dimensiones de los alumnos o los docentes, la distribución de los tiempos, el uso y ocupación de los espacios, el uso pertinente de materiales, las relaciones sociales en el aula... Sería imposible citar todas las posibilidades.

Lo mismo ocurre si queremos enunciar las finalidades; podría interesarnos detectar situaciones de riesgo, evaluar la consecución de objetivos, identificar estrategias de aprendizaje en los alumnos, detectar en qué medida se está adaptando un proceso a las necesidades detectadas...

La observación es de uso discrecional del maestro o profesor, sirve a sus intereses como profesional, le hace plenamente consciente de su práctica, generador de conocimientos del campo educativo.

### 4.4 El compromiso con la formación permanente

El hombre y la mujer son sujetos abiertos al cambio durante toda su vida. El proceso madurativo físico, psicológico, afectivo o social tiene lugar a lo largo de nuestra existencia. Hay una interacción constante entre el propio individuo y el medio en el que se desenvuelve que persigue la adaptación permanente, y tenemos esta posibilidad porque la característica de educabilidad está siempre presente en la vida del sujeto. Esta adaptación hace que la existencia del ser humano transcurra en plenitud y en armonía con el entorno. Ésta es una de las razones que apoyan o justifican la idea de que es necesaria la implementación de un sistema que permita a los ciudadanos el acceso permanente a la educación. Se trata de construir calidad de vida, por lo que reconocemos que la educación permanente es un valor en los estados de bienestar.

Hemos de pensar también que los conocimientos obtenidos para un desempeño profesional en la formación inicial no son suficientes. En la sociedad en la que vivimos, el conocimiento se caracteriza por estar sujeto a constante revisión, lo que requiere una permanente actualización del saber por parte de los profesionales que utilizan ese conocimiento para construir su práctica. Esta actualización constante es el resultado de un proceso que abarca todas las dimensiones del sujeto, que procede de todos los ámbitos, escenarios y niveles de formación, y que ofrece respuesta a las necesidades sociales e individuales

El docente debe reconocer la importancia de la formación permanente autoguiada, de ello depende la eficacia de su trabajo y por ello cobra importancia la autogestión de su aprendizaje y el aprender a aprender. Bajo esta perspectiva, los campos de actualización no se reducen a las áreas curriculares que deba impartir o al cuerpo de conocimientos didácticos relativo a los procedimientos de enseñanza-aprendizaje; abarca todo aquello que hace posible su crecimiento personal desde los valores, la ética o la autorregulación. Hemos de recordar que el aprendizaje vicario es fundamental en la formación y que el maestro enseña, sobre todo, lo que es.

## 4.5 El diseño y gestión de los procesos de enseñanza-aprendizaje

El diseño de un proceso centrado en competencias es una operación con cierto grado de complejidad. Debemos tener en cuenta las diferentes dimensiones del individuo, pues las competencias interesan a varios ámbitos de la persona a la vez. Esto quiere decir que hemos de prestar atención a aspectos que tienen que ver con ámbitos poco tratados por la educación formal, como el emocional o el corporal. Este enfoque entiende que la persona, a la hora de enfrentarse al medio, lo hace de una manera global, poniendo todos los elementos necesarios disponibles en su potencial personal en esa actuación. Por eso, las competencias, que son las que nos permiten llevar a cabo ese desempeño exitosamente, son complejas y están relacionadas con varias dimensiones de la persona.

La planificación de estos procesos ha de tener en cuenta también la importancia de conjugar las aportaciones desde los diferentes contextos formativos. Hasta ahora la educación formal se organizaba y gestionaba dando la espalda a los contextos provenientes del campo informal y no formal. Hoy en día los profesionales de la educación entendemos que lo que una persona sabe procede del conjunto de aprendizajes que ha podido realizar interconectando las aportaciones de todos aquellos contextos en los que está inmersa. El docente ha de tener en cuenta esos otros contextos y abrir el aula a la realidad exterior que conforma el aprendizaje de los alumnos. Esto implica dar peso curricular real a aspectos y elementos que hasta ahora no lo tenían.

Debemos considerar también la importancia de conjugar los diversos agentes de la formación de los individuos. Al igual que estimamos la influencia de los diferentes contextos hemos de tener en cuenta los distintos agentes a la hora de planificar y gestionar los procesos formativos. Los agentes básicos presentes en la familia o la escuela no son los únicos con peso; tenemos que observar los mensajes que provienen de la prensa escrita, la televisión, la propaganda, las figuras de la farándula o el deporte, que se convierten en iconos a imitar. Todos ellos transmiten un mensaje al que se debe atender.

Los contenidos presentes en el currículum presentan una estructuración según los campos de conocimiento de los que proceden. Esto tiene una lógica desde la perspectiva epistemológica y organizativa, pero de ningún modo significa que se deban abordar esos campos como parcelas independientes del saber a la hora de programar los procesos de enseñanza-aprendizaje. Al igual que decimos que el individuo aborda la resolución de problemas desde todas sus dimensiones personales, utiliza todos sus conocimientos independientemente del campo de procedencia. Por eso, en un contexto de formación por competencias el enfoque ha de ser interdisciplinar. Esta visión global tiende a difuminarse según avanzamos en los niveles del sistema educativo, por lo que el docente se aísla en su materia. No se trata de saber de todo, sino de entender que la capacidad de trabajar en equipo es la que permitirá superar las barreras de las áreas de generación de los conocimientos. No hay que olvidar que las competencias se consiguen con el concurso de todas esas áreas de conocimiento aunque algunas tengan vinculaciones muy evidentes con campos determinados.

Los procesos de enseñanza-aprendizaje bajo esta concepción no contemplan la práctica como un añadido o una extensión de la teoría. Hay que recordar que las competencias deben estar contextualizadas y el contexto es siempre una práctica. Está práctica, siguiendo el argumento precedente, contiene un problema o situación que incluye campos de conocimientos diversos. Esta misma argumentación es válida para todo el aspecto de evaluación relativo a la competencia

La complejidad para diseñar y gestionar un programa de enseñanza-aprendizaje en un enfoque como el que hemos descrito hace pensar que hoy, más que nunca, la eficacia en nuestra labor depende del buen trabajo profesional colaborativo (Montero, 2011). Esto no resta un ápice a la responsabilidad de cada elemento del conjunto, porque el docente competente es aquel que sabe observar todo aquello que interesa al alumno para conjugarlo en favor de su formación; pero añade a las competencias propias del docente la indispensable capacidad de trabajo y aprendizaje continuado dentro de un equipo.

## 4.6 El conocimiento sobre la organización de los centros educativos

El marco organizativo del trabajo de las competencias es la escuela. La visión más tradicional la observa como el espacio físico en el que se distribuyen, atendiendo a un criterio normativo, de orden y de eficacia: los tiempos y espacios, recursos materiales, humanos y económicos. Aunque la dificultad de la organización así entendida no es poca, resulta del todo insuficiente. El trabajo formativo que hemos descrito a través del resto de apartados no se puede llevar a cabo dentro de una concepción organizativa de estructura plana como la que se perfila en ese enfoque. La visión de la institución educativa que se precisa es también multidimensional. A través de trabajos como los de Cantón (2003) o Martín-Moreno (2007), podemos darnos cuenta de la complejidad de las relaciones, que se establecen en distintos niveles, entre las diversas dimensiones que conforman la organización de un centro educativo. Éste es un conocimiento que debe poseer todo profesional de la educación que se mueva en el campo formal y es un conocimiento que no se adquiere simplemente por el contacto con las organizaciones; necesita fundamentación teórica y reflexión apoyada en la praxis. Las instituciones educativas son también susceptibles de ser analizadas según su competencia, pero esa competencia no es fruto de azar, sino de la labor de toda la comunidad educativa orquestada desde el conocimiento informado del profesional, que es el docente.

## Bibliografía

Aubert, A., García, C. y Racionero, S. (2009): «El aprendizaje dialógico», *Cultura y educación*, 21(2), pp.128-140.

Bernal y Barbas (2010): «Una generación de usuarios de medios digitales», en Roberto Aparici (coord.), *Conectados en el ciberespacio*. Madrid: UNED, pp.107-132.

Canton Mayo, I. (2004): *Nueva organización escolar normativa y aplicada*. Madrid: Biblioteca Nueva.

Cebolla, H. (2010): «Impacto de la inmigración y adecuación de los servicios públicos. La educación», en Aja, E., Arango, J. y Oliver, J. (eds.), *La inmigración en tiempos de crisis. Anuario de la inmigración en España*. Edición 2009. Barcelona: Fundació Cidob.

Chomsky, N. (1957): *Syntactic Structures*. The Hague: Mouton.

De Ketele, J. (1984): *Observar para educar. Observación y evaluación en la práctica educativa*. Madrid: Aprendizaje-Visor.

Jiménez J. R. (2007): «Competencias Básicas», *P@K-EN-REDES. Revista digital,* 1(1). Disponible en: http://www.juntadeandalucia.es/averroes/~cepco3/competencias/concepto/Explicativos/COMPETENCIAS%20B%C1SICAS.%20JOSE%20R%20JIMENEZ.pdf (fecha de acceso: marzo de 2011).

Kaplún, M. (1998): *Una pedagogía de la comunicación*. Madrid: Ediciones de la Torre.

Martín-Moreno, Q. (2007): *Organización y dirección de centros educativos innovadores: el centro educativo versátil*. Madrid: McGraw-Hill.

McClelland, D. C. (1973): «Testing for Competencies rather than Intelligence», *American Psychologist*, 28, pp.1-14.

Medina, A. (ed.) (2009): *Formación y desarrollo de las competencias básicas*. Madrid: Ediciones Universitas.

Montero, L. (2011): «El trabajo colaborativo del profesorado como oportunidad formativa», *Revista Electrónica CEE Participación Educativa*, n.º 16, pp. 69-88. Disponible en: http://www.educacion.gob.es/cesces/revista/n16-montero-mesa.pdf (fecha de acceso: marzo 2011).

Ortega, P. y Mínguez, R. (2001): *La educación moral del ciudadano hoy*. Barcelona: Paidós.

Santos-Rego, M., Crespo, J., Lorenzo M. y Godás, A. (en prensa): «Escuelas e inmigración en España. ¿Es inevitable la segregación?» *Cultura y Educación*.

Spencer, L. M. y Spencer, S. M. (1993): *Competence at Work*, Nueva York: John Wiley and Sons.

Tapscott, D. (1998): *Creciendo en un entorno digital. La generación Internet*. Bogotá: McGraw-Hill.

Zabalza, M. (2003): *Competencias docentes del profesorado universitario: calidad y desarrollo profesional*. Madrid: Narcea.

# 3. Teorías y modelos curriculares

Reyes Hernández Castilla
F. Javier Murillo Torrecilla

## 1. Currículum y teorías curriculares

La mejora de la escuela pasa por que los profesores tengan una visión novedosa y retadora del proceso de enseñanza, tanto respecto a qué se debe enseñar como al modo en que se debe hacer. Esta visión de conjunto es necesaria para conocer sus límites, sus aportaciones, su naturaleza y también de dónde proviene. Las teorías educativas nos llegan como fruto de una herencia cultural acerca del modo en el que se organizan los procesos de enseñanza o sencillamente cómo se entiende la educación. En toda práctica de enseñanza o hecho didáctico está implícita una serie de creencias que influyen en nuestra forma de trasmitir el conocimiento. En ella están influyendo los nuevos saberes de otras disciplinas, así como su evolución en el tiempo. Por ello, las teorías nos ayudan a dar respuesta a las nuevas realidades científicas, psicológicas, de la información y de los valores. En este sentido, surgen desde ámbitos enormemente heterogéneos y promueven nuevas reflexiones.

Partimos de la idea de teoría como soporte de hechos o hipótesis que estructuran toda una ciencia o gran parte de ella; sus orígenes están en la filosofía de la ciencia. Actualmente se tiene una visión más amplia de la teoría; en el campo de la educación y específicamente en el de la teoría curricular podemos definirla como un conjunto de conceptos educativos relacionados que abordan de manera sistemática el fenómeno curricular y que pretende arrojar luz sobre él. La mayoría de los filósofos de la ciencia debaten el sentido que tienen las teorías: describir, explicar o predecir determinados hechos. Sin embargo, la teoría curricular aporta dos sentidos adicionales. En primer lugar, Apple (1987) afirma que ésta proporciona una visión crítica de la sociedad y la educación. Y un segundo sentido subraya el papel de la teoría currícular como guía de la práctica educativa (Tyler, 1949).

Si nos situamos en una perspectiva histórica podríamos reconocer ambos sentidos como modelos de enseñanza, estilos docentes o teorías del aprendizaje y de la enseñanza. En cualquier caso, su objetivo fundamental es que sean útiles para mejorar la práctica diaria en el aula, en la escuela y en el conjunto del sistema educativo. Plantear su conocimiento en la formación inicial del profesorado implica que este conocimiento *a priori* de las diferentes teorías de la enseñanza genera un profesorado más reflexivo y consciente.

Las teorías de la enseñanza no son universales sino situacionales. Ello supone que son contextualizadas y, por tanto, variadas y cambiantes. Ninguna de ellas es idónea o única. Si las abordamos teniendo en cuenta, por ejemplo, la perspectiva del análisis de los procesos de aprendizaje, se muestra un proceso rico y diverso: desde el clásico conductismo, de Watson o Pavlov, a las teorías del procesamiento de la información, como la de Gagné; o la teoría dialéctica de Vygotsky o Luria; el mismo constructivismo de Mayer; o teorías más globales como la Gestalt, con autores significativos como Koffka o Köhler, que nos aproximan a diferentes modos de adquirir los aprendizajes y, por tanto, distintas maneras o teorías sobre cómo han de ser enseñados o diseñados estos procesos. Quizá de entre todas ellas podamos resaltar tres: la *centrada en el lenguaje,* la *perspectiva sociocultural* y la *constructivista cognitiva.* Esta última reflexiona sobre los procesos de aprendizaje como una interpretación y explicación de la experiencia de los propios estudiantes, a diferencia de las teorías socioculturales, que inciden en la escuela situada en un contexto más amplio que genera una cultura específica en la que se aprende y se da significado a aquello que aprendemos. Finalmente, la perspectiva basada en el lenguaje propone reflexionar sobre su función, ya que aquél en ningún caso es neutro. El currículum y los elementos que usamos para reflexionar sobre la experiencia educativa utilizan el lenguaje, que no es aséptico. De esta manera, cada comunidad desarrolla sus propias normas en el uso del lenguaje y la perspectiva que adopta para su reflexión sobre la educación y sobre el propio currículum.

En las definiciones mismas de lo que se entiende por currículum existe ya una base ideológica. Al menos hay cinco grandes grupos de concepciones de aquél (Marsh, 2009). En primer lugar, aquellas que definen al currículum como los *contenidos de la enseñanza* (Gimeno Sacristán, 1988), en donde se encuentran los modelos humanísticos o tradicionales. Un segundo grupo pone el acento en el *plan de la actividad escolar* (Taba, 1962); sus defensores consideran que la programación es el eje principal del proceso de enseñanza. Otras perspectivas, sin embargo, entienden el currículum como una *experiencia de enseñanza aprendizaje* que requiere planificación, implementación, evaluación e incluso procesos de investigación y acción. Esta postura tiene claramente un enfoque emancipatorio, puesto que la práctica está fundamentada en los procesos reflexivos (Grundy, 1987). Otro planteamiento entiende el currículum, como veremos más adelante en este capítulo, como una construcción social (Kemmis, 1988). Otra de las perspectivas o concepciones del currículum es aquella que lo considera *una disciplina,* en el sentido de que no es puramente un proceso activo y dinámico, sino una reflexión que vincula la teoría con la práctica. Es un instrumento técnico para el análisis de los procesos de enseñanza en los diferentes niveles: aula,

Figura 1. Concepciones sobre el currículum

FUENTE: Gimeno Sacristán (1988:25).

centro y sistema educativo. Ello implica dos elementos relacionados: la *acción,* como hemos mencionado en primer lugar, pero también la *reflexión.* En esta perspectiva, se afrontan ambas simultáneamente. Su diseño se fundamenta en diferentes tipos de fuentes: pedagógicas, sociológicas, psicológicas y sociales. Una visión, en cierto modo complementaria a ésta, aborda el currículum como *sistema,* coincidiendo con la aparición de la teoría general de sistemas, que proporciona una visión holista del proceso educativo. Soto Guzmán (2003) entiende el currículum con una serie de características tales como la apertura, la flexibilidad, la complejidad y la humanidad. La representación gráfica se suele hacer mediante un modelo circular de relaciones e interacciones (véase fig. 1).

Las teorías curriculares forman parte de nuestro bagaje cultural, son la forma en que transmitimos nuestros conocimientos, nuestra cultura y nuestros valores. Por tanto, es un hecho culturalmente situado que corresponde a un tiempo y a un lugar, en definitiva una actividad social y profesional. En él se manifiestan teorías implícitas sobre cómo adquirimos el conocimiento. Estas teorías curriculares se han dividido en cuatro categorías basándose en su enfoque y ámbitos de estudio, que a continuación iremos abordando.

## 2. Currículum, teoría y práctica

Tratar las teorías curriculares en realidad supone profundizar en los desarrollos didácticos (Tanner, 1980) que relacionan los contenidos de la enseñanza y los procesos de aprendizaje. La teoría curricular ayuda a comprender lo que sucede en el proceso de enseñanza-aprendizaje, aunque es cierto que las teorías cambian con mayor facilidad que las prácticas educativas. Son necesarias porque ayudan a los profesores a tener una representación de sus prácticas en el proceso de enseñaza-aprendizaje; además, el conocerlas permite modificarlas, transformarlas, mejorarlas. Necesitamos conocerlas, saber cuál es su naturaleza, cómo se relacionan con la práctica y cómo pueden contribuir a procesos de cambio.

Figura 2. Enfoques del currículum

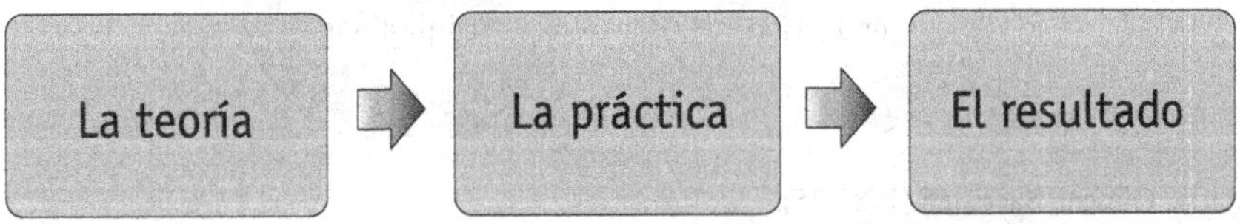

Ha sido una constante preocupación el estudiar la educación como una actividad práctica y no simplemente como un cuerpo teórico con el fin de familiarizarse con las distintas realidades educativas y hacerlo así «desde dentro» (véase fig. 2). Su análisis tiene como objetivo primordial lograr la claridad conceptual como base para garantizar la coherencia en la práctica y como medio de aplicación de ese pensamiento.

Este doble enfoque de teoría y práctica se encuentra en posiciones tanto *humanistas* como *racionalistas de la acción* y *liberales*. La idea del currículum no es reciente; podemos aludir a su etimología griega, en la que significa literalmente *un curso,* y a la latina, en la que designa el lugar para *correr*. Ambas aportan una visión práctica y concreta. El currículum es la planificación de todo aquello que se pretende que los estudiantes logren y que es guiado por la escuela (Kelly, 2009). El carácter práctico puede considerarse que arranca del pensamiento aristotélico. Esta definición implica que el aprendizaje es intencional, planificado y guiado por la escuela. El currículum puede ser entendido como un *sylabus* o una forma concisa de enumerar, como los encabezamientos de un discurso referidos a las asignaturas, una forma de ordenar los contenidos (Curzón, 1985). Ello implica entender la educación como un proceso de transmisión a los estudiantes de una serie de contenidos de la manera más eficaz posible (Blenkin, premio Nobel de Economía en 1992). Esta visión es un tanto limitada, puesto que se reduce el currículum a un mero trabajo planificador.

Hemos mencionado que también se entiende el currículum como un *producto*. La influencia y la importancia de la gestión de los centros educativos también ha llevado a modificar la perspectiva del currículum. Los objetivos se conciben como un diseño previo de los resultados que se pretenden lograr, entendidos como productos (Walker y Soltis, 2004). Esta perspectiva tuvo una gran influencia en el Reino Unido en los años setenta, en los que ya se hablaba de competencias vinculadas a la formación profesional, llegando este planteamiento en las dos décadas siguientes a los debates sobre el currículum nacional. En Estados Unidos dicho debate se planteó a través de dos conocidos escritores como Bobby (1928) y Tyler (1949). Por tanto, no se discutió qué se quería transmitir como cultura, sino que se analizaron los puestos de trabajo y posteriormente se elaboró una lista de competencias necesarias para llevarlos a cabo (Bobbitt 1918, 1928). Este abordaje fue duramente criticado por carecer de una visión social que guiara el proceso de construcción del currículum, el cual tuvo un eco especial a través de los escritos de Tyler a finales de los años cuarenta. Se plantearon los contenidos y cómo se debían organizar las experiencias educativas para lograr los objetivos de manera eficaz, y, finalmente, cómo saber si estas metas habían sido alcanzadas. Ya Tyler, en 1949, proponía un modelo de proceso curricular (véase fig. 3).

Figura 3. Modelo de proceso curricular de Tyler

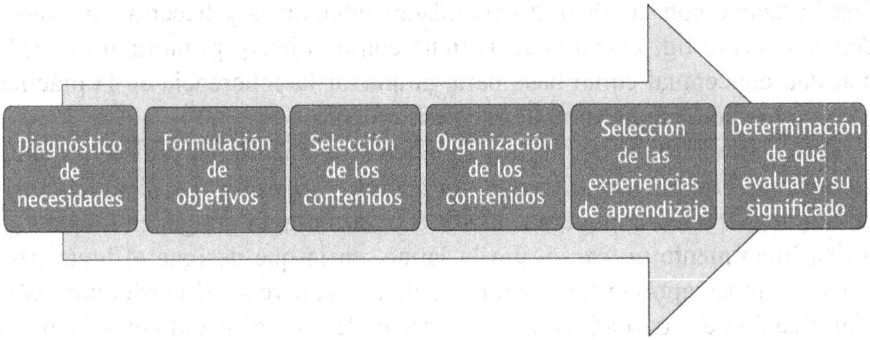


Entender el currículum como un *proceso* (Hewitt, 2006) implica que el modelo está fuertemente ligado a la redacción de los documentos curriculares que ayudan a su implementación. En realidad el currículum no es un hecho físico propiamente, sino la interacción de los profesores y los estudiantes con el conocimiento. Supone un proceso que se realiza en la escuela concreta a través de la acción. Es, por tanto, una propuesta guiada por la práctica que ayuda a la reflexión sobre ella. Stenhouse (1975), en uno de sus estudios sobre la teoría y la práctica curricular, define el currículum como el intento de comunicar los principios esenciales y las características de una propuesta educativa de manera que esté abierta a la crítica y permita trasladarlos eficazmente a la práctica. Lo primero implica la selección del contenido y el cómo se debe enseñar y organiza la secuencia del aprendizaje. Supone, asimismo, los principios que diagnostiquen las fortalezas y las debilidades de cada estudiante individualmente, mediante principios para esa evaluación acompañados de los criterios de fiabilidad en la implementación del currículum. Se trata de una evaluación que se ajuste a la diversidad de los contextos educativos y la heterogeneidad de los estudiantes. El currículum dirige la práctica mediante principios que marcan las líneas prioritarias y los criterios para tomar decisiones educativas.

## 3. Teorías paradigmáticas del currículum

Si partimos de los diferentes paradigmas de investigación educativa, los podemos asimilar a las grandes teorías del currículo: hipotético-deductivas, interpretativas, sociocríticas y posmodernistas. Sus diseños nos proporcionan teorías ontológicas que contextualizan las teorías curriculares (Grundy, 1987; Luckett, 1995). Dichos paradigmas de investigación pueden ser contemplados como cuatro formas de conocimiento construido; es decir, perspectivas para asomarse a la realidad (Habermas, 1992). El enfoque positivista plantea como fin el predecir la realidad, mientras que el interpretativo busca comprenderla. Se diferencia del emancipatorio porque aporta una perspectiva crítica del contexto. Finalmente, el enfoque posestructural presenta como finalidad la deconstrucción de la realidad.

No es ésta la única taxonomía del currículo. Otras utilizan como criterio clasificador su efectividad, su complejidad o madurez. De hecho, Faix (1964) utiliza un criterio «evolutivo» de acuerdo a tres etapas:

- Las teorías de la primera etapa son aquellas que tienen un carácter especulativo incipiente. Se basan en hipótesis no contrastadas, con pocas variables y emplean conceptos que no está sistemáticamente definidos o reclasificados. En el análisis del currículum no hay un dominio fundamental de los elementos sino como una teoría básica.
- Las teorías de una segunda etapa incluyen hipótesis que han sido empíricamente comprobadas. Pero el esfuerzo ha sido realizado para eliminar variables y relaciones improbables en el modelo propuesto. A través de ellas se establecen leyes y se generalizan los resultados. La teoría es utilizada para arrojar luz, predecir y contrastar hechos (Goodlad, 1979).
- Por último, en una tercera etapa, la teoría general implica la integración de un marco teórico o esquema inclusivo que abarca un universo completo de investigación. El conocimiento al que se llega es sustantivo porque constituye el conocimiento producido por un conjunto de teorías que estaban previamente situadas en la segunda etapa. Por ello ofrece una visión más comprehensiva del currículum y proporciona una mirada holística (Beucham, 1981).

Más allá de esta visión de las teorías por etapas existe una perspectiva ligada a diferentes marcos teóricos como el positivista o técnico, interpretativo o sociocrítico que a continuación describimos.

## 3.1 Teorías positivistas o técnicas

Las teorías positivistas o técnicas conciben la realidad de manera que pueda ser descubierta, medida y manipulada. El método para lograr el conocimiento es el experimental o cuasi-experimental; y la objetividad como modo de conocimiento de la realidad es fuertemente valorada. Se adquiere mediante la observación de la realidad desde fuera (Guba, 1990). ¿Cuál es el impacto que esta teoría positivista tiene en el diseño del currículum? El paradigma tradicional o positivista supone una reflexión empírica sobre la enseñanza y el aprendizaje. El cocimiento es un conjunto de habilidades que han de ser transferidas de los profesores a los alumnos. Así, el desarrollo del currículum se contempla como una tarea técnica en la medida en que se puede predecir y controlar el entorno. En este sentido se identifican los objetivos pretendidos como los resultados esperados de los alumnos. Para ello se deben planificar cuidadosamente tanto los objetivos como los procesos de entrada, el profesorado y el material utilizado de manera que podamos obtener los resultados esperados. Incluso se puede abordar el currículum desde la eficiencia, la utilización de la menor cantidad de recursos para obtener el máximo de resultados.

### 3.2 Teorías interpretativas

A diferencia del paradigma positivista, el interpretativo aspira a una comprensión de la realidad humana en un contexto específico y referida a una acción concreta (Grundy, 1987). El interés práctico es generar conocimiento en forma de comprensión interpretativa que guíe el juicio práctico (Carr y Kemmis, 1986). La realidad se contempla como una construcción que es inherente a cada contexto específico. El objetivo de la investigación es comprender este contexto determinado tal y como es. No busca replicar o generalizar experiencias. La orientación subraya la importancia de descubrir el significado que los participantes dan a la realidad y a sus actividades (Quinn, 2001). El paradigma interpretativo del currículum está guiado por el contexto, puesto que pretende comprender la enseñanza y el aprendizaje como un proceso de construcción de significados en interacción El currículum no está visto como un proceso lineal, sino como una actividad en progreso perfilada mediante la interacción entre el educador, el aprendiz, el aula y los contextos más amplios (Combleth, 1990).

### 3.3 Teorías socio-críticas

No se puede negar que el currículum ejerce un papel socializador y cultural en la escuela. Apple (1975) lo considera un mecanismo de distribución social, una herramienta que está al servicio de la dominación cultural de determinados sectores sociales e incluso económicos. El hecho de proporcionar visiones más integradoras del currículum nos pueden ayudar a comprender diferentes perspectivas y niveles de análisis del currículum: la política, la ideológica, la económica, la individual/social, la explícita/implícita. Profundizar de manera crítica en él nos ayuda a conocer y reconocer el valor instrumental y mediador del currículum. Remitimos aquí a la perspectiva de la pedagogía de Paulo Freire (1972), que, recordemos, propuso el uso de la lectura como instrumento prosocial de manera que condujera a la libertad, a ser más conscientes de la realidad. En este marco, la escuela ha de ampliar la experiencia de los sujetos, proporcionar contenidos nuevos que formen sobre procesos y culturas diferentes a lo recibido en el contexto escolar (Gimeno, 2001). Algunos autores sitúan estas tendencias en las teorías curriculares del posmodernismo, el feminismo, los estudios poscolonialistas y los estudios culturales. En cualquier caso, su perspectiva sobre los contenidos del currículum es compartida, en el sentido de que ayudan a configurar procesos de identidad a partir de las prácticas culturales y de los contenidos desarrollados dentro de un contexto social específico en el que la clase social, el género o las diferentes etnias están presentes.

Ello hace que determinadas perspectivas críticas del currículum estén basadas en diferentes modelos de sociedad y de Estado. Este papel socializador de la escuela hace que se legitime o no la sociedad en la que se encuentra. Si no se plantea una visión crítica es complicado llevar a la práctica el marco ideológico, cultural y económico de la sociedad que lo ampara (Giroux, 1992). Su traducción a la práctica implica decisiones políticas, administrativas, organizativas y didácticas que han de explicitarse para no asumirlas mecánicamente necesario en este planteamiento. Es necesario cuestionar cuáles son los criterios para tomar decisiones educativas, cómo son los procesos, quién participa, cómo se toman dichas decisiones, quiénes son los responsables y quiénes lo llevan a la práctica.

La explicación de los hechos sociales y cómo éstos son argumentados está relacionada con el tipo de sociedad y de persona que la escuela pretende. La justificación de las condiciones de privación social, económica o cultural y las razones de la distribución de los bienes implican una determinada concepción de la sociedad. La concepción del derecho a la educación o a la cultura afecta al currículum y condiciona la toma de decisiones en la regulación tanto de las modalidades del currículum, como de los contenidos, el establecimiento de procesos de evaluación y de control, la vida en los centros y en las aulas, así como los procedimientos de agrupación o de relaciones sociales.

## 3.4 Teoría curricular posmodernista

A mediados de los años ochenta se utilizó el término *posmodernismo* aunque se fue sustituyendo por otras acepciones como *modernidad tardía, segunda modernidad* e incluso *globalización* (Bolívar, 2008). Lo primero que hay que aclarar es que no es lo mismo posmodernidad que posmodernismo. El *posmodernismo* es un movimiento estético, intelectual, mientras que posmodernidad es una condición de carácter social. En este marco, la didáctica y el currículum son consecuencia de la modernidad y del proceso generalizado de escolarización. La posmodernidad ha tenido visiones diferentes dependiendo de la localización geográfica donde se haya desarrollado; así, en Estados Unidos se sitúa en los estudios culturales y de reivindicación de cuestiones de género en el marco del feminismo, mientras que en Europa supone una vuelta al nihilismo tras la caída del marxismo.

Podemos señalar en la teoría curricular algunos elementos descriptores del posmodernismo. Quizá uno de los más conocidos es la *deconstrucción* propuesta por Derrida (2007), que implica mostrar las contradicciones de un determinado discurso o teoría. Se plantea que se puede cambiar el mundo modificando la forma en que lo describimos. Por ello, el modo más adecuado para conocerlo es a través de la investigación biográfico-narrativa porque emerge como una herramienta para prestar importancia al sujeto y *dar voz a los sin voz*. Esta metodología conjuga tres dimensiones para conocer la educación: la cognitiva, la afectiva y la de la acción (Bolívar, Domingo y Fernández, 2001). Además, este movimiento posestructuralista, que incluye a autores como Foucault, reflexiona sobre las estrategias micropolíticas del poder y se relaciona con filósofos existencialistas como Nietzsche. Sin querer agotar todos sus postulados, aludimos a algunos de ellos. En primer lugar mencionamos los movimientos feministas dentro de la teoría curricular (Gilligan, 1985; Noddigs, 1992) como modo particular de concebir la educación en contraposición al pensamiento cartesiano y kantiano. De hecho se utiliza este enfoque en calidad de principio organizador del currículum entendido como elemento distribuidor de los conocimientos y del poder. Este enfoque concibe la educación como una relación que implica recuperar el rostro humano de la interacción entre los estudiantes y los docentes.

En este sentido, las teorías curriculares han pasado de tener el foco puesto exclusivamente en la escolarización a entender ésta como un hecho más profundo y cultural. Se contempla como un elemento que pretende formar a los ciudadanos de una manera integrada en la que se adquieran valores como la tolerancia, el desarrollo sostenible, la cooperación o la justicia.

## 4. Orientaciones teóricas del currículum

McNeil (1992) clasifica las teorías curriculares en duras y blandas. En esta dicotomía están los «suaves», que pertenecen al campo de la literatura crítica, la filosofía e incluso la religión (Pinar, 2008), clasificados así porque provienen de las mismas teorías investigadoras. Los duros, por su parte, aportan un enfoque más racional, basado en los datos empíricos. Otras clasificaciones propuestas por Pinar también se muestran como insatisfactorias. Manejan tres dimensiones: tradicionales, empírico-conceptuales y reconceptualistas. Tyler define el currículum como el conjunto de conocimientos que están diseñados para transmitir la herencia cultura y mantener el funcionamiento de la sociedad existente (Pinar, 1978). Estas teorías tradicionales manejan términos como las nociones de la clase, profesor, curso, unidades didácticas y lecciones. De hecho, entienden que es el conjunto de una serie de conocimientos que promueven la excelencia y la equidad en la educación temprana. Sin embargo, en la educación no formal la perspectiva es completamente diferente. Se contempla desde una visión con un carácter existencial. Los reconceptualistas ponen el énfasis en la subjetividad, en la experiencia existencial, en el arte de la interpretación que manifiesta la clase en conflicto y con una relación desigual en la sociedad más amplia. Autores como Eisner proponen que la educación informal tiene que liderar la revisión curricular y hacer nuevas e innovadoras propuestas.

Las clasificaciones, tal y como se está desgranando en el capítulo, son numerosas y dependen de la perspectiva o el criterio que se seleccione. Algunas de las teorías se centran en los «procesos cognitivos» y, por tanto, subrayan el desarrollo intelectual y conceden una menor importancia a los contenidos. Otros, por su parte, muestran una concepción del currículum como un «proceso tecnológico», lo que supone buscar un proceso eficaz para lograr determinadas metas. El currículum de «autoactualización» supone una experiencia educativa acumulativa que produce un crecimiento personal. La teoría de «la reconstrucción social relevante» implica una visión del currículum que enfatiza las necesidades sociales frente a las individuales. Y, por último, una visión «académica racionalista» hace hincapié en el establecimiento de la disciplina para ayudar a los jóvenes a participar de la cultura tradicional occidental (Eisner y Vallance, 1977).

Otra perspectiva en la clasificación de las teorías curriculares ha sido realizada por Huenecke (1982) con tres tipologías: *estructurales, genéricas* y *sustantivas*. Las primeras, dominaron en los años cincuenta y se centraron en identificar los elementos del currículum y su interrelaciones, así como las estructuras en las tomas de decisiones. Las genéricas se focalizaban en los resultados del currículum, las asunciones de creencias percibidas como verdades en la toma de decisiones curriculares. A veces se refieren a ellas como las teorías críticas, las cuales pretenden liberar a los individuos de las limitaciones de la sociedad utilizado marcos sociológicos y políticos para examinar los criterios de poder, control e influencias. Y, finalmente, las teorías *sustantivas* especulan sobre los contenidos curriculares más deseables y contemplan el conocimiento como lo más valioso. Esta clasificación de las teorías se ha considerado útil. Schwab (1964) las reorganiza en *teorías orientadas a la estructura,* que se fundamentan en el análisis de los componentes curriculares y su relación; *teorías orientadas a los valores,* de naturaleza crítica; *teorías orientadas al contenido,* que determinan qué elementos han de ser enseñados; y *teorías orientadas al proceso,* que se centran, con un carácter descriptivo algunas e interpretativo otras, en cómo se desarrolla y cómo debería ser desarrollado. A continuación profundizamos en estas cuatro perspectivas.

## 4.1 Teorías orientadas a la estructura

En esencia, estas teorías se ocupan de analizar los componentes del currículum y sus interrelaciones. Es decir, buscan tanto describir qué elementos conforman el currículum, como explicar los diferentes elementos que interactúan en el entorno educativo.

Varias son las cuestiones que orientan el trabajo y que son abordadas mediante investigación empírica, tanto de carácter cuantitativo como cualitativo. Algunas de ellas son las siguientes:

1. ¿Cuáles son los elementos esenciales del currículum y cómo se definen?
2. ¿Cuáles son los niveles de toma de decisiones curricular?
3. ¿Qué principios parecen orientar la selección, organización y secuenciación de contenidos?

En este marco hay una doble perspectiva: nivel micro y nivel macro. Los principales representantes micro son Posnerm y Strike (1982). Proponen cuatro criterios básicos de secuenciación y toma de decisiones: el primero de ellos es en *la relación con el mundo,* es decir, en temas relacionados con los hechos, los sucesos y la gente. Presupone una relación espacio-temporal y física. El segundo concepto está relacionado con la *lógica del contenido* como prerrequisito, y toda la secuenciación de los contenidos está en función de este principio. Se necesita un primer concepto para entender los siguientes contenidos. Otro criterio es el de *investigación* o de *procedimiento de descubrimiento,* como el que tenía Dewey (1938) para el planteamiento y resolución de problemas. Un criterio añadido es conocer cuáles son los *procesos de aprendizaje* y, por tanto, seguirlos. Estos principios de aprendizaje guían la secuencia: por ejemplo, empezar por contenidos de interés intrínseco, por las habilidades más sencillas, por los aprendizaje significativos, etc. Un último principio para la toma de decisiones en el diseño del currículum es el de *criterio relacionado,* de manera que la selección tenga en cuenta tres contextos posibles: social, personal y profesional. Tal y como proponen Posner y Strike (1982), estas categorías pueden ser consideradas en la toma de decisiones del desarrollo curricular cuando se diseñan los contenidos, se evalúan o incluso cuando se estudia el currículo.

### 4.2 Teorías orientadas a los valores

Estas teorías se centran en el análisis de los valores y los supuestos de los constructores de currículum y sus productos. Estas teorías están asociadas a movimientos educativos que pretende desarrollar la conciencia sobre los hechos sociales. Por su naturaleza, son de carácter crítico. Son aquellas que han defendido la presencia de un currículum oculto en el que están presentes valores que no se encuentran definidos en los documentos educativos, sino que hallan presentes en los modos de organizar y comportarse en la escuela. Dicha perspectiva también ha sido llamada reconceptualizada por su deseo de redefinir o reconceptualizar el currículo.

Algunas de las cuestiones que orientan a los investigadores centrados en esta línea son las siguientes:

1. ¿De qué formas las escuelas mantienen y reproducen las diferencias de poder que se dan en la sociedad?
2. ¿Cómo inhibe la escuela la naturaleza individual de cada uno?
3. ¿En qué medida los colegios moldean consciente o inconscientemente a sus estudiantes en cuanto pertenecientes a una raza y una clase?
4. ¿Cómo se legitima el conocimiento?
5. ¿Qué decisiones inhiben el desarrollo de los niños y jóvenes?
6. ¿En qué medida se minimizan o se realzan los conflictos sociales?

Dos teóricos destacan en esta perspectiva: MacDonald (1975) y Apple (1983). MacDonald tiene una visión retadora y cuestionadora de las asunciones establecidas del currículum. Dicha visión, desde la condición humana y la búsqueda de la trascendencia, está influida por los escritos de Jung. La perspectiva de Apple (1975, 1983, 1987), por su lado, consiste en plantear una visón crítica sobre la relación entre la sociedad y la escuela, en términos de poder y las visiones hegemónicas de la realidad.

### 4.3 Teorías orientadas al contenido

Estas teorías pretenden determinar el contenido del currículum, por lo que son prescriptivas en el procedimiento de selección del mismo. En función de la perspectiva predomintante pueden clasificarse en:

- Teorías sobre sobre la infancia: educación afectiva, educación evolutiva, abierta.
- Teorías sobre el conocimiento: estructura disciplinar y procedimientos de conocimiento.
- Teorías centradas en la sociedad: conformistas, reformistas, radicales y futuristas.

Las teorías centradas en la infancia determinan la profundidad del currículum, las materias son una forma de aprendizaje y de adquirir el conocimiento. De esta forma, el entorno social y las necesidades de la sociedad no están consideradas. Parker (1894) marcó un movimiento de la educación centrada en la infancia. Entre estos movimientos, como ya hemos mencionado, está la *educación afectiva,* que enfatiza los sentimientos y los valores de la infancia a través de diferentes actividades del aula. La *educación abierta* subraya el desarrollo social y cognitivo a través de la exploración informal, la actividad y el descubrimiento. El niño en su conjunto supone el punto de partida y el foco del trabajo curricular de Weber (1971): es el currículo el que se adapta al niño.

## 4.4 Teorías orientadas al conocimiento

Estas teorías subrayan que el principal criterio para la organización del currículum es el contenido que se pretende transmitir; en este modelo, lo primario es la estructura disciplinar, la naturaleza del conocimiento y su secuenciación. La estructura disciplinar subraya la importancia del énfasis que se da a las asignatura; desde 1890 hasta la primera década del siglo XX se estableció una estandarización del currículum y se hizo un alineamiento con los requisitos de la educación secundaria. Las formas de conocer suponen diferentes líneas de investigación de la ciencia cognitiva, la creatividad humana, el funcionamiento del cerebro, las diferentes concepciones del conocimiento y de la inteligencia. Vallance (1977) señala que ello diseña un mapa curricular en el que hay diferentes modos de aprender y que tienen que estar contemplados en el diseño curricular.

## 4.5 Teorías orientadas a la sociedad

En esta perspectiva hay tres grandes grupos: los conformistas, los reformadores y los futuristas. Los *conformistas* consideran que el orden que existe es bueno, el mejor de los posibles. El currículum ayuda a comprender la historia de la sociedad, a valorar y educarse en el modo de ser exitoso en ella; establece un principio de realismo. Los *reformistas* mantienen un principio democrático en su estructura. El currículum ha de ayudar a identificar problemas de carácter social, como el racismo, el sexismo, la contaminación ambiental, etc. Se encontraban en los años sesenta y setenta, se consideraba una revolución cultural y pretendían desarrollar la responsabilidad social. Los *futuristas,* por su lado, hablan de promover el cambio. Suscitan mejoras, pues innovaciones parciales son consideradas como insuficientes. Se plantean la aplicación de modelos de gestión empresariales al ámbito educativo y la implicación de los padres en el cambio del sistema, así como la gestión privada como parte involucrada en los procesos educativos e incluso el papel de las nuevas tecnologías en el panorama educativo como elemento de la toma de decisiones curriculares. Los radicales plantean el papel de empoderamiento de los estudiantes para producir efectos radicales abogando por procesos de desescolarización de la educación. Aquí de nuevo aparece la importancia de Paulo Freire (1970) con su *Pedagogía del oprimido* y la meta de la concientización. Se crearon materiales propios para que expresaran la percepción del mundo y de la vida que deseaban, con el fin de estar prevenidos ante los aspectos deshumanizados de sus vidas, y ayudaron a comprender mediante la alfabetización.

## 4.6 Teorías orientadas al proceso

Las teorías orientadas al proceso se centran en describir cómo se desarrollan los currículos y en aportar recomendaciones sobre cómo deberían desarrollarse. Así, es posible encontrar algunas teoría claramente descriptivas y otras en esencia prescriptivas. Eisner (1985) y Vallance (1974), Schiro (2008) y Gay (1980) desarrollaron clasificaciones sobre las teorías en función de los procesos y los productos. Las descripciones que hacen Eisner y Vallance del modelo experimental sugieren la importancia de las necesidades de los niños como elemento determinante del contenido. Su orientación es liberal y enfatiza el proceso de planificación en términos de orgánico, envolvente, situacional y centrado en la investigación.

En este sentido se presenta una serie de descriptores como un cuerpo de análisis sistemático para analizar estrategias que aparentan ser similares. Un primer grupo corresponde a los participantes en el proceso, los elementos que influyen en la toma de decisiones, el modo de formular dichos elementos, la organización y la estructura de los cursos, el modo en el que se secuencian, la progresión de los contenidos, si es recurrente, secuencial, etc. Además, deben ser sensibles a las diferentes concepciones: como un puzle, un mosaico, como un viaje, como un conjunto de experiencias, una organización desde la base al tejado, cualquiera de estas metáforas revela diferentes procedimientos de desarrollo del currículum. Asimismo se focaliza en cómo se debe probar que los procesos son implementados y en qué medida son los más adecuados y sensibles a la dimensión política del trabajo curricular.

## 5. Apunte final

Concluimos este capítulo sobre las teorías curriculares planteando que es un campo de estudio configurado por hechos tanto sustantivos como procesuales. La teoría curricular desde mediados del siglo XX ha constituido un conjunto de planteamientos tendentes a explicar y legitimar la enseñanza, así como las prácticas curriculares. En definitiva, pretenden ser un conjunto de ideas sistemáticas y coherentes que ayuden a explicar los problemas o fenómenos curriculares que sirvan para guiar y orientar en la toma de decisiones más adecuadas y justificar de manera reflexiva y crítica sus acciones educativas.

Entendida desde el punto de vista sustantivo porque plantea un esquema que ordena y racionaliza la práctica curricular proporcionándole un significado, la teoría curricular analiza el currículum como una serie de prácticas educativas, planificadas o no, que el contexto educativo ofrece para el aprendizaje, una toma de decisiones sobre la cultura que se transmite y que está influenciada por el nivel interpersonal, el administrativo y el social.

Otras perspectivas lo plantean como un producto final que se suele centrar en problemas reales, concentrado en audiencias reales, fechas concretas de planificaron, transformación de la información y una adecuada evaluación, pero siempre basado en prácticas reales. Su trabajo se basa en el estudio de casos, y recoge los problemas planteados de la distancia entre las teorías y las prácticas educativas reales. Parte del estudio «en microscopio» de las prácticas educativas reales, examinando así las situaciones concretas del aula. Proporciona una parte controlable de la realidad, vida y contextualizada que permite la gestión y la observación del trabajo.

Quizá podamos concluir con la perspectiva del *currículum como un reto,* independientemente de si es oculto o aparente o cambia con las diferentes realidades. El diseño educativo instructivo está basado en la investigación sobre cómo aprenden los alumnos, cómo reciben, procesas e interpretan la información (Caulfield, Kidd y Kocher, 2000).

Esta visión de diferentes teorías nos debe permitir reflexionar sobre todos aquellos conocimientos, destrezas, actitudes y valores que se adquieren mediante la participación en procesos de enseñanza-aprendizaje y la toma de decisiones que se hacen sobre él, de manera que contemplemos la teoría como un referente para que la educación contribuya verdaderamente a promover el tipo de persona y sociedad justa que deseamos.

## Bibliografía

Apple, M. (1975): «The hidden curriculum and the nature of conflict», en Pinnar, E. (ed.), *Curriculum Theoring. The reconceptualist* (95-119). Berkelery: Macutcham.

— (1983): «Curricular form and the logic of technical control», en Apple, M. y Weis L. (eds.), *Ideology and practice of schooling.* Filadelfia: Temple University Press, pp. 143-165.

— (1987): *Educación y Poder.* Barcelona: Paidós-MEC.

Beauchamp G. A. (1981): *Curriculum Theory.* Washington: F.E. Peacock Publishers.

Bobbitt, F. (1918): *The curriculum.* Boston: Houghton Mifflin.

— (1928): *How to make a curriculum.* Boston: Hougton Mifflin.

Bolívar, A. (2008): *Didáctica y currículum: de la modernidad a la postmodernidad.* Málaga: Ediciones Aljibe.

Carr, W. y Kemmis, S. (1986): *Becoming critical. Education, knowledge and action research.* Londres: Lewes Falmer Press.

Caufiel, J., Kidd, S. y Kockher, T. (2000): «Brain-based instruction in action». *Educational Leadership,* 58(3), 62-65.

Dewey, J. (1938): *The logic: The theory of Enquiry.* Nueva York: Rinehart and Winston.

Eisner, E. y Vallance, E. (1974): *Conflicting conceptions of curriculum.* Berkeley: Mocutcham Publishing Cooporation.

— (1985): *The art of educational evaluation.* Nueva York: Lewes Falmer Press.

Faix, T. (1964): *Towards a Science of Curriculum. Structural Funcional Analysys of Conceptual System of Research.* Tesis doctoral inédita.

Freire, P. (1970): *Pedagogy of the oppressed.* Nueva York: Herder and Herder

— (1972): *Pedagogy of the oppressed.* Londres: Harmondsworth Penguin.

Gay, G. (1984): «Multiethnic Education. Historical developments and future». *The Phi Delta Kapan. 6, 8.*

Gimeno Sacristán, J. (1988): *El currículum: una reflexión sobre la práctica.* Madrid: Editorial Morata.

— (2001): «Políticas y prácticas culturales en las escuelas: los abismos de la etapa posmoderna». *Fundamentos de humanidades* (7-47). Primavera, 4. Buenos Aires: Universidad de San Luis.

Goodlad, J. I. (1979): *What are Schools For?,* Phi Delta Kappa. http://intl.kappanmagazine.org

Grundy, S. (1987): *Curriculum: Product or praxis.* Nueva York: Legwes Falmer Press.

Guba, E. G. (1990): *The paradigm dialog.* California: Sage.

Habermas, J. (1992): *Facticidad y validez. Sobre el discurso y el estado democrático en términos de teoría del discurso.* Madrid: Trotta.

Hewitt, T. W. (2006): *Understanding and shapping the curriculum. What we teach and why.* Londres: SAGE.

Huenecke, D. (1982): «What is Curriculum Theorizing? What Are Its Implications for Practice?», *Educational Leadership,* 39, pp. 290-294.

Kelly, A. V. (2009): *The curriculum. Theory and Practice.* Londres: SAGE.

Kemmis, S. (1988): «Curriculum an introduction to the Field», en R. Gress, J. R., *Principles for Program Evaluation in Curriculum Development and Innovation* (478-494). Berkeley, CA: McCutchan.

Lucket, K. (1995): *Towards a model of curriculum development for the university of Natal's curriculum reform program.* Academic Development (2).

MacDonald, F. (1975): «The Hidden Curriculum: Its Impact on Learning». *Bulletin: Canadian Society for the Study of Education,* 3, 9-12.

Marsh, C. J. (2009): *Key Concepts of understanding the curriculum.* Londres: SAGE.

McNeil, J. D. (1992): «Curriculum Organization», en Marvin C. Alkin (ed.), *Encyclopedia of Educational Research* (273-279). 6.ª ed. Nueva York: Macmillan.

Pinar, W. F. (1978): «Life History and Curriculum Theorizing: A Case Study». *Review Journal of Philosophy and Social Science,* 3, 1, pp. 92-118.

— *et al* . (2008): *Understanding Curriculum.* Nueva York: Peter Lang Publishing.

Posner, G. J., Strike, K. A., Hewson, P. W. y Gertzog, W. A. (1982): «Accommodation of a Scientific Conception: Toward a Theroy of Conceptual Change». *Science Education,* 66, pp. 211-227.

Quinn, M. y Garrison, J. (2001): «The Curriculum Story or the Curriculum Word? Mythos and Logos at the Crossroads of the Postmodern», *JCT,* 17, pp. 125-139.

Schiro, M. S. (2008): *Curriculum Theory: Conflicting Visions and Enduring Concerns.* Thousand Oaks, CA: Sage Publications

Schwab, J. J. (1964): «Structure of the Disciplines: Meanings and Significances», en Ford, G. W. y Pugno, L. (eds.), *The Structure of Knowledge and the Curriculum.* Chicago: Rand McNally, pp. 6-30.

Soto Guzmàn, V. (2003): «Paradigmas, naturaleza y funciones de la disciplina curricular». *Reflexiones Pedagógicas* (20):36-48.

Stenhouse, L. (1975): *An introduction to curriculum research and development.* Londres: Heineman.

Taba, H. (1962): *Curriculum development: Theory and practice.* Nueva York: Haurcourtbrace and World.

Tanner, D. (1980): *Curriculum development: Theory into practice.* Londres: McMillan.

Tyler, R. W. (1949): *Basic principles of the curriculum and instruction.* Chicago: University of Chicago Press.

Vallance, E. (1977): «Hiding the Hidden Curriculum: An Interpretation of the Language of Justification in Nineteenth Century Educational Reform», *Curriculum Theory Network,* 4 (No. 1, 1973/74), 5-21. Publicada también en Arno A. Bellack y Herbert M. Kliebard (eds.), *Curriculum and Evaluation. Berkeley*, CA: McCutcha, pp. 590-607.

Walker, D. y Soltis J. (2004): *Curriculum and Aims.* Nueva York: Teacher and College Press.

Weber, L. (1971): *The English Enfant School and Informal education.* New Jersey: Prentice Hall.

# 4. El diseño curricular: componentes y modelos

**Ramón Pérez Pérez**

## 1. Introducción

El currículum, como estructura organizada de toda la actividad que conlleva un proceso educativo desde que se manifiesta como intención hasta que se obtiene como resultado, está exigido por una larga cadena de decisiones en las que no solo interviene el destinatario, el alumno, ni el docente, mediador inmediato del mismo, sino un gran número de personas e instancias institucionales.

Sin embargo, el resultado esperado es único y aspira a ser integrado y coherente, siendo necesario para que esto ocurra que la cadena de toma de decisiones y acción también se defina con cierto grado de coherencia y esté orientada a los fines que persigue, como una orquesta al interpretar una composición musical.

Estructura curricular, diseño y modelos del currículum son conceptos que hacen referencia a una cuestión medular de los procesos educativos, especialmente los más ligados a la acción instructiva, enseñar y aprender

La acción educativa es intencional, intencionalidad que se materializa en lo individual, pero que no se escapa de ser también una intencionalidad social, connotada cultural y políticamente. Su proceso es complejo toda vez que el ser humano lo es, mucho más sus dimensiones psicoemocionales, que tanto tienen que ver en este proceso.

De ahí la relevancia del diseño curricular, de la estructura del currículum y del modelo que conforma y moldea el proceso de enseñanza-aprendizaje. En este capítulo pretendemos poner al lector en alerta sobre la importancia de considerar estos aspectos a la hora de intervenir en los procesos educativos y formativos, destacando especialmente los itinerarios de toma de decisión que condicionarán definitivamente el éxito del aprendizaje, aun cuando se pudieran dar aprendizajes al margen de cualquier consideración didáctico-pedagógica y curricular.

## 2. Sobre el concepto de diseño curricular

Antes de iniciarnos en el análisis de los modelos de currículum, objeto nuclear de este tema, consideramos imprescindible clarificar algunos conceptos que, indefectiblemente, van asociados a la idea de modelo. En la literatura sobre currículum no es infrecuente hallarse con el uso indistinto de términos como «diseño», «planificación», «definición», «programación»... del currículum, e incluso como definición del currículum en su integridad, o como referencia a los documentos que prescriben la concepción curricular, a una etapa del proceso curricular, etc.

Ante todo, conviene clarificar que «diseñar» es una tarea compleja que implica acciones y procesos acompañados de toma de decisiones que permiten anticipar la actividad del proceso de enseñanza-aprendizaje. Es una tarea similar a la que realiza el arquitecto cuando se hace responsable de una obra arquitectónica: no solo tiene que dar forma visible al nuevo edificio, sino que debe tomar decisiones acerca de su estructura, el orden de todos los elementos que lo integran, la calidad, resistencia y estéticas de los materiales que utiliza, etc.

Diseñar es un proceso que requiere una metodología, pero también numerosos conocimientos acerca de los elementos que integran el objeto resultante o «diseño». Diseñar es anticiparse con previsión a lo que deberá acontecer en el aula cuando llevemos a cabo lo establecido. Desde este punto de vista «diseñar» tiene proximidad semántica con «planificar», «programar», «definir»..., pero cuando hablamos de currículum cada uno de tales términos tiene connotaciones semánticas específicas.

Así, por ejemplo, planificar el currículum aporta un cierto grado de generalidad y escasa concreción. Se suele utilizar para referirse a las tareas de previsión que realizan las administraciones educativas; sin embargo, el término «programación» suele referirse a un grado de concreción muy preciso y minucioso, que especifica con gran detalle lo que hay que hacer y cómo hay que hacerlo. En una escala abstracto/generalidad-concreto/particularidad, el diseño se situaría en grado intermedio, quizás más próximo a programar.

Se puede decir que el diseño curricular es como una dimensión del currículum integradora de la concepción de lo educativo, como fenómeno, de las metas o fines de la acción misma del proceso de enseñanza-aprendizaje y de los medios de que nos vamos a servir para lograr los resultados esperados, dando forma, estructura y orden —modelo— al currículum, concretado en un «proyecto curricular». Este carácter integrador que le hemos asignado al diseño se da también en la concurrencia de su naturaleza metodológica —pues define cómo se hace–, su naturaleza de acción —proceso de definición, toma de decisiones y concreción— y su naturaleza de producto o resultado —concreción escrita de un programa—.

Por esta razón es importante tener en cuenta que aunque un diseño curricular se materializa en una propuesta o proyecto, normalmente escrita en un documento, no se reduce sólo a esto, sino que conlleva, como mínimo, una serie de dimensiones que conviene no olvidar. Así pues, para realizar un diseño de esta naturaleza, conviene tener en cuenta que han de darse las siguientes condiciones:

- Se debe disponer de una concepción del hecho educativo (teorías, ideales, finalidades, etc.).
- Tiene que haber una concepción del ser humano, de su educabilidad y de las potencialidades/posibilidades de educarse, tanto como resultado como en el proceso de su crecimiento y desarrollo, físico, psicológico y social.
- Han de darse concepciones claras acerca de los fines y objetivos de la educación, no solo en general, sino también en lo concreto, referido a una personas con nombres y apellidos, una edad, unas necesidades concretas, etc.
- Se debe conocer a los destinatarios del currículum. Se tiene que disponer de un conocimiento de lo que se quiere que aprendan los destinatarios; por tanto, de qué y cómo enseñar, de cómo aprenderlo, de cuándo y con qué medios, recursos, actividades y tiempos, etc., de cómo medir y valorar los aprendizajes, pero también de todos los elementos implicados en el proceso de enseñanza-aprendizaje.
- En definitiva, el diseño curricular exige la consideración de las fuentes del currículum y de todos sus elementos.

Como toda acción previsora y anticipatoria de otras acciones, el diseño curricular debe ser previsor y anticipatorio de las acciones que resuelven el proceso de aprendizaje y por la misma razón el de la enseñanza, en el marco de la intencionalidad que envuelve a ambos. Para que esto tenga lugar, es importante considerar una serie de fases que aseguren la coherencia e integración de tal diseño, las más importantes de las cuales son las siguientes:

1. La consideración de las teorías educativas, del aprendizaje y del currículum, así como de las políticas educativas y curriculares de la administración educativa.

2. El diagnóstico de problemas, necesidades, expectativas y aspiraciones de los destinatarios, sociedad, familias, padres y alumnos.
3. La consideración de los elementos del currículum, su estructura, organización y modelo concreto.
4. La consideración de los espacios físicos, temporales y de recursos para su puesta en práctica y desarrollo.
5. La previsión de la evaluación del propio diseño curricular y su proyección en la práctica.

## 3. Justificación del diseño curricular, su estructura y funcionalidad

Toda acción humana, salvo en las etapas iniciales de la vida, suele estar modelada por cierto grado de intencionalidad. La intencionalidad es una característica propia del ser humano, en tanto que es capaz de orientar su conducta, hacia el bien o hacia el mal, lo que la hace previsible para el propio sujeto, cosa que no ocurre en los animales. Debido a esta naturaleza de la acción humana es posible hacer previsión de lo que se quiere hacer, tanto en el resultado —fin, lo que se quiere— como en el proceso —metodología, cómo lo vamos a conseguir—.

En la historia del ser humano, cada logro en su largo camino de separación de la conducta instintiva —animal— implica una gran inversión de esfuerzo conducido por la intencionalidad, y la superación de cada logro por otro superior conlleva, generalmente, decenios o siglos, con lo que se manifiesta que las actividades humanas, conocimientos, habilidades, destrezas, etc., requieren aprendizaje, estructura y orden, además de estar reguladas por la intencionalidad.

Aun cuando numerosas acciones de nuestra vida se desarrollan de forma automática —hábitos—, ello exige un proceso previo de aprendizaje, casi siempre referido a conductas o acciones sencillas que, ensayadas convenientemente y repetidas con cierta frecuencia en situaciones idénticas o similares, se instalan como automatismos. Sin embargo, ante situaciones novedosas o complejas la respuesta espontánea no es posible, pero si se da, las posibilidades de éxito son muy reducidas. La intervención educativa es una de esas acciones complejas en las que está comprometido el ser humano.

### 3.1 Por qué hay que diseñar el currículum

Hay que considerar que toda acción humana requiere una anticipación, primero intencional (querer hacer algo) y después metodológica (cómo hacerlo), y que tal anticipación no es más que un proceso de gestionar los elementos que habrán de considerarse en tal anticipación. La acción educativa es algo tan sumamente complicado, que no solo pone en juego conocimientos, lo que se espera aprender, sino todo un complejo sistema de relaciones comunicativas que son la que, definitivamente, habrán de transformar la estructura cognitiva de quien aprende, si es que en efecto se ha producido el aprendizaje.

Los procesos educativos, incluido el propio aprendizaje, no son algo individual, sino social y colectivo. Aunque quien aprende, definitivamente, es cada uno de nosotros, este aprendizaje que tiene forma individual y personal no se produce al margen de la red social, la familia, un grupo humano, la aldea, la ciudad, etc.

Lo que somos en términos de conocimiento se lo debemos a los demás en buena medida, primero como modelo, después como espejo y más tarde como tribuna sancionadora. Nuestro conocimiento será tanto más efectivo y valioso cuanto más «confrontado» haya estado frente a los demás, profesores, compañeros, familiares y sociedad en general.

Consideramos que la actividad educativa tiene, por tanto, una connotación pública a la que no podemos renunciar, no solo porque sea una actividad regulada por el orden político de la sociedad, confiado a las administraciones educativas, sino porque buena parte de la finalidad educativa es precisamente socializadora, es decir, consiste en hacer que la vida del sujeto sea posible y viable en el seno de la tribu social.

Las aportaciones de las ciencias de la educación, de la psicología educativa y del desarrollo, las teorías de la ciencia y de la educación, el propio conocimiento acumulado por la sociedad ponen al docente ante un complejo contexto que le exigen un amplio dominio de tales conocimientos y una interpretación adecuada de lo que es esencial en tal cúmulo de elementos para hacer viable el proceso de enseñanza-aprendizaje.

Igual que el artista realiza sus bocetos antes de la obra definitiva o el arquitecto dibuja y calcula los elementos de su obra, el docente necesita hacer explícitas y visibles sus intenciones acerca del acto didáctico y de las demás variables que lo definen y condicionan.

Así pues, el diseño curricular se justifica, entre otras, por las siguientes razones:

a) *Es una previsión de la acción educativa* que se sitúa en un contexto con antecedentes y consecuentes, que requiere unos prerrequisitos y de la que se esperan resultados, y que es necesario explicitar para que no quede en la intimidad del docente, sino en su acción pública.
b) Diseñar el currículum es realizar una previsión de *elementos, acciones, recursos, tiempos,* etc., a fin de permitir valorar que lo necesario haya sido contemplado y esté previsto.

c) El diseño curricular es un modo de establecer *compromisos, por parte del docente y del alumno*, por la institución educativa y las familias, así como por las administraciones educativas. Es, por tanto, un contrato.
d) El diseño como planificación de los cursos de acción permite hacer *seguimiento de tales cursos*, mejorar el diseño a través de la reflexión y el análisis de su coherencia y ajuste a la práctica, así como que otros lo enjuicien o sea sometido a revisión si es necesario
e) Facilita su mejora por medio de *evaluaciones* que no sólo miden los resultados obtenidos, sino el grado de ajuste de los elementos previstos al logro de los mismos.

El diseño del currículum se hace cada vez más imprescindible y es una más de las tareas que tiene encomendadas el docente, precisamente como mecanismo de modelado de su intervención, la del alumno y la de la propia institución escolar.

## 3.2 Estructura del currículum

Diseñar es dar forma a aquello que estamos previendo, en sentido literal es una visión de los que vamos a realizar. El pintor y el escultor tienen una imagen muy aproximada de lo que quieren hacer antes de ponerse a hacerla, pero, además, ésta no es suficiente, por lo que la plasman en un boceto que les sirve para concretar la idea, perfeccionarla al poder trabajar con ella en su creación y perfeccionamiento, y someter a consideración todos aquellos elementos que serán puestos en juego al realizar la obra definitiva.

Considerar los elementos del modelo supone darles un significado a cada uno de ellos, el pintor utiliza colores, pero también emplea sustancias que soportan el color; cuando elige un color, le está dando una significación, y cuando elige el soporte del color, también, y así, sucesivamente, con cada uno de los elementos sobre los que toma decisiones. Finalmente se logra un sistema en el que cada elemento tiene su cometido, da forma a la estructura y justifica su relación en el sistema.

Los elementos que componen el currículum son numerosos y aceptan interpretaciones muy diferentes. El docente, cuando diseña un currículum, no sólo realiza un ajuste entre los elementos o componentes de éste, objetivos, contenidos, actividades, metodología, recursos o medios, tiempos, evaluación, etc., sino que, a su vez, establece relaciones entre los mismos, determinadas por las consideraciones y concepciones que ponga en juego, definidas a partir de la valoración hecha desde las fuentes del currículum.

No será lo mismo diseñar el currículum si partimos de la idea de que el estudiante es un sujeto pasivo-receptivo que si se lo considera como ser activo-creativo, como tampoco lo será si se parte de una idea de docente como transmisor de información o como generador de situaciones problemáticas para el alumnado. Aun cuando los elementos del currículum sean los mismos, su modelado y estructura serán distintos, y el énfasis o el rol reservado a cada uno de ellos harán variar el resultado final.

Estos aspectos son los que permiten definir los distintos modelos de currículum a los que haremos referencia más abajo, atendiendo tanto a sus concepciones teóricas como a las finalidades y funcionalidades del diseño del currículum.

## 3.3 Funcionalidad del diseño curricular

El docente, cuando afronta la tarea educativa, debe atender una serie de exigencias que habrá de concretar, ya sea en su consideración para la toma de decisiones o para la materialización de cada decisión. Tomar decisiones como docente siempre tiene consecuencias que deberán ser tenidas en cuenta, primero porque se orientan a una finalidad concreta explicitada en la intencionalidad definida en el currículum y, seguidamente, porque pone en acuerdo al docente, discente y demás agentes implicados en el hecho educativo, familias y sociedad en general.

Cumplir con esta finalidad del diseño curricular es cumplir con exigencias que le van a dar su funcionalidad, es decir, qué aspectos están implicados en el proceso de diseño, por qué y para qué.

### 3.3.1 Construir una teoría de la educación, del aprendizaje y de la enseñanza

Cuando actuamos, incluso en el caso de las acciones más primarias y menos conscientes, estamos haciendo uso de cierta intencionalidad más o menos explícita, que responde al modo en qué comprendemos la realidad en la que actuamos, sea en el plano más abstracto o en el más concreto y operativo. No todas las personas realizan acciones del mismo modo o con idéntico grado de conciencia e intencionalidad, incluso muchas de ellas obedecen a razones y finalidades distintas, no por ello carentes de intencionalidad. Es decir, cada sujeto actúa de acuerdo con sus conocimientos, experiencias previas, necesidad o expectativas (Pérez Pérez, 1994).

Todos construimos teorías acerca de nuestro modo de actuar, más o menos sólidas, incluso erróneas, pero que dan sentido a lo que hacemos y nos ayudan a explicar y justificar qué hacemos y cómo y por qué lo hacemos. El profesorado no es menos ante su tarea docente, construye sus propias teorías, sean más certeras o más erróneas, bien como resultado de su experiencia como alumno o de vida, de docente o fruto de su propia indagación e investigación.

Es importante señalar que la experiencia sin más no aporta sabiduría, y que no todo estudio, reflexión y razonamiento conduce por sí mismo a la verdad. Las teorías que construimos no siempre son acertadas ni fuente de verdad, lo que exigirá un estado de alerta permanente si, realmente, estamos comprometidos con la verdad.

El docente, en su tarea de enseñar, adquiere una responsabilidad muy elevada al convertirse en «influyente» de la formación de otras personas a las que debe dotar de instrumentos útiles y necesarios para construir también su conocimiento, comprometido con la verdad, para lo cual no es suficiente la información, sino que se requieren otros instrumentos, actitudes y valores.

Es obligación del docente considerar todas las fuentes de conocimiento que lo ayuden a construir esta teoría de la educación, valiéndose para ello de las teorías educativas, del aprendizaje y del currículum, considerando lo ya aportado por otros y con una mirada crítica al confrontar su propio saber, tratando de buscar la luz que lo ayude a orientar su actividad, tomar decisiones y concretar la tarea educativa.

En este marco de construcción teórica y orientación para la práctica es necesario también el desarrollo de las políticas educativas y curriculares de la administración educativa, responsable última del mandato social, sometida al mismo rigor de revisión crítica y reflexiva en tanto que define la acción educativa, y que no por ello puede estar exenta de errores o carente de verdades.

Es uno de los fines del diseño curricular poner a prueba nuestra propia teoría educativa, el modo como entendemos la educación, los procesos de aprendizaje de nuestro alumnado y de la enseñanza como responsabilidad del docente. Una forma de iniciar este proceso pasa por la revisión de los referentes filosóficos, sociológicos, epistemológicos, psicológicos, pedagógicos y didácticos que influyen en los fundamentos de la posible concepción curricular, sobre los cuales se va a realizar el diseño del currículum.

### 3.3.2 Justificación del para qué enseñar o del porqué aprender

Sin necesidad de acudir a las concepciones filosóficas del ser humano, su educabilidad, misión o destino, en el actual contexto sociocultural de todo el mundo se acepta que los seres humanos deben ser educados y que, sin ignorar que tal potencial educativo dura toda su vida, tal acción se intensifica y universaliza en determinada edad, a la que sirven las distintas etapas de escolarización, teniendo como finalidades esenciales, una de naturaleza socializadora y otra más orientada al desarrollo de las propias potencialidades del sujeto, desarrollo intelectual, cognitivo, así como los valores de su libertad y autonomía, búsqueda de verdad y, por qué no, de utopía.

Orientar y concretar la intervención educativa a través del diseño curricular exige un diagnóstico que nos permita conocer a los sujetos que van a aprender en sus necesidades, intereses, motivaciones, conocimientos previos, su nivel de desarrollo personal físico, cognitivo y emocional.

Tal diagnóstico no se refiere sólo al alumnado como destinatario del proceso, sino también a su entorno, social y familiar. La intervención educativa se resuelve en el logro por parte del alumno de conocimientos, destrezas o habilidades, en un complejo entramado de relaciones, procedimientos, comunicación, emociones, etc., por parte de todos los implicados —profesorado, alumnado, familias y administraciones educativas–, actuando en sintonía. Sintonía que no surge de forma espontánea, sino que necesita construirse.

Conocer las dificultades, puntos de partida, necesidades, expectativas, oportunidades en todos sus ámbitos, sociales, políticos, económicos, culturales, ideológicos, etc., así como las condiciones institucionales, es imprescindible para conducir con éxito el proceso educativo, lo que debe ser considerado en el diseño curricular

La enseñanza está al servicio del aprendizaje y éste debe estarlo al de la atención de las necesidades, resultando decisivo que los elementos que se determinan en este diagnóstico-exploración permitan caracterizar y evaluar la situación real en la que se definen y concretan las necesidades, consideradas al diseñar el currículum, en su integración en el marco de la teoría que hayamos construido, buscando la coherencia entre:

- Las necesidades que se dan y lo que se enseña
- La coherencia entre lo que se enseña y lo que se aprende
- La coherencia entre lo que se logra en el aprendizaje y las necesidades o problemas que existían.

La tarea educativa debe dar respuesta a problemas reales que están en las sociedades, en los grupos y en las personas, y esta respuesta sólo es posible si se conocen y se concretan y se tienen en cuenta en el diseño curricular y les incluye en el proceso de enseñanza-aprendizaje desde la organización de éste.

### 3.3.3 El diseño del currículum como concreción de tomas de decisión

Establecido el marco teórico de acción y diagnosticados los problema reales, necesidades, expectativas, etc., estamos en condiciones de iniciar un proceso de toma de decisión que afecta definitivamente a los componentes del currículum.

La acción misma del diseño del currículum se concreta en la determinación de los contenidos necesarios para alcanzar los objetivos terminales, es decir, los conocimientos, habilidades y destrezas que deben concurrir al desarrollo de las competencias que habrá de adquirir el estudiante, concretado en los distintos programas de áreas o asignaturas.

Objetivos y contenidos no son los únicos referentes del diseño curricular toda vez que las experiencias del alumnado son base del aprendizaje, se definen y desarrollan a través de actividades debidamente organizadas en las que los contenidos alcanzan su máximo significado. Para concretar estas actividades, es necesario contar con medios y recursos, organizar el proceso en un tiempo y un espacio.

Seleccionar o definir objetivos, concretar los contenidos de aprendizaje, diseñar y secuenciar las actividades y determinar con qué recursos, en qué tiempo y espacio se van a desarrollar, etc., son decisiones que afectarán a la calidad del proceso de aprendizaje, por lo supone que todo un proceso estratégico de tomas de decisión que deberán quedar reflejadas en un documento o programa.

En este proceso de toma de decisiones se va materializando la conceptualización del modelo, asumiendo posiciones en función de los diferentes referentes teóricos y su relación con la realidad de acuerdo con el diagnóstico realizado, haciendo explícitos aspectos que tienen que ver con las interpretaciones hechas sobre sociedad, ser humano, educación, profesorado, alumnado, familia, la institución escolar, etc.

Diseñar el currículum exige prever todas las medidas que garanticen su puesta en práctica, siendo determinante la formación de quienes van a desarrollar el proyecto, la comprensión de las concepciones que lo modelan, el dominio de los demás niveles del diseño, creando las condiciones necesarias para su desarrollo. En la práctica del diseño, una de estas condiciones es la coordinación entre todos los que conformen los equipos que lo van a desarrollar, el profesorado de aula, los equipos de ciclo o del centro educativo, etc.

### 3.3.4 Contexto, evaluación y mejora del diseño del currículum

El desarrollo del currículum no tiene lugar en una situación abstracta sino concreta, en un espacio físico y en un tiempo real. Los espacios físico-temporales son determinantes en el éxito de esta tarea y están afectados por el contexto institucional y social que envuelve la actividad del docente y el discente. El profesor y el alumno no están solos, ni en el aula ni fuera de ella, y su relación-comunicación educativo-formativa se ve, necesariamente, afectada por tal situación.

El aula, como espacio cerrado, no escapa a esa influencia, que depende de aspectos organizativos que aseguren recursos suficientes, una disposición del espacio y del tiempo acorde a la actividad que allí se desarrolla, pero también de un clima relacional adecuado en el que se resuelvan aspectos tan importantes como la afectividad, seguridad, valores, actitudes, procedimientos, etc., en suma, un clima de armonía empática, cognitiva y emocional compartida por toda la comunidad escolar.

Este nivel de sintonía exige un gran esfuerzo por parte de todos cuantos comparten el espacio institucional, especialmente del profesorado, pero también por parte de los directivos, responsables de liderar, orientar y facilitar tal proceso, así como de las familias y el propio alumnado.

Estos contextos que afectan al currículum también deben considerarse desde la perspectiva del ambiente de aprendizaje que proporciona experiencias significativas al alumnado. Generar situaciones en las que el alumnado se convierta en ejecutor de su propio proceso de aprendizaje sobre la base de experiencias desarrolladas a través de actividades convenientemente diseñadas es algo que ha de ser considerado en el diseño curricular.

Asimismo, deberá tenerse en cuenta el proceso de revisión y mejora del currículum, tanto en su diseño como en su desarrollo. Considerando que la evaluación del diseño será incompleta en tanto no sea desarrollado el currículum, se habrá de incorporar al diseño aquellos elementos que orienten, faciliten y aporten información necesaria para retroalimentar los procesos del mismo. Cuando un proceso de enseñanza-aprendizaje no da los resultados esperados, las razones pueden estar en errores o deficiencias de los procesos de diseño —y dentro de éste, en todas las fases consideradas en relación con el marco teórico, el diagnóstico, la toma de decisiones, etc.—, en los de desarrollo o ejecución —aplicación de todo lo previsto como estaba previsto—, en la influencia de variables extrañas —aquellos elementos que no habían sido considerados, pero que están presentes en el desarrollo del currículum—, etc.

No hay que confundir la evaluación del currículum, del diseño curricular o de su desarrollo, con la del alumnado, ya contemplada como un elemento del propio diseño y desarrollo del currículum, sino que es la evaluación de todos los procesos que se dan una vez definida la intencionalidad del currículum que se va a desarrollar y que considera todas las fases hasta la obtención del resultado.

Este tipo de evaluación, que está orientada a la mejora, es una evaluación diagnóstica que permitirá valorar tanto la bondad del diseño o del desarrollo curricular como sus deficiencias, resaltando en qué aspectos se debe dar una mejora, cuán urgente o importante es y qué elementos son los más comprometidos.

Cómo síntesis diremos que el diseño del currículum deberá dar respuesta amplia y completa a los grandes interrogantes de todo el proceso educativo, resumidos en el «qué se pretende», «cómo se va a lograr» y «qué se ha logrado lo esperado».

## 4. Modelos del currículum o cómo el diseño curricular modela la práctica educativa

Definir nuestras acciones y explicarlas requiere construir una estructura más o menos abstracta. Organizamos los elementos que la definen, dándoles una categoría de estatus, una jerarquía y un sistema de relaciones. En el desarrollo teórico de las ciencias, y el de la enseñanza lo es, tiende a ser concretado y definido a través de estructuras que podemos definir como «modelo».

La definición de modelo la podemos hallar en numerosos autores, pero ha sido Kunh (1975) quien mejor ha valorado la importancia del modelo en la evolución científica, precisamente por la posibilidad de poder realizar sobre ellos transformaciones para su acomodación a las realidades sobre las que operan.

Definiremos aquí el concepto de modelo como «un sistema de elementos que dan forma y definen una realidad y su funcionamiento». Que el modelo haga referencia a una realidad y a la forma en que ésta se comporta o funciona no significa que dé cuenta de toda la realidad; ésta puede ocultar elementos o funciones, lo que haría incompleta nuestra interpretación. La existencia de un modelo no justifica que la realidad quede plenamente explicada, y muchas veces los modelos sólo son aproximaciones intuitivas a la realidad que no proporcionan un conocimiento de ésta en profundidad, labor para la que se requieren procesos de indagación, investigación y reflexión profundos.

Los modelos nos ayudan a comprender mejor las realidades en tanto que:

- Representan una realidad, pero con cierto distanciamiento.
- Son una representación conceptual, simbólica, cognitiva, lo que hace necesario realizar abstracciones que simplifican la realidad, obligando, no obstante, a seleccionar los elementos más representativos y significativos de la misma.
- Tienen un carácter explicativo, interpretativo-funcional, que exige a quienes definen el modelo agotar ese afán explicativo, lo que incide en

la necesidad de estudio y comprensión de esa realidad, atendiendo a lo relevante y desechando lo que carece de significado explicativo.

Los modelos, en general, vienen definidos por características (véase tabla 1) ya referidas en anteriores trabajos (Pérez Pérez, 1994) y que los hacen ser operativos y cumplir con una finalidad en el campo científico.

Tabla 1. Características de los modelos

| Característica | Significado de la característica |
|---|---|
| Reducción | En tanto que es simplificador de la realidad. |
| Acentuación | Enfatiza o destaca determinados rasgos, elementos o factores de la realidad. |
| Transparencia | Facilita el acceso a la comprensión de las complejidades o totalidades que de otro modo serían irreductibles a nuestra comprensión. |
| Perspectiva | Propone puntos de vista que destacan determinados aspectos, facilitando así un enfoque orientado. |
| Productividad | Cada modelo se orienta a la obtención de unos resultados. Cuando se alcanza su límite óptimo de rendimiento, se hace necesario investigar para su mejora. |
| Abstracción | Permite abstraerse de una realidad tomando los elementos teóricos que la definen. |
| Provisionalidad | Los modelos definen sistemas de producción en unas determinadas condiciones; cuando cambian éstas o se necesita más rendimiento, hay que mejorarlos, de ahí que sean provisionales. |
| Aplicabilidad | El modelo como tal abstracción tiene por finalidad ser aplicable a una realidad concreta, en nuestro caso a la tarea educativa, la enseñanza y la vida en el aula. |
| Investigación | El modelo, como estructura organizada, sugiere líneas de investigación para resolver los problemas concretos con los que actúa (enseñanza, aprendizaje, aula, etc.). |
| Validez | Se trata de la evaluación de los modelos y la comprobación de su validez de funcionamiento. Esta validez suele ser temporal salvo que el modelo se vaya perfeccionando. |

FUENTE: R. Pérez Pérez (1994, 2011).

Referidos a la naturaleza del diseño curricular, tal y como se ha explicado más arriba, los modelos pretenden responder a ciertas necesidades básicas que presenta todo planteamiento educativo, esto es:

- Ha de ser la guía que oriente la elaboración del currículum.
- Debe definir cómo se ha de desarrollar la actividad práctica y qué tipo de interacción se ha de establecer entre alumnos-profesores, incluyendo aquí el tipo de actividades propias de aprendizaje.
- Tiene que diseñar, desarrollar y utilizar materiales de instrucción.
- Debe establecer mecanismos de evaluación que permitan una retroalimentación que haga posible la mejora del sistema o modelo.

El alcance de un modelo no siempre está claro para todos los autores, pues mientras algunos toman como modelo cualquier variante en el proceso de enseñanza aprendizaje, la mayoría prefiere reservar el concepto de «modelo» para estructuras más amplias y completas. Por ejemplo, el comportamiento del docente en el aula con relación a su forma de comunicarse con el alumno no cabría ser definido como modelo, sino más bien como «estilo de comunicación» o «metodología», y no es más que uno de los elementos que se han de considerar en un modelo.

Es decir, cuando decimos que el docente adopta un estilo socrático (Sócrates), basado más bien en interrogaciones; o un estilo dialogístico-platónico (Platón), que potencia un diálogo entre amigos; o escolástico (Santo Tomás), que pretende demostrar verdades absolutas; o naturalista (Rousseau), que incide en el libre desarrollo del sujeto; o experimental (Escuela Nueva de finales del siglo XIX y principios del XX), que se apoya en un activismo basado en el método científico; sólo hablaríamos de instancias metodológicas o formas de relación comunicativa del docente con el alumno pero no de un modelo.

Los modelos aportan una estructura mediadora que permite conocer los planteamientos subyacentes a los mismos. Del análisis de sus componentes, de las relaciones que se dan entre ellos y de la propia estructura, es posible establecer una teoría, teniendo en cuenta que los modelos no son isomorfos ni entre sí, ni con respecto a la realidad que pretenden representar.

Los modelos en general, y los del currículum en particular, aportan una serie de valores a la intervención educativa en tanto que son una representación de la realidad, permitiendo definir una explicación de la misma y una forma de intervenir en ella. Desde este punto de vista sus finalidades más relevantes son:

- *Interpretar la realidad*, dando una explicación de la misma y construir una teoría. Esta teoría debe aspirar a ser lo más sólida posible; por tanto, no debe conformarse con una visión empírica de la realidad, sino que deberá ser objeto de contraste con las teorías previas, la indagación, la reflexión y la investigación.

- *Reconstruir el modelo* desde la teoría en contraste con la propia realidad, dando paso, así, a una mayor racionalización del modelo y a la incorporación de aquellos elementos que evidencien una relación significativa. Lo que da ocasión a una mejor explicación y comprensión de la realidad.
- *Servir de guía* de la práctica educativa en tanto que puede aplicarse tanto para orientar el proceso como para prescribir los elementos, sistemas de relaciones, criterios, etc., esenciales para el éxito del proceso de desarrollo del currículum y el aprendizaje de los alumnos.
- *Facilitar la construcción* del sistema de supervisión del currículum que a través de la evaluación permite la retroalimentación para la mejora del modelo.

Los modelos son modeladores de la práctica, haciéndola explícita en sus intenciones, los supuestos de los que parte, los principios considerados o los elementos que quedan fuera de su consideración. No adscribirse a un modelo o no diseñar de forma explícita el currículum no evita la existencia del mismo, quedando oculto, siendo más difícil de modelar por la intencionalidad y limitando la posibilidad de su mejora. Todos actuamos bajo modelos más o menos preconcebidos, sean implícitos o explícitos; hacerlos explícitos es la mejor forma de poder conocerlos en profundidad y mejorarlos.

## 5. Principales modelos de currículum. Aproximación a una taxonomía

Si bien en su sentido originario los modelos, cómo decíamos más arriba, suelen ser identificados con los modelos de enseñanza, como actividad centrada en el profesor, las aportaciones de la psicología, primero, y de la sociológica, más tarde, junto con el propio desarrollo de la teoría sobre el currículum, han posibilitado que el desarrollo de los modelos sea más integrador, centrándose, así, en la complejidad de los procesos de enseñanza-aprendizaje.

Los modelos curriculares tienen un nivel de abstracción mayor que los diseños, por cuanto éstos concretan las opciones de aquéllos; sin embargo, los diseños tratan de materializar el modelo. Realizar una clasificación de los distintos modelos no resulta fácil, toda vez que el resultado varía según el punto de vista o referente que se considere para su clasificación.

En primer lugar, cabe la consideración de grandes modelos o modalidades del currículum, normalmente referidos a alguno de los ámbitos de diseño. Por lo común, estos ámbitos de diseño son cuatro:

1. Supranacional: políticas educativas de organizaciones internacionales, por ejemplo la Unión Europea, la OCDE, la UNESCO, etc.
2. Nacional: política educativas de un país, por ejemplo España.
3. Regional, autonómico, etc.: políticas educativas implantadas por los gobiernos de las regiones o comunidades más pequeñas. Es el ámbito en el que se concreta la acción de la Administración educativa.
4. Local/institucional: ámbito del desarrollo del currículum, que es aplicado ya en las escuelas o centros educativos de que se trate.

Atendiendo a estas instancias, los modelos curriculares podrían clasificarse en tres tipos:

- *Abiertos.* Son aquellos en los que cada uno de los niveles anteriores solo da orientaciones, y será en los centros educativos donde se tomen las decisiones.
- *Cerrados.* Estos currículum son desarrollados detalladamente desde las instancias superiores y llegan a los centros escolares con todas o casi todas las decisiones tomadas. El docente y el centro educativo son aplicadores del currículum pero no lo diseñan.
- *Básicos.* Son aquellos currículum que participan de las características de los anteriores, en tanto que en cada uno de los ámbitos se reservan espacios para la toma de decisión, de forma tal que según vamos acercándonos a la escuela hay decisiones tomadas por las instancias superiores, pero hay otras que se confían al profesorado.

Atendiendo al contenido del currículum y desde una perspectiva científica del mismo, los modelos han sido clasificados habitualmente en cuatro tipos:

- *Tradicionales.* Parten del concepto de disciplina científica, definida como un cuerpo cerrado de conocimiento, organizado en el tiempo y en el espacio por asignaturas, por curso académico y profesor. Metodología y proceso didáctico se definen al margen de esa organización del contenido.
- *Por áreas.* Pretenden superar la parcelación del conocimiento del anterior modelo, agrupando materias afines en torno a una materia eje.
- *Estructurales.* Son definidos como estructuras curriculares que responden a objetivos que atienden a principios psicológicos y epistemológicos. Existen varios criterios de estructuración: «integral» (se integran materias de forma flexible), «por áreas de vida» (tratan de aprovechar los intereses, experiencias y motivaciones del alumnado) y «por necesidades» (parte de las necesidades del alumnado y le propone la experimentación como vía de aprendizaje).

- *Taxonómicos.* Están construidos sobre taxonomías de objetivos, que atienden de modo prioritario a los procesos o estructuras cognitivas.

Otro modo distinto de clasificar los modelos suele ser por el tipo de elemento que integran y el valor que conceden a tales elementos en la definición del sistema procesual del mismo, es decir por la forma en que se concreta en la práctica (Pérez Pérez, 1994). De aquí resulta la siguiente clasificación:

- *Formales.* Como su nombre indica formalizan la intervención educativa explicitando su finalidad o valores, los presupuestos científicos acerca del educando, la naturaleza del conocimiento y una metodología aceptable éticamente.
- *Psicológicos.* Aspiran a construir una teoría de la enseñanza que supere la limitación de las teorías psicológicas, los elementos considerados en estos modelos son el tipo de objetivos, los procesos psicológicos desarrollados y las actividades de enseñanza.
- *Estructurales.* Son muy abundantes y tienen una perspectiva más pedagógica, respondiendo a una estructura con alto grado de formalización de carácter sistémico y de relación compleja entre sus elementos. Entre los más destacados tenemos:

  — *Modelo de Taylor* (1967). Está diseñado sobre la base de tres dimensiones o elementos: fines u objetivos, conocimiento y metodología.
  — *Modelo de Frank* (1976). Se define en el tratamiento de seis dimensiones: objetivos (para qué), psicoestructura (a quién), socioestructura (en dónde), materia o contenidos (qué), metodología (cómo) y medios (con qué medios).
  — *Modelo de Klausmeier* (1975). Es un enfoque que trata de comprender las «situaciones de aprendizaje»; sus componentes son: objetivos, contenido de la materia, materiales instructivos y tecnología, el alumno y sus características personales, el profesor con sus características e interacción con el alumno, las variables organizativas y de espacio y, finalmente, las relaciones entre la familia, la escuela y la comunidad.

- *Procesuales.* Se diferencian de los anteriores por enfocar la enseñanza desde la perspectiva de la intervención en la realidad, mientras que aquéllos lo hacían desde la estructura de corte sincrónico atemporal. Estos modelos procesuales analizan la dinámica que va desde la intencionalidad definida en los objetivos hasta la evaluación de resultados, tienen cierto grado de naturaleza tecnológica y los más representativos serían los siguientes:

— *Modelo de Tyler* (1973). Está definido por las dimensiones de objetivos, materia, método y organización. El marco teórico en el que se sustenta la evaluación trata de dar respuesta a estas cuatro dimensiones.
— *Modelos lineales* (Glasser, 1976; Herrick, 1950; etc.). Son modelos de secuencia lineal que se definen con cuatro dimensiones; si bien en algunos casos no coincide el tratamiento que se le da a alguna específica, en general responden al siguiente esquema: objetivos, experiencias, organización (proceso instructivo) y evaluación.
— *Modelo de Taba* (1962, 1974). Más elaborado que los anteriores al considerar el marco contextual en el que acontece el proceso, la fundamentación científica se realiza en base a las aportaciones de las disciplinas que versan sobre el alumno, la sociedad y la escuela, procediendo a la elaboración y desarrollo del currículum, cuyas dimensiones son las siguientes: objetivos, organización de contenidos y experiencias, evaluación.
— *Modelo de Wheeler* (1967, 1976). En él se establecen cinco fases para todo el proceso: selección de fines, metas y objetivos, selección de experiencias de aprendizaje, selección de contenidos, organización e integración de experiencias y contenidos, evaluación.
— *Modelo de Gimeno* (1981: 123). En él, además de considerar elementos que se dan en la mayor parte de los modelos tecnológicos (objetivos, contenidos, medios), se incluye el sistema de comunicación como dimensión que, desde una perspectiva práctica, dinamiza la interacción entre todos los elementos del modelo, y desde una perspectiva teórica establece el marco adecuado para desarrollar la teoría de la enseñanza y dinamizar líneas de investigación, justificando la ausencia del profesor y de los métodos por quedar implícitos en la estructura didáctica definida por el sistema de comunicación.

Otra forma de enfocar los modelos curriculares es atendiendo a la forma en que se organizan los contenidos o al modo en que se establece el sistema metodológico. Se pueden considerar, así, los siguientes modelos:

- Modelos científicos, cuyo contenido deriva directamente del corpus científico del conocimiento, definido en áreas o disciplinas, interpretando la intervención educativa desde una perspectiva científico-tecnológica.
- Modelos lineales, con una estructura del contenido en áreas que se organizan linealmente por contenido y grados de dificultad, adoptando una estructura jerárquica del mismo.
- Modelos globalizadores e interdisplinares, hacen un tratamiento más integrado de los contenidos, dándoles así una visión más integrada, fa-

cilitando un conocimiento más amplio de los hechos, fenómenos o procesos y del logro de competencias.

- Modelos individualizados o socializados, según pongan el acento en el proceso educativo resaltando la individualidad del sujeto o destacando la socialización.
- Modelos de descubrimiento, basados en resolución de problemas, etc. Hacen hincapié en la parte metodológica y dan protagonismo al alumno en su propio aprendizaje.
- Modelos que se contraponen a aquel modelo de tipo directivo en el que el docente dirige toda la actividad, convirtiendo al alumno en mero reproductor de la información recibida.
- Modelos pluriculturales, que apoyan una visión más abierta y global con relación a los contenidos del currículum y también a los criterios metodológicos, facilitando así diversidad de procesos de aprendizaje, según las características personales, sociales y culturales de cada alumno.

## 6. Conclusiones

Podríamos señalar que el currículum se entiende como una estructura organizada de la cultura que se define en un sistema de producción, como plan de instrucción que se concreta en un aprendizaje sustentado en un sistema de experiencias.

Diseñar el currículum supone organizar ese proceso sobre la base de una serie de presupuestos que lo fundamentan, determinadas necesidades de los estudiantes y unas expectativas o ideales del grupo social.

Los modelos curriculares dan forma a la estructura curricular, proyectando a la práctica docente los presupuestos que lo sustentan, sistematizando las opciones de viabilidad del proceso en orden al logro de las expectativas de resultado esperado. Todo modelo es un sistema de producción que busca la eficacia y calidad del proceso y de su resultado, si bien el número y complejidad de las variables intervinientes dificultan esta optimización, requiriendo un proceso continuo de indagación y reflexión, integración y contextualización.

## Bibliografía

Ausubel, B.P. y otros (1983): *Psicología educativa*. México: Trillas.

Bandura, A. y Walters, R. H (1987): *Pensamiento y acción*. Barcelona: Martínez Roca.

— (1974): *Aprendizaje social y desarrollo de la personalidad*. Madrid: Alianza.

Bigge, M. L. y Hunt, M. P. (1976): *Teorías de aprendizaje para maestros*. México: Trillas.
Bruner, J. S. (1984): *Acción, pensamiento y lenguaje*. México: Alianza.
— (1978): *El proceso mental en el aprendizaje*. Madrid: Narcea.
Cabero, J. (2001): *Tecnología educativa. Diseño y utilización de medios en la enseñanza*. Barcelona: Paidós.
*Diccionario de Ciencias de la educación* (1983), Madrid: Santillana.
*Diccionario de Ciencias de la educación* (1984), Madrid: Anaya.
Eisner, E. W. (1987): *Procesos cognitivos y currículum*. Barcelona: Martínez Roca.
Frank, H. y Meder, B. S.(1976): *Introducción a la pedagogía cibernética*. Buenos Aires: Troquel.
Gagné, R. M. (1977): *Las condiciones del aprendizaje*. Madrid: Aguilar.
Galton, M. y Moon, B. (1986): *Cambiar la escuela, cambiar el currículum*. Barcelona: Martínez Roca.
Gimeno, J. (1981): *Teoría de la enseñanza y desarrollo del currículo*. Salamanca: Anaya.
Glasser, R. (1964): Components of the Instructional Process, en De Cecco, J. P., *Educational Technology. Readings in Programmed Instruction*. Nueva York: Holt Renehart and Winston.
Herrick, V. (1950): «The concept of curriculum design», en Herrick, V. y Tyler, R., *Toward improved curriculum theory*, Suplementary Educational Monographs, n.º 71, Chicago University of Chicago Press, pp. 26-35.
Hilgard, E. R. y Bower, G. H. (1975): *Teorías del aprendizaje*. México: Trillas.
Hopkins, D. (1989): *Investigación en el aula. Guía del profesor*. Barcelona: PPU.
Inhelder, B. (1975): *Aprendizaje y estructuras del conocimiento*. Madrid: Morata.
Kemmis, S. (1988): *El currículum: más allá de la teoría de la reproducción*. Madrid: Morata.
Ketele, J. M.ª de (1984): *Observar para educar*. Madrid: Visor.
Klausmeier H. J. (1975): «An Alternative Form of Schooling», en H. Talmage (ed.), *System of Individualized Education, The National Society of Education Series on Contemporary Educational Issues,* Berkley: McCutchan Publishing, pp. 48-83.
Kuhn, T. (1975): *La estructura de las revoluciones científicas*. Madrid: FCE.
Landsheere, G. De (1979): *Los objetivos de la educación*. Barcelona: Oikos-Tau.
Moreno, M. y Sastre, G. (1980): *Descubrimiento y construcción de conocimientos*. Barcelona: Gedisa.
Pérez Gómez, A. (1989): *Análisis didáctico de las teorías del aprendizaje*. Universidad de Málaga.
Pérez Pérez, R. (1994): *El currículum y sus componentes. Hacia un modelo integrador*. Barcelona: Oikos-Tau.
Pérez Pérez, R. (2006): «Diseño del proyecto curricular». En el Máster en TIC y Entornos Virtuales de Formación. G9/Universidad de Oviedo (inédito).
Shulman, L. S. (1974): *Aprendizaje por descubrimiento*. México: Trillas.
Sluckin, L. (1976): *El aprendizaje temprano en el hombre y en el animal*. Madrid: Siglo XXI.
Taba, H. (1974): *Elaboración del currículum*. Buenos Aires: Troquel.

Taylor, P. H. (1967): «Purpose and structure in the curriculum». *Educational Review*, n.° 159-172, p. 19.
Tonuci, F. (1975): *La escuela como investigación*. Barcelona: Avance.
Tyler, R. (1973): *Principios básicos del currículum*. Buenos Aires: Troquel.
Vigotsky, L. S. (1.982): *El proceso de los desarrollos psicológicos superiores*. Barcelona: Grijalbo.
Walton, J. (1980): *Diseño y organización del programa*. Madrid: Anaya.
Wheeler, D. K. (1976): *El desarrollo del currículum*. Madrid: Santillana.

# 5. Del currículum prescriptivo al currículum del aula

**Roberto Baelo Álvarez**
**Ana Rosa Arias Gago**
**Victorino Madrid Rubio**

## 1. Niveles de concreción curricular

La historia de la educación en España, desde la segunda mitad del siglo XIX y gran parte del siglo XX, se caracteriza por la creciente intervención del Estado, tanto como proveedor de infraestructuras educativas, como en calidad de financiador y, sobre todo, regulador de la enseñanza.

La Constitución española de 1978, con el nacimiento del Estado de las autonomías, abrió el paso a la asunción de competencias educativas por parte de las comunidades autónomas, de tal manera que la regulación de la enseñanza en la actualidad tiene dos protagonistas: la administración del Estado y las correspondientes administraciones de las comunidades autónomas, cada una en el marco de sus competencias.

Esta asunción de competencias por las comunidades autónomas viene implementada por la asunción competencial por parte de los centros educativos, reconocida en la LOGSE, Ley Orgánica 1/1990, de 3 de octubre, de Ordenación General del Sistema Educativo (MEC, 1990). Esta ley propugna un currículum abierto y flexible, adaptado a las características de cada uno de los alumnos y al propio contexto socioeducativo; aspectos imposibles de llevar a cabo si no se acompañan de la necesaria autonomía pedagógica y organizativa de los centros, a los que corresponde desarrollar el currículum. Por ello reconoce a las administraciones educativas la función de fomentar la autonomía pedagógica y organizativa de los centros, así como de favorecer y estimular el trabajo en equipo de los profesores.

La LOPEG, Ley Orgánica 9/1995, de 20 de noviembre, de la Participación, la Evaluación y el Gobierno de los centros docentes (MEC, 1995), profundiza en este aspecto y dedica un artículo a la autonomía de gestión de los centros docentes para definir el modelo de gestión organizativa y pedagógica, que deberá concretarse, en cada caso, mediante los correspondientes proyectos educativos, curriculares y, cuando proceda, normas de funcionamiento. El proyecto educativo fija los objetivos, las prioridades y los procedimientos de actuación, a partir de las directrices del consejo escolar del centro, para cuya elaboración se tendrán en cuenta las características del entorno escolar y las necesidades educativas específicas de los alumnos, tomando en consideración las propuestas realizadas por el claustro.

En la LOE de 2006, Ley Orgánica 2/2006, de 3 de mayo, de Educación (MEC, 2006a), se hacen múltiples referencias al proyecto educativo. En el preámbulo lo define como pieza clave para la mejora del sistema educativo. Reconoce en el artículo 120 la autonomía de los centros docentes para elaborar, aprobar y ejecutar un proyecto educativo, y en artículos siguientes desarrolla el concepto, así como los distintos procedimientos. Reconoce en la disposición final primera la autonomía de los centros privados no concertados para elaborar el proyecto educativo. La autonomía de los centros educativos se concreta en los reales decretos que desarrollan esta ley, los llamados de enseñanzas mínimas, así como en los correspondientes decretos que establecen los currículum en las distintas comunidades autónomas (corresponde a los centros docentes desarrollarlos y completarlos, concreción que formará parte del proyecto educativo).

La LOE establece el contenido del proyecto educativo, su relación con el entorno social y cultural del centro, así como las competencias de las administraciones educativas y la posibilidad de que el proyecto educativo de los centros privados concertados, incorpore el carácter propio.

En definitiva, podemos decir que el proyecto educativo de centro nace en sintonía con la progresiva descentralización del Estado y la asunción de competencias por las comunidades autónomas. Supone un paso más en la adecuación curricular a las características de cada uno de los alumnos y al propio contexto socioeducativo.

Las leyes de educación desarrollan objetivos, modelos... que lleven a la construcción del paradigma de sociedad que se desea. Desde la LOGSE, todas las leyes educativas pretenden garantizar que todos los alumnos, independientemente de sus peculiaridades, reciban una educación comprensiva, abierta a la diversidad y acorde con el contexto y que el servicio educativo sea el adecuado en función de las características individuales, diversidad de aptitudes, intereses y motivaciones. Estos objetivos no pueden cumplirse sin una concepción del currículum abierta y flexible, con la conveniente descentralización en la toma de decisiones a través de los sucesivos niveles de concreción curricular y la autonomía pedagógica de los centros, niveles de concreción que determinan las competencias de las administraciones educativas, los centros escolares y el profesorado en el establecimiento del currículum escolar.

El primer nivel de concreción corresponde a las administraciones educativas, la del Estado y las de las comunidades autónomas. Refleja las intenciones educativas del propio sistema y los principios psicopedagógicos que lo fundamentan y determina las experiencias educativas válidas para todo el alumnado de una determinada etapa, ciclo o nivel educativo.

Precisamente por ello ha de ser un documento abierto y flexible (incluye competencias, objetivos generales, grandes bloques de contenidos y orientaciones sobre la metodología y la evaluación), por lo que gran parte de las decisiones curriculares se reservan a los equipos docentes, orientador (a fin de que los equipos de profesores puedan concretarlo para la propia realidad educativa) y prescriptivo (de objetivos, contenidos o experiencias educativas que han de asegurarse a todos los alumnos).

Incluye los siguientes elementos:

- *Aspectos generales de la etapa:* objetivos generales de las diferentes etapas, competencias básicas, áreas curriculares y su distribución en los cursos de la etapa, orientaciones para la evaluación y promoción, atención a la diversidad.
- *Áreas curriculares de cada etapa:* contribución a la adquisición de competencias básicas, objetivos generales de cada una de las áreas y que se pretende que alcancen los alumnos al finalizar la etapa, contenidos (agrupaciones de contenidos que deben trabajarse durante la etapa y cuya distribución debe decidir el equipo de profesores), orientaciones metodológicas (sugerencias sobre cómo enseñar, decisiones respecto al papel que desempeñan alumnos y profesores, uso de espacios, medios y recursos, tipos de actividades y tareas más convenientes para cada etapa educativa) y criterios de evaluación.

El segundo nivel de concreción corresponde a los centros educativos y se recoge en el proyecto educativo de centro, instrumento para la planificación a medio plazo que dota al centro de coherencia y personalidad propia, al tiempo que incluye las programaciones didácticas, las finalidades educativas, el reglamento de régimen interno, el plan de convivencia... El proyecto educativo de centro se concreta en el tiempo en la programación general anual (documento que recoge todos los aspectos relativos a la organización y funcionamiento del centro, incluidos los proyectos, el currículum, las normas y todos los planes de actuación acordados y aprobados) para cada uno de los cursos escolares, pudiendo incluir pequeñas modificaciones, consecuencia de las reflexiones contenidas en la memoria de fin de curso, documento en el que el consejo escolar, el claustro de profesores y el equipo directivo evalúan la programación general anual y su grado de cumplimiento. Coordina su elaboración el equipo directivo y participan en ella todos los sectores de la comunidad educativa

Las programaciones didácticas son el instrumento pedagógico-didáctico que articula el conjunto de actuaciones del equipo docente y persigue el logro de las competencias y objetivos de cada una de las etapas. Concretan las previsiones del primer nivel de concreción en proyectos de intervención didáctica adecuados a un contexto específico. Las elaboran los correspondientes equipos docentes coordinados por el jefe del departamento didáctico o el coordinador del ciclo.

El tercer nivel de concreción corresponde a las programaciones de aula, estrategias y actividades de enseñanza-aprendizaje que cada profesor realiza con su grupo de alumnos. Suelen recogerse en unidades didácticas —unidad de trabajo escolar relativa a un proceso de enseñanza-aprendizaje articulado y completo—, ordenadas y secuenciadas para cada una de las áreas de cada ciclo y/o nivel educativo, acordes y coherentes con los dos niveles de concreción anteriores.

Existe acuerdo casi generalizado para considerar un cuarto nivel de concreción, el correspondiente al de las adaptaciones curriculares —ajuste de la oferta educativa común a las posibilidades y necesidades de cada uno de los alumnos— y, en general, a las medidas de atención a la diversidad.

## 2. La programación didáctica como instrumento de trabajo en el aula

Programar es proyectar lo que se piensa hacer; se opone a improvisar. Desarrollar la programación didáctica significa anticiparse reflexivamente al proceso educativo de un grupo concreto de alumnos, es decir, planificar.

Sin planificación no puede llevarse a cabo una buena gestión. Si el profesor no realiza una adecuada planificación previa del proceso educativo, éste no puede llevarse a cabo con éxito. La planificación del proceso educativo implica que los distintos miembros de la comunidad escolar, en función de las competencias que tienen atribuidas, tomen una serie de decisiones compartidas, ya que sin unas bases comunes de actuación no sería posible garantizar una coherencia mínima en la formación del alumnado.

La programación didáctica del ciclo/curso es un documento en el que el profesorado de cada una de los ciclos/cursos de la etapa educativa, a partir del análisis de las enseñanzas mínimas definidas por la Administración Central, del currículum definido por la Comunidad Autónoma, de las decisiones incluidas en el proyecto educativo de centro, del análisis del contexto y de la experiencia previa, refleja los acuerdos acerca de las estrategias de intervención didáctica que se van a utilizar con el fin de asegurar la coherencia en la práctica docente.

La programación didáctica, instrumento específico de planificación, desarrollo y evaluación curricular de cada área o materia, garantiza la eficacia de la labor docente — por ser fruto de decisiones asumidas colectivamente por los equipos de profesores—, facilita la reflexión sobre la práctica educativa y la adopción de criterios acordados, ayuda a incrementar y actualizar los conocimientos del profesorado, mejorando su práctica en el aula, y hace posible un currículum adaptado al contexto del alumnado; además, las decisiones que se tomen en la programación didáctica condicionan el desarrollo de las programaciones de aula.

Tienen características distintas para cada una de las etapas educativas, pero, en todos los casos, se conciben como instrumentos de planificación curricular, específicos para cada una de las áreas, materias y ámbitos, que responden a criterios establecidos por el claustro de profesores y desarrollan el currículum establecido para cada una de las etapas por la administración educativa competente.

En Educación Infantil y Primaria son llevadas a cabo para cada uno de los ciclos por el correspondiente equipo de ciclo, si bien en Infantil debe prevalecer el carácter globalizado e integrador, atendiendo a la necesaria coordinación entre los cursos que componen el ciclo, así como entre las áreas que integran el currículum, mientras que en Educación Primaria el número de áreas se incrementa. En Educación Secundaria Obligatoria las elaboran los departamentos didácticos para cada una de las materias cuya impartición tengan encomendada.

Lo habitual es que las programaciones didácticas se estructuren en unidades didácticas, estructuras menores de programación que incluyen —para desarrollar en un período de tiempo determinado— todos los apartados previstos en la propia programación didáctica.

Una buena programación didáctica ha de reunir las características de:

1. Coherencia. Tanto de la propia programación como en relación con los diseños más amplios con los que se relaciona.
2. Contextualización. Ha de tener en cuenta las características del grupo de la clase en el que se va a aplicar.
3. Utilidad. No es un documento burocrático; está concretada en un plan de actuación para que realmente sea útil.
4. Realismo. Debe ser realizable. Ajustada al tiempo, con disponibilidad de espacios y recursos y con actuaciones que estén al alcance de todo el alumnado al que se dirige.

5. Colaboración. El tutor actúa como coordinador e impulsor de una tarea que debe realizarse en equipo por todo el profesorado que interviene en el grupo de la clase.
6. Flexibilidad. La programación está en función de la práctica, por lo que no la debe estrangular, sino que ha de tener la capacidad de ajustarse a las condiciones reales de la propia práctica.
7. Diversidad. Debe poder incluir distintas alternativas a fin de que el alumnado pueda desarrollarse en función de sus posibilidades.

## 3. Elaboración de unidades didácticas

Desde esta perspectiva las unidades didácticas se conforman como herramientas fundamentales para la consecución por parte del alumnado de las competencias básicas señaladas en la legislación vigente y recogidas en los proyectos educativos de centro, estableciéndose una relación sincrética entre las prácticas educativas de aula y las prescripciones pedagógicas del proyecto educativo.

### 3.1 ¿Qué es una unidad didáctica?

A la hora de definir lo que es una unidad didáctica nos encontramos con un extenso elenco de significados, nomenclaturas y acepciones que provocan cierto desasosiego a la hora de obtener una definición formal.

Seleccionemos algunas a modo de ejemplo. En primer lugar, Antúnez et al. (1999) indican que las unidades didácticas o unidades de programación son la explicitación de los todos elementos que intervienen en el proceso de enseñanza-aprendizaje con una coherencia metodológica interna y por un período de tiempo determinado.

Por su parte, Escamilla (1992) se refiere a la unidad didáctica como una forma de planificación del proceso de enseñanza-aprendizaje en torno a un elemento de contenido que se convierte en eje integrador del proceso, aportándole consistencia y significado. La misma autora indica cómo al organizar los conocimientos y experiencias de esta forma debemos tener en cuenta la diversidad de elementos que contextualizan el proceso (nivel de desarrollo del alumnado, medio sociocultural y familiar, proyecto educativo, recursos disponibles...) para regular la práctica de los contenidos, seleccionar los objetivos básicos que se pretenden alcanzar, las pautas metodológicas que se desarrollarán y las experiencias de enseñanza-aprendizaje necesarias para perfeccionar el proceso.

Viciana (2002) identifica la unidad didáctica con la unidad mínima del currículum del alumnado con pleno sentido en sí misma y cuya unión secuenciada conforma un todo más global que es la programación de didáctica.

Por lo tanto, la unidad didáctica sería un elemento de la programación del aula, diseñado de acuerdo con una secuencia temporal delimitada que posibilita la selección, secuenciación y temporalización de los elementos curriculares. Su diseño permite al docente organizar la acción educativa orquestando su intervención hacia la consecución de unos aprendizajes de calidad en relación con las características particulares del alumnado y del grupo en su diversidad.

Esta concepción de unidad didáctica se encuentra en la línea de lo establecido por la LOE (MEC, 2006a), buscando un desarrollo de los contenidos en relación con las competencias, y dotando de importancia a las experiencias de aprendizaje vivenciadas en el aula, que se relacionan con los procedimientos, aunque sin menoscabar la relevancia de los procesos teóricos, conceptuales que el alumnado debe adquirir, pero siempre sin perder de vista los tres tipos de saberes que definen cualquier acción competencial: saber hacer, saber y saber ser y estar.

Tras estas definiciones y a modo de resumen observamos cómo las unidades didácticas se conciben como:

- *Unidades básicas de planificación* que facilitan la labor docente. Se conforman como la unidad mínima de trabajo que contiene todos los elementos curriculares.
- *Instrumentos de trabajo* que facilitan la labor del docente.
- *Un espacio de concreción* y síntesis de decisiones sobre los objetivos y contenidos, las estrategias metodológicas, la evaluación, el diseño y/o selección de materiales y la gestión del aula en relación con el contexto y las características del propio alumnado.

### 3.2 Elementos de la unidad didáctica

Es importante subrayar que a la hora de diseñar cualquier actividad educativa previamente tenemos que programarla, especificando los objetivos que se deben conseguir, los contenidos que se han de abordar, las actividades que se van a desarrollar, los recursos que necesitaremos y la forma en la que vamos a evaluar la consecución de las metas que nos habíamos fijado. Esta programación es la que se concreta en la unidades didácticas que, independientemente del modelo bajo el que se desarrollen, van a tener una serie de apartados comunes.

Nuestro modelo de unidad didáctica recoge los elementos explicitados en las programaciones didácticas, concretándose en los siguientes apartados:

1. Identificación / justificación.
2. Contextualización.
3. Competencias básicas.
4. Objetivos generales y didácticos.
5. Contenidos.
6. Metodología: métodos, estrategias metodológicas.
7. Actividades.
8. Recursos.
9. Evaluación.

A continuación describimos a grandes rasgos los aspectos que han de recogerse en cada uno de los apartados anteriormente indicados.

### 3.2.1 Identificación / justificación

En este primer apartado se reflejan los datos esenciales de la unidad didáctica, es decir aquella información sobre la identidad de la unidad, el tema específico que se trata, etc. Encontramos aquí el título de la unidad didáctica, el tipo de unidad didáctica (globalizada/interdisciplinar/disciplinar), la materia o materias que se integran en la misma, los bloques de contenido o áreas que se desarrollan, el nivel al cual va dirigido, el número de sesiones por las que está compuesta, el objetivo u objetivos generales de etapa que se van a desarrollar, su ubicación temporal dentro de la programación, así como el momento específicos del curso en el que va a ser desarrollada.

En relación con el título de la unidad, éste se puede formular como un enunciado o como un interrogante para motivar al alumnado. Nosotros sugerimos que el título sea incluido una vez que se ha finalizado la elaboración de la propia unidad didáctica, ya que en este proceso pueden darse situaciones que permitan plantear títulos de gran originalidad. En caso de optar por una opción original sería interesante subtitular la unidad con la temática que se va a desarrollar.

### 3.2.2 Contextualización

Las unidades didácticas son el puente entre las planificaciones curriculares desarrolladas por los docentes y la realidad contextual del aula. En este sentido dentro de este apartado se recoge información sobre los conocimientos previos que son necesarios para abordar la unidad, las características psicológicas, sociológicas y evolutivas de nuestro alumnado, así como su grado de desarrollo y nivel de conocimientos.

De igual forma también se reflejará la relación de la unidad didáctica con la programación didáctica y por ende la coherencia de la misma con el proyecto educativo de centro y con el currículum.

La concreción de este apartado tiene una gran importancia, al permitir orientar la actuación del docente a la diversidad del alumnado, favoreciendo el desarrollo de las competencias básicas por medio de una respuesta individualizada a las necesidades particulares del alumnado.

### 3.2.3 Competencias básicas

La Ley Orgánica de Educación 2/2006, de 3 de mayo (MEC, 2006a), establece el desarrollo y la adquisición por parte del alumnado de unas competencias básicas durante su etapa de escolarización obligatoria.

Por competencias básicas nos referimos a aquellas que el alumnado tiene que haber desarrollado al finalizar la enseñanza obligatoria de tal manera que le permitan lograr su realización personal, ejercer una ciudadanía activa, incorporarse a la vida adulta de manera satisfactoria y ser capaz de desarrollar un aprendizaje permanente a lo largo de toda la vida.

Estas competencias se detallan en el Real Decreto 1513/2006, de 7 de diciembre, por el que se establecen las enseñanzas mínimas de la Educación Primaria (MEC, 2006b), así como en el Real Decreto 1631/2006, de 29 de diciembre, por el que se establecen las enseñanzas mínimas correspondientes a la Educación Secundaria Obligatoria (MEC, 2007), en los que se específica que tomando como referencia el marco de la propuesta realizada por la Unión Europea se identifican ocho competencias básicas que han de ser adquiridas por todos los escolares del sistema educativo español, sin menoscabo de que cada Comunidad Autónoma pueda incluir alguna más. De esta forma, las competencias básicas requeridas para todos los escolares del Estado español son:

1. Competencia en comunicación lingüística (CCL).
2. Competencia matemática (CM).
3. Competencia en el conocimiento y la interacción con el mundo físico (CCIMF).
4. Tratamiento de la información y competencia digital (TICD).
5. Competencia social y ciudadana (CSC).
6. Competencia cultural y artística (CCA).
7. Competencia para aprender a aprender (CAA).
8. Autonomía e iniciativa personal (CAIP).

De acuerdo con lo establecido en el Real Decreto 1631/2006 (MEC, 2007), la Comunidad Autónoma de Castilla-La Mancha (JCLM, 2007a, 2007b) ha incluido en el desarrollo de su currículum una novena competencia, la *Competencia emocional*.

En el Anexo II de los Reales Decretos 1513/2006 y 1631/2006 (MEC, 2006b; MEC, 2007) se indican las materias que componen tanto la Educación Primaria como la Secundaria Obligatoria, señalando la forma en la que cada una de estas materias contribuye al desarrollo en el alumnado de las competencias básicas fijadas. Además, estas contribuciones también se explicitan en los decretos de currículum en los que desarrollan la LOE en las etapas de primaria y secundaria cada una de las Comunidades Autónomas (CAM, 2007a; CAM, 2007b; EUS, 2010; GENCAT, 2007a; GENCAT, 2007b; JA, 2007a; JA, 2007b; JCLM, 2007a; JCLM, 2007b; JCYL, 2007a; JCYL, 2007b; XG, 2007a; XG, 2007b).

A este respecto se reseña dentro del Real Decreto 1631/2006 (MEC, 2007) cómo la materia de *Ciencias de la Naturaleza* de Educación Secundaria Obligatoria, por ejemplo, contribuye al desarrollo de la competencia n.º 4, *Tratamiento de la información y competencia digital,* gracias al desarrollo de las destrezas asociadas a la utilización de recursos habituales como los esquemas, los mapas conceptuales, los resúmenes, etc., así como gracias a la producción y presentación de trabajos, memorias, textos, etc. Además, el desarrollo de la competencia digital se ve favorecido a través de la utilización de las tecnologías de la información y la comunicación tanto en el aprendizaje de las ciencias para comunicarse, recoger información, retroalimentarla, simular y visualizar situaciones, como para la obtención y el tratamiento de datos, etc.

En el desarrollo de la LOE (MEC, 2006a) se indica la necesidad de incorporar y explicitar las competencias básicas que se van a trabajar en cada unidad. Cada competencia está compuesta por cuatro elementos: contenidos, habilidades, actitudes-valores y estrategias de aprendizaje, que resultan de gran utilidad a la hora de desarrollar nuestra unidad didáctica. Mientras que los contenidos están reflejados y regulados por la normativa vigente, las habilidades, actitudes y valores y las estrategias de aprendizaje son determinados por el profesorado (véase tabla 1).

Como indican Castillo, Cabrerizo y Rubio (2010), las competencias se encuentran definidas por unas características que se concretan en una serie de descriptores que son los que conforman cada competencia. Cada descriptor recoge de manera sintética los elementos que componen la competencia.

Los descriptores hacen referencia al aspecto concreto de cada competencia que se va a trabajar en el transcurso de una unidad didáctica determinada. Cuando incluimos un descriptor en la unidad didáctica debemos concretar los contenidos que se van a desarrollar, las habilidades que se pretenden

Tabla 1. Ejemplificación de elementos competenciales referidos a la competencia de comunicación lingüística en una unidad didáctica de Matemáticas

**Unidad didáctica: Funciones y gráficas. Matemáticas. Opción B. 4º ESO**

| | **Descriptor** | **Contenidos** | **Habilidades** | **Actitudes y valores** | **Estrategias de aprendizaje** |
|---|---|---|---|---|---|
| *CCL* | Utilizar de manera activa y efectiva códigos y habilidades lingüísticas y no lingüísticas | B.5. Funciones y gráficas<br>1. Propiedades de las funciones<br>1.3. Crecimiento y decrecimiento de una función<br>1.4. Máximos y mínimos<br>1.6. Discontinuidad y continuidad de una función | Incorporación al lenguaje y la argumentación cotidiana de las distintas formas de expresión matemática | Valorar la utilidad, simplicidad y precisión del lenguaje numérico para situaciones de la vida cotidiana | Exposición oral de los contenidos trabajados |
| *CM* | (Completar...) | (Completar...) | (Completar...) | (Completar...) | (Completar...) |
| *CCIMF* | (Completar...) | (Completar...) | (Completar...) | (Completar...) | (Completar...) |
| *CTICD* | (Completar...) | (Completar...) | (Completar...) | (Completar...) | (Completar...) |
| *CSC* | (Completar...) | (Completar...) | (Completar...) | (Completar...) | (Completar...) |
| *CCA* | (Completar...) | (Completar...) | (Completar...) | (Completar...) | (Completar...) |
| *CAA* | (Completar...) | (Completar...) | (Completar...) | (Completar...) | (Completar...) |
| *CAIP* | (Completar...) | (Completar...) | (Completar...) | (Completar...) | (Completar...) |

alcanzar, las actitudes y valores que se fomentan y las estrategias de aprendizaje que se seguirán para el desarrollo de dicho descriptor.

Junto con los contenidos, las habilidades, actitudes y valores y estrategias de aprendizaje es imprescindible definir los elementos que utilizaremos para conocer el nivel de adquisición de este descriptor por parte del alumnado, es decir los procedimientos e instrumentos de evaluación del descriptor competencial (véase tabla 2).

Tabla 2. Plantilla relación descriptor/criterio de evaluación en una unidad didáctica

| **Unidad Didáctica: ... Asignatura. Curso** | | |
|---|---|---|
| **Competencia** | **Descriptor** | **Criterios de evaluación** |
| CCL | ... | ... |
| CM | ... | ... |
| CCIMF | ... | ... |
| CTICD | ... | ... |
| CSC | ... | ... |
| CCA | ... | ... |
| CAA | ... | ... |
| CAIP | ... | ... |

Es importante recordar que en la unidad didáctica no es suficiente con citar las competencias, sino que debemos concretar la forma en la que van a ser adquiridas, relacionándolas con los objetivos, contenidos, las actividades planteadas y los criterios de evaluación.

### 3.2.4 Objetivos didácticos

Los objetivos didácticos por una parte concretan los objetivos generales fijados en las programaciones didácticas y por el otro definen las capacidades que va a desarrollar el alumnado como consecuencia de la aplicación de la unidad didáctica. Indican qué es lo que se pretende que el alumnado logre, los aprendizajes que van adquirir con el desarrollo de la unidad didáctica, por lo que guardan una íntima relación con las competencias básicas.

Para su redacción partimos de los objetivos que se muestran en el Reales Decretos (MEC, 2006b; MEC, 2007) para cada una de las materias. Normalmente utilizamos verbos en infinitivo que expresan los aprendizajes concretos que se pretenden alcanzar. Éstos tienen que expresar capacidades, ser concisos y comprensibles, procurando recoger en su formulación contenidos y técnicas de aprendizaje que reflejen componentes tanto cognoscitivos como comportamentales.

La formulación de los objetivos didácticos es de gran utilidad a la hora de establecer la secuencia de aprendizaje. Para su formulación tendremos en cuenta tres aspectos fundamentales:

1. La capacidad, habilidad o conducta que se pretende desarrollar o reforzar.
2. Los contenidos por medio de los cuales se consolidará dicha capacidad, habilidad o conducta.
3. La orientación o finalidad con la que se desarrolla o refuerza la capacidad, habilidad o conducta pretendida.

Al formular los objetivos didácticos en clave competencial, concretamos los contenidos de la unidad de acuerdo con el proceso evaluativo que vamos a desarrollar. En este sentido puede ser de utilidad completar una frase del tipo «El alumnado, al concluir la presente unidad didáctica, tiene que ser competente para…» y a continuación utilizar el verbo que consideremos más adecuado, teniendo en cuenta que, si describimos una acción sobre un objeto, nos estamos decantando por aspectos conceptuales; si describimos una habilidad, nos dirigimos a aspectos procedimentales; y si describimos una finalidad, nos orientamos hacia aspectos de índole actitudinal (véase los ejemplos de verbos en tabla 3).

Tabla 3. Verbos frecuentes en la formulación de objetivos didácticos de acuerdo con su orientación

| **Con un mayor peso conceptual (Saber)** | **Con un mayor peso procedimental (Saber hacer)** | **Con un mayor peso actitudinal (Saber ser y estar)** |
|---|---|---|
| Analizar | Componer | Aceptar |
| Clasificar | Confeccionar | Apreciar |
| Definir | Construir | Colaborar |
| Estudiar | Contrastar | Concienciar |
| Explicar | Debatir | Criticar |
| Identificar | Diseñar | Disfrutar |
| Interpretar | Elaborar | Rechazar |
| Reconocer | Manejar | Respetar |
| Señalar | Observar | Tolerar |
| Sintetizar | Simular | Valorar |

Una vez redactados los objetivos didácticos en clave competencial, reflejaremos la relación de los mismos con las competencias básicas de mayor afinidad, quedando de esta forma integradas las competencias básicas (descriptores) señaladas en el currículum y facilitando así el seguimiento en la consecución de las mismas.

A modo de ejemplo y partiendo del objetivo n.º 3, «Comprender el territorio como el resultado de la interacción de las sociedades sobre el medio en que se desenvuelven y al que organizan», de la materia de Ciencia Sociales, Geografía e Historia, enunciado en Real Decreto 1631/2006 (MEC, 2007), y que ha de ser conseguido por el alumnado al finalizar la Educación Secundaria Obligatoria, redactamos, en clave competencial, dos objetivos didácticos. Estos objetivos se contextualizan dentro del desarrollo de una unidad didáctica que aborde el segundo bloque de contenido del primer curso de la Educación Secundaria Obligatoria «La Tierra y los medios naturales». En este sentido podríamos proponer como objetivos didácticos para desarrollar que el alumnado al concluir la presente unidad didáctica tiene que ser competente para:

- Reconocer los principales problemas medioambientales (escasez de agua, pérdida de bosques, etc.) que amenazan a nuestra sociedad.
- Valorar la importancia que tiene la conservación del medio ambiente para el ser humano.

### 3.2.5 Contenidos

Los contenidos han variado en su consideración desde la finalidad educativa última de transmisión de contenidos referidos a hechos y conceptos (visión tecnológica de la escuela, destacando el carácter instrumental de los mismos), hasta la nueva concepción que los define como un «conjunto de formas culturales y de saberes seleccionados en torno al cual se organizan las actividades del aula», dividiéndose en contenidos de carácter básico o fundamental y contenidos que se concretan con la finalidad de ampliar conceptos, procedimientos y actitudes, trabajándose de forma conjunta, y siendo el instrumento básico para el desarrollo de capacidades del alumnado.

En el proceso de elaboración de unidades didácticas, el rol del docente en relación con los contenidos se centra en su selección y secuenciación. En la selección de contenidos, podríamos indicar los siguientes tres criterios para su representación:

- *Validez.* Se refiere a la congruencia entre el contenido y la competencia que se pretenden alcanzar. Un contenido es válido cuando posibilita el desarrollo de los logros establecidos.

- *Adecuación.* Debe existir relación entre el contenido seleccionado y las características del individuo que aprende, en función de sus posibilidades reales de recepción y de integración de ese conocimiento.
- *Significación.* Un contenido es significativo cuando sirve al propósito de transmitir aquellos pensamientos concernientes a la realidad (exterior o interior) que se consideren necesarios, o cuando posibilita el modo de comprender el mundo que nos rodea y que permite actuar sobre él.

Por otro lado, y atendiendo a la segunda función, establecer una secuencia de contenidos implica analizarlos, realizar una selección de los aspectos que se consideren más relevantes y definir las relaciones que deben establecerse en su desarrollo en un momento dado y a lo largo del tiempo.

A la hora de fundamentar la secuenciación de contenidos realizada a lo largo de los distintos ciclos de la Educación Primaria y la Educación Secundaria Obligatoria tenemos que relacionar cada uno de los bloques de contenidos especificados en el RD 1513/2006 y el RD 1631/2006, que establecen las enseñanzas mínimas de la Educación Primaria y la Educación Secundaria Obligatoria (MEC, 2006b; MEC, 2007), con los núcleos temáticos fijados en las correspondientes órdenes de las comunidades autónomas que desarrollan dichos currículum. En la tabla 4 mostramos la relación existente

Tabla 4. Relación entre los bloques temáticos de Conocimiento del Medio Natural, Social y Cultural descritos en el RD1513/2006 y la Orden de 10 de agosto que desarrolla el currículum de Educación Primaria en Andalucía

| **Bloques de contenidos del RD 1513/2006** | **Núcleos temáticos de la Orden de 10 de agosto de 2007** |
|---|---|
| BC 1. El entorno y su conservación. | NT 1. La construcción histórica, social y cultural de Andalucía. |
| BC 2. La diversidad de los seres vivos. | NT 2. Paisajes andaluces. |
| BC 3. La salud y el desarrollo personal. | NT 3. El patrimonio en Andalucía. |
| BC 4. Personas, culturas y organización social. | NT 4. Igualdad, convivencia e interculturalidad. |
| BC 5. Cambios en el tiempo. | NT 5. Salud y bienestar. |
| BC 6. Materia y energía. | NT 6. Progreso tecnológico y modelos de desarrollo. |
| BC 7. Objetos, máquinas y tecnologías. | NT 7. El uso responsable de los recursos. |
| | NT 8. La incidencia de la actividad humana en el medio. |

entre la legislación de carácter nacional y la autonómica, en este caso con la Orden de 10 de agosto de 2007 que desarrolla el Currículum de la Educación Primaria en Andalucía (JA, 2007) en el área de Conocimiento del Medio Natural, Social y Cultural, para el segundo ciclo.

A pesar de que en la LOE no se explicita la división de los contenidos de enseñanza en tres tipos complementarios (*los conceptos,* relativos a los sistemas conceptuales y que requerían un aprendizaje de carácter académico; *los procedimientos,* relativos a habilidades, destrezas, técnicas, etc., es decir, variedades del saber hacer teórico y práctico; y *los valores,* las actitudes y las normas), se puede trabajar con el siguiente proceder de acuerdo al modelo de desarrollo de descriptores competenciales anteriormente indicado (relacionándolos con los contenidos, habilidades y actitudes y valores).

Aun así debemos ser conscientes de que la posibilidad de ajustar los diseños a la realidad concreta de cada grupo de la clase debe promoverse mediante el uso flexible de los contenidos, de forma que permita realizar los ajustes necesarios en el propio proceso de enseñanza y aprendizaje (véase tabla 5).

Tabla 5. Secuenciación de contenidos de 2.º ciclo de Primaria. Área: Conocimiento del Medio Natural, Social y Cultural

| | **Bloques de contenidos** | |
|---|---|---|
| **3. Salud y desarrollo personal** | **4. Personas, culturas y organización social** | **5. Cambios en el tiempo** |
| **Núcleo temático:** | **5. Salud y bienestar.** | **Ejemplo de selección de Contenidos** |
| **Conocimientos** | **Destrezas / habilidades** | **Valores / actitudes** |
| Los alimentos y sus nutrientes: hidratos de carbono, proteínas, grasas, vitaminas y minerales y la fibra. | Análisis y elaboración de la propia dieta durante un día. | Valoración de la importancia de la salud y de los hábitos saludables en la vida. |

La mayoría de los autores reconocen la importancia de tener en cuenta las características del alumnado a fin de establecer la secuencia adecuada; para Piaget y Bruner, el punto de referencia son las estructuras operativas desarrolladas; para Gagné, los requisitos de aprendizaje, y para Ausubel, los conocimientos previos del alumnado.

### 3.2.6 Metodología

La *metodología,* como apartado de la unidad didáctica, y tras haber seleccionado los objetivos y contenidos, nos va a permitir tomar decisiones relativas al modo de enseñar: el rol del profesor y del alumnado, el desarrollo de las tareas, su relación con las competencias, así como el tiempo y el espacio en que van a realizarse o los materiales que se van a utilizar.

Los *métodos didácticos* podríamos clasificarlos según se centren en el profesor, en el alumnado (considerado individual o socialmente) o en la experiencia o en el medio. Pero no vamos a detenernos en estos aspectos, ya que, en el trabajo de aula, raramente un profesor aplica un método de modo estricto, sino que más bien hace uso de diferentes estrategias metodológicas.

Por *estrategia metodológica* entendemos la secuencia organizada de las actividades que el profesor utiliza en el aula con la finalidad de la adquisición de conocimientos por parte de sus alumnos y el desarrollo de las competencias básicas. La diferencia conceptual con el *método* parte de la experimentación que se da en éste y del carácter flexible de las estrategias.

Las estrategias metodológicas se adaptarán a factores tales como la forma de entender el proceso de enseña-aprendizaje que tenga el profesor, la madurez del alumnado, el tipo de materia y los factores contextuales del aula, como son el tiempo disponible, los espacios o los recursos con los que se cuenta.

La metodología de enseñanza es responsabilidad de los centros educativos y del profesorado. Ahora bien, por considerarlos esenciales para el desarrollo del currículum, se incorporan unos principios metodológicos de carácter general para cada etapa y unas orientaciones didácticas para cada una de las áreas.

El Real Decreto del Ministerio de Educación y Ciencia 1513/2006, de 7 de diciembre, por el que se establecen las enseñanzas mínimas de la Educación Primaria (MEC, 2006b), presenta el enfoque metodológico de esta etapa; así:

> La organización en áreas se entenderá sin perjuicio del carácter global de la etapa, dada la necesidad de integrar las distintas experiencias y aprendizajes del alumnado en estas edades. La acción educativa en esta etapa procurará la integración de las distintas experiencias y aprendizajes del alumnado y se adaptará a sus ritmos de trabajo.

### 3.2.7 Actividades

La propuesta organizada de *actividades,* o concreción de la estrategia metodológica, debe partir de un elenco de tareas para poder adaptar el quehacer del aula al estilo y ritmo de aprendizaje de cada alumno y alumna; de este modo, dispondremos de actividades de introducción y de motivación, de conocimientos previos, de desarrollo, de resumen, de consolidación (recuperación o ampliación), de evaluación... y, dentro de ellas, individuales, de pequeño grupo o de gran grupo.

Algunos autores, como Lucena (2008) o Gallego y Salvador (2009), han realizado una recopilación de los rasgos que deben reunir las actividades. En este texto hemos seguido a Raths (1973), ya que las suyas son las características más utilizadas (véase tabla 6).

Tabla 6. Rasgos que deben poseer las actividades

A condiciones iguales, una actividad es preferible a otra si:

- Permite al alumnado tomar decisiones y comprobar las consecuencias de las mismas.
- Otorga un papel activo al alumnado.
- Exige al alumnado investigar sobre hechos y situaciones, comprometiéndose con dicha investigación.
- Obliga al alumnado a interactuar con la realidad.
- Puede adecuarse a alumnado de distintas capacidades e intereses.
- Hace al alumnado examinar y aplicar ideas ya conocidas en contextos nuevos.
- Desarrolla el espíritu crítico, obligando al alumnado a replantearse ideas que normalmente son aceptadas sin una reflexión previa.
- Sitúa al alumnado ante la posibilidad de fracasar o tener éxito.
- Obliga al alumnado a revisar sus esfuerzos iniciales.
- Su realización conlleva la aplicación y dominio de reglas significativas y normas.
- Posibilita el trabajo en equipo y la puesta en común de ideas y conclusiones.
- Se refiere a los intereses del alumnado.

FUENTE: Raths (1973).

Dentro del apartado de actividades debemos concretar diversos aspectos:

- Decidiremos sobre el tipo de agrupación que se va a emplear en el desarrollo; tal y como decíamos antes: individual, de pequeño grupo y de gran grupo.
- La disposición sobre el tiempo supone hacer un esfuerzo en la asignación a cada actividad y a cada momento del día; debemos ser conscientes de la dificultad de cuadrar estrictamente los tiempos, ya que la variabilidad de las características del aula, puede producir que la misma actividad, en momentos diferentes, se desarrolle con una temporalidad también diferente.

- Otro aspecto que hay que tener en cuenta es el espacio del que se dispone, ya que no todas las actividades requieren la utilización del aula, y hay que prever las distintas áreas de trabajo.

### 3.2.8 Recursos

Debemos pensar qué *recursos* utilizar, qué medios emplear en el diseño y desarrollo de las clases, qué objetos van a ser los facilitadores de los aprendizajes.

No vamos a incidir mucho en este aspecto, dado que este tema ya será objeto de trabajo en el capítulo 10 de este libro.

En cuanto a los recursos organizativos, hacemos referencia a aquellos elementos que tienen que ver con la gestión del tiempo y de los espacios y a los relativos a la agrupación del alumnado.

Es necesario que en la elaboración de unidades didácticas se plasmen aquellas modificaciones sustanciales que se salen de la dinámica general del aula; por ejemplo, en relación con el tiempo, deberá preverse si la propuesta didáctica excede de las horas asignadas o si precisa la utilización de horas lectivas de otras áreas.

### 3.2.9 Evaluación

En el apartado de la evaluación, ésta no puede sintetizarse únicamente en el análisis de los resultados del alumnado, en términos de adquisición de aprendizajes y competencias o de desarrollo de capacidades, a través de los momentos y técnicas que se emplean en las evaluaciones inicial, formativa y sumativa, sino que ha de referirse a lo que en un primer momento se había formulado en la programación, a lo que se ha llegado a lograr y a las dificultades encontradas en el proceso de enseñanza-aprendizaje.

En la Ley Orgánica de Educación (2006) se indica que «la evaluación se ha convertido en un valioso instrumento de seguimiento y valoración de los resultados obtenidos y de mejora de los procesos de enseñanza» (MEC, 2006a:17161). Por ello, es necesario tener un conocimiento de lo que significa el término evaluación y de cómo son los procesos de evaluación del alumnado integrado dentro del proceso de enseñanza-aprendizaje, abandonando el concepto arraigado de calificación, en relación con la medición comparativa de resultados de aprendizaje.

La Administración educativa nos proporciona unos estándares de evaluación para la elaboración de las programaciones y de las unidades didácticas; estos estándares los encontramos en los decretos curriculares de las distintas comunidades autónomas, dentro del apartado *criterios de evaluación* y con especificad para cada una de las etapas educativas.

Estos criterios de evaluación, habitualmente, vienen referenciados en los decretos de forma muy genérica, definidos ampliamente, por lo que es necesario realizar un análisis de la tarea que indica la Administración como estándar de referencia.

Sirva como ejemplo, en el Decreto 52/2007, de 17 de mayo, por el que se establece el currículum de la Educación Secundaria Obligatoria en la Comunidad de Castilla y León (JCYL, 2007b), dentro de la materia de Ciencias de la Naturaleza, en el primer curso, correspondiente al bloque 2 de contenidos: «La Tierra en el universo», sería propio el criterio de evaluación que a tal fin establece el Decreto:

> Explicar la organización del sistema solar y las características de los movimientos de la Tierra y la Luna y sus implicaciones, así como alguna de las concepciones que sobre el sistema planetario se han dado a lo largo de la historia.

Los criterios de evaluación evidenciarían el aprendizaje producido en función de las competencias trabajadas, los objetivos propuestos y los contenidos y metodologías desarrollados. Debemos tener presente que la evaluación se realizará sobre el alumnado (capacidades, competencias y aprendizajes adquiridos), el profesor (puesta en práctica de la unidad) y, necesariamente, sobre el desarrollo de la propia unidad didáctica (la pertinencia y adecuación de los distintos apartados que componen la unidad). Para este último aspecto, resulta clarificadora la elaboración de un índice de coherencia (véase capítulo 13.3, dedicado a la elaboración de unidades didácticas en Educación Secundaria).

## Bibliografía

Antúnez, S., Carmén, L. M., Imbernón, F., Parcerisa, A. y Zabala, A. (1999): *Del proyecto educativo a la programación de aula*. Barcelona: Graó.

CAA (2007): Orden de 9 de mayo de 2007, del Departamento de Educación, Cultura y Deporte, por la que se aprueba el currículum de la Educación Primaria y se autoriza su aplicación en los centros docentes de la Comunidad Autónoma de Aragón.

CAM (2007a): Decreto 22/2007, de 10 de mayo, del Consejo de Gobierno, por el que se establece para la Comunidad de Madrid el currículum de la Educación Primaria

— (2007b): Decreto 23/2007, de 10 de mayo, del Consejo de Gobierno, por el que se establece para la Comunidad de Madrid el currículum de la Educación Secundaria Obligatoria.

Castillo, S., Cabrerizo, J. y Rubio, M.ª J. (2010): *Programación por competencias: formación y práctica*. Madrid: Pearson Prentice Hall.

Escamilla, A. (1992): «Unidades didácticas: una porpuesta de formación». *Aula* (1), 13-15.

EUS (2010): Decreto 97/2010, de 30 de marzo, por el que se modifica el Decreto que establece el currículum de la Educación Básica y se implanta en la Comunidad Autónoma del País Vasco.

Gallego, J. L. y Salvador F. (2009): «El diseño didáctico: objetivos y fines», en Medina y Salvador (coords.), *Didáctica General*. Madrid: Prentice Hall, 2.ª ed.

GENCAT (2007a): Decret 142/2007, de 26 de juny, pel qual s'estableix l'ordenació dels ensenyaments de l'educació primària.

— (2007b): Decret 143/2007, de 26 de juny, pel qual s'estableix l'ordenació dels ensenyaments de l'educació secundaria obligatòria.

JA (2007a): Decreto 230/2007, de 31 de julio, por el que se establece la ordenación y las enseñanzas correspondientes a la Educación Primaria en Andalucía.

— (2007b): Decreto 231/2007, de 31 de julio, por el que se establece la ordenación y las enseñanzas correspondientes a la Educación Secundaria Obligatoria en Andalucía.

— (2007c): Orden de 10 de agosto de 2007, por la que se desarrolla el currículum de Educación Primaria en Andalucía.

JCLM (2007a): Decreto 68/2007, de 29 de mayo de 2007, por el que se establece y ordena el currículum de la Educación Primaria en la Comunidad Autónoma de Castilla-La Mancha.

— (2007b): Decreto 69/2007, de 29 de mayo de 2007, por el que se establece y ordena el currículum de la Educación Secundaria Obligatoria en la Comunidad Autónoma de Castilla-La Mancha.

— (2007a): Decreto 40/2007, de 3 de mayo, por el que se establece el currículum de la Educación Primaria en la Comunidad de Castilla y León.

— (2007b): Decreto 52/2007, de 17 de mayo, por el que se establece el currículum de la Educación Secundaria Obligatoria en la Comunidad de Castilla y León.

Lucena Ferrero, R. (2008): «El profesor que programa: la programación como instrumento de trabajo», en Sánchez Huete, J. C. (coord.), *Compendio de Didáctica General*. Madrid: Editorial CCS, pp. 207-241.

MEC (1990): Ley Orgánica 1/1990, de 3 de octubre de 1990, de Ordenación General del Sistema Educativo, BOE-A-1990-24172 C.F. R.

— (1992): Guía Documental de Recursos (Cajas Rojas).

— (1995): Ley Orgánica 9/1995, de 20 de noviembre, de la participación, la evaluación y el gobierno de los centros docentes, BOE-A-1995-25202 C.F.R.

— (2006a): Ley Orgánica de Educación 2/2006, de 3 de mayo, BOE-A-2006-7899 C.F.R. (2006a).

— (2006b): Real Decreto 1513/2006, de 7 de diciembre, por el que se establecen las enseñanza mínimas de Educación Primaria, BOE-A-2006-21409 C.F.R.

— (2007). Real Decreto 1631/2006, de 29 de diciembre, por el que se establecen las enseñanzas mínima de Educación Secundaria Obligatoria, BOE-A-2007-238 C.F.R.

Viciana, J. (2002): *Planificar en educación física*. Barcelona: Inde.
XG (2007b): Decreto 133/2007, do 5 de xullo, polo que se regulan as ensinanzas da educación secundaria obrigatoria na Comunidade Autónoma de Galicia.
— (2007a): Decreto 130/2007, do 28 de xuño, polo que se establece o currículum da educación primaria na Comunidade Autónoma.

# 6. El currículum en Educación Infantil, Educación Primaria y Educación Secundaria Obligatoria

**M.ª Luisa Sanchiz Ruiz**

## 1. Introducción

El término «currículum», del latín *currere* (carrera), ha tenido a lo largo del tiempo diversas acepciones. Una de las más conocidas por la población en general es la de «currículum vítae», referida al conjunto de títulos, cargos, trabajos realizados, etc., de una persona. Sin embargo, en el contexto educativo, el currículum designa tanto al plan de estudios, donde se señalan las diversas disciplinas que deben ser cursadas, como el conjunto de conocimientos, prácticas y experiencias compartidas por alumnado y profesorado en el seno de la institución escolar. Gimeno Sacristán (2010:12), consciente de la complejidad del término y teniendo en cuenta que éste ayuda a instituir la realidad educativa y a su vez es instituido por ella, lo define como

> el contenido cultural que las instituciones educativas tratan de difundir en quienes las frecuentan, así como los efectos que dicho contenido provoca en sus receptores. [...] El currículum es la expresión y concreción del plan cultural que la institución escolar hace realidad dentro de unas determinadas condiciones que matizan ese proyecto.

Las escuelas, cumpliendo con su función conservadora, transmiten el currículum prescrito o establecido por la ley, pero, a su vez, deben llevar a cabo una función transformadora, de cambio social, que se hace posible cuando los docentes reflexionan acerca del qué, el por qué, el para qué, el cómo y el cuándo enseñar y evaluar y, en consecuencia, programan el proceso de enseñanza-aprendizaje que quieren desarrollar en sus aulas.

Desde hace ya dos décadas, todas las leyes educativas de nuestro país (LOGSE, art. 4; LOCE, art. 8, y LOE, art. 6) definen el currículum como el conjunto de objetivos, contenidos, métodos pedagógicos y criterios de evaluación de cada una de las enseñanzas reguladas por la ley, si bien la LOE añade también las competencias básicas como elemento curricular en la enseñanza obligatoria.

En este capítulo abordamos los que consideramos aspectos sustanciales del currículum en el segundo ciclo de la Educación Infantil (EI), en Primaria (EP) y en la Educación Secundaria Obligatoria (ESO). Un tratamiento pormenorizado de cada uno de ellos puede encontrarse en J. C. Sánchez Huete (2008).

## 2. Cuestiones curriculares básicas comunes a las tres etapas: EI, EP y ESO

En todo nivel educativo, sea cual sea la etapa en que nos encontremos, el docente debe programar objetivos, contenidos, metodología y evaluación y vigilar qué competencias desarrollará el alumnado, derivadas de su propuesta pedagógica. La práctica educativa no se produce en el vacío, sino en un contexto socio-comunitario determinado, en un centro en particular, con un alumnado concreto, y con unos recursos específicos, o, a veces, sin ellos. Por eso, en primer lugar, es preciso tomar conciencia de cuáles son las características particulares de los destinatarios de nuestro programa, qué edad tienen y qué peculiaridades, qué cultura les envuelve, qué recursos ofrece el entorno, en qué institución se va a desarrollar el proceso de enseñanza-aprendizaje, con qué medios se cuenta para la docencia, qué metas se persiguen, qué capacidades tienen los alumnos y alumnas y cuáles queremos desarrollar, qué contenidos se van a enseñar y cómo va a plantear el docente las clases, con qué métodos, técnicas y estrategias van a trabajar todos los implicados en el proceso. De igual manera se deberá planificar la evaluación, desde el comienzo del proceso hasta el final. Y esto es así tanto en Infantil, como en Primaria, en Secundaria o en cualquiera que sea el nivel educativo en que nos encontremos.

### 2.1 El diseño del currículum: la programación

Cuando se procede a diseñar el currículum lo que se está haciendo es programar; es decir, anunciar por escrito (*pro-grapho*) aquello que se piensa realizar. Se trata de reflexionar antes de actuar, de establecer un puente entre la teoría y la práctica. Es sumamente importante que quien educa, que es quien ha de hacer que los estudiantes saquen lo mejor de sí mismos (*educere*) y quien guía el proceso (*educare*), tome en consideración todos los elementos del mismo, tanto los externos o condicionantes, como los internos o elementos curriculares, tal como se muestra en la figura 1.

Figura 1. Componentes externos e internos del proceso de enseñanza-aprendizaje

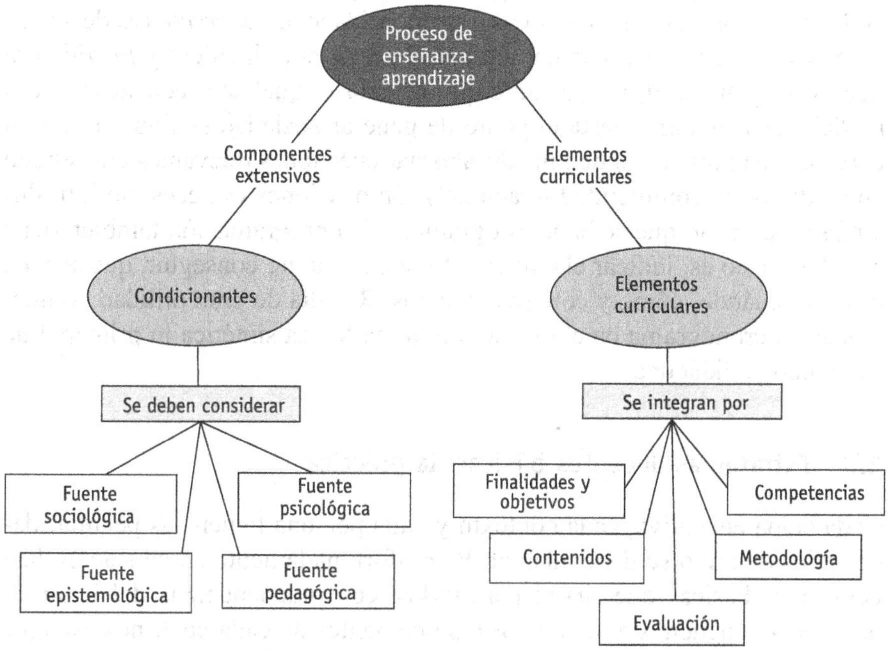


Así, sea cual sea la etapa educativa en la que se va a intervenir, conviene que el docente analice los elementos que condicionan su quehacer, para poder adaptar el currículum a la realidad de la mejor manera posible. En muchas escuelas se detecta fracaso en el alumnado e insatisfacción en el profesorado; es habitual en estos casos la práctica de seguir un manual o libro de texto de una editorial determinada, la misma para varios centros, ateniéndose al pie de la letra al ritmo marcado por el libro y a las actividades propuestas y olvidando que la programación es el instrumento ideal que tiene el profesorado para plasmar cómo quiere llevar a cabo sus clases, imprimiendo a éstas un carácter propio. Tristemente comentaba un estudiante de Magisterio al regresar de sus prácticas: «Por lo que he visto, he llegado a pensar que hasta mi madre podría ser maestra de escuela; basta con tener un libro y decir a los niños y niñas por qué página vamos y qué ejercicios hay que hacer».

La programación debe servir para «pensar la práctica» (Lucena Ferrero, 2008:208). El procedimiento que se ha de seguir es el que se ha explicado en el capítulo 5: basándose en las directrices marcadas por la Administración, en reales decretos y decretos, cada centro elabora su proyecto curricular y, a partir de éste, cada docente programa las unidades didácticas que se trabajarán en el año en curso en su clase. Se debe procurar que la programación sea *realista* (que sea posible llevarla a la práctica), *ajustada* (adecuada al alumnado al que va dirigida, pensada por y para todos los niños y niñas de la clase, con sus características y peculiaridades), *coherente* (es decir, los diversos elementos del currículum han de estar coordinados) y *flexible* (ya que la programación es una guía que orienta el quehacer educativo, pero no debe coaccionarlo hasta el punto de generar ansiedad si algo no sale tal como estaba previsto, o de impedir abordar cuestiones relevantes que surgen en medio de la complejidad relacional). En ocasiones es necesario introducir cambios en lo que se había programado. La programación también debe ser *clara*, esto es, indicar claramente lo que se quiere conseguir, qué se va a enseñar, cuándo, cómo y con qué recursos. Resulta de gran utilidad confeccionar un cronograma en el que se refleje de forma sintética lo principal de cada unidad didáctica.

## 2.2 Estrategias docentes básicas: la práctica

Cada etapa educativa, cada contexto y cada persona tienen sus peculiaridades a las que uno se debe adaptar. Pero afortunadamente en educación hay cuestiones básicas que sirven para todos, con independencia del lugar en que uno se encuentre y de los rasgos personales de cada cual; nos estamos refiriendo a las estrategias docentes básicas que todo aquel que se dedica a la enseñanza debe tener presentes:

*Estrategias instruccionales*

- Averiguar los conocimientos previos del alumnado y partir de éstos para introducir un nuevo contenido.
- Tener en cuenta los intereses y motivaciones de los estudiantes, para adecuar la enseñanza a aquéllos.
- Relacionar los contenidos a impartir con situaciones reales que conozca el alumnado o con conocimientos anteriormente adquiridos, a fin de suscitar aprendizajes significativos.
- Exponer las ideas de manera clara y ordenada, tanto en el lenguaje oral como en el escrito.

- Utilizar las tecnologías de la información y la comunicación (pizarra digital, ordenadores, impresoras, etc.) junto con los viejos recursos (la mayéutica, el diálogo, la exposición oral...).
- Favorecer la experimentación, la manipulación, la búsqueda de información, el análisis de las fuentes y la contrastación de los datos obtenidos.
- Aplicar diversas técnicas de atención a la diversidad, averiguando las capacidades que tiene cada uno, para potenciarlas, en lugar de centrarse en las deficiencias, para remediarlas, y procurando siempre una respuesta adaptada a cada estudiante.
- Proponer distintos tipos de agrupamiento (individual, por parejas, en pequeño grupo de 4 o 5, grupo medio y gran grupo) y utilizar diversas dinámicas de grupo en el aula.
- Enseñar a los estudiantes a aprender tanto de los aciertos como de los errores.

*Estrategias emocionales*

- Favorecer la autonomía e independencia del alumnado, permitiéndoles realizar propuestas y tomar decisiones.
- Desarrollar en el alumnado valores que contribuyan a determinar las relaciones interpersonales: respeto a sí mismo y a los demás, aceptación, cooperación…
- Hablar «escuchándose con los oídos de sus alumnos y alumnas»; es decir, procurando que el lenguaje verbal sea claro, preciso, audible, rico en descripciones y variado, conjugando términos académicos con otros de carácter coloquial.
- Cuidar el lenguaje no verbal, modulando la voz, variando la entonación, hablando en un tono y volumen adecuados, sonriendo de vez en cuando al alumnado, mirándoles a los ojos con respeto, acercándose para mostrar cercanía…
- Establecer un clima de confianza, seguridad, aceptación, apertura, diálogo, cooperación, en el que todos se sientan valorados y en el que tenga cabida el buen humor.
- Proporcional al alumnado *feedback* positivo delante de los compañeros y compañeras, alabando su esfuerzo, sus logros, sus actitudes positivas, su manera de proceder, su contribución a la tarea grupal. Eliminar el *feedback* peyorativo (*derogative feedback,* basado en censuras directas y públicas) y dar en privado el *feedback* correctivo.
- Generar expectativas altas y motivadoras, transmitiendo a los alumnos que se espera lo mejor de cada uno de ellos, y evitar verbalizar expectativas negativas que perjudican seriamente a los niños, niñas y jóve-

nes, ya que comportan sentimientos negativos en el sujeto y generan una reputación negativa de éste en el grupo.

Diversas investigaciones han comprobado que el formador o formadora pueden ejercer una influencia muy importante en el grupo-clase y también en la aceptación o desaprobación que el grupo de iguales mantiene hacia determinado niño o niña de la clase; sus actitudes influyen en las del alumnado (Chang, Liu, Fung, Wang, Wen y Lei, 2004; Bierman, 2004; Liew, Chen y Hughes, 2009; Hamre y Pianta, 2006; Wu, Hughes y Kwok, 2010). La relevancia de estos hallazgos nos lleva a reconsiderar la importancia de la figura del docente, ya que es éste quien conduce al grupo, quien tiene la responsabilidad de crear un clima afectivo y relacional positivo.

## 3. El currículum en Educación Infantil

Autores como Paniagua y Palacios (2005) ofrecen una visión muy completa de esta etapa educativa. Por limitaciones del espacio, destacamos solamente los puntos básicos de la misma.

### 3.1 Características de la etapa

La etapa de 0-6 años es fundamental en la evolución del ser humano, ya que en ella se produce un notable desarrollo del cerebro, de las capacidades cognitivas, motrices, sociales y afectivas. Los niños y niñas empiezan a descubrir el mundo, amplían sus relaciones sociales más allá de la familia y, con las experiencias que se tengan, se sentarán las bases de avances posteriores.

#### 3.1.1 Organización

La Ley Orgánica 2/2006, de 3 de mayo, de Educación ordena la etapa de Educación Infantil (LOE, arts. 12-15) en dos ciclos, de 0-3 años y de 3-6 años, ambos con carácter educativo y voluntario.

Aunque puede resultar atrevido sintetizar toda la etapa en unas líneas, podríamos destacar lo siguiente:

- *Tipo de centros.* Los centros pueden ofrecer el primer ciclo, el segundo o ambos. Según la Ley, las administraciones educativas promoverán un incremento progresivo de la oferta de plazas públicas en el primer ciclo y garantizarán una oferta de plazas en centros públicos y privados/concertados para el segundo ciclo.

De la afirmación anterior se ha derivado una realidad: el segundo ciclo se ha incardinado masivamente en centros escolares públicos de Infantil y Primaria (para «garantizar» la oferta de plazas), mientras que el primer ciclo ha quedado, por lo general, en manos de la iniciativa privada, siendo su tratamiento, en algunos centros, más asistencial que educativo.

- *Profesorado.* Los docentes han de ser maestros de Educación Infantil y, en el ciclo de 0 a 3 años, además de éstos puede haber otros con la debida titulación (técnicos especialistas en jardín de infancia: Formación Profesional grado segundo; o educadores infantiles: grado tercero de la Formación Profesional).

### 3.1.2 Alumnado

El primer año del desarrollo es de una importancia capital. En los primeros meses el bebé realiza unos progresos notables: sedestación (sobre los 6 meses), gateo (alrededor de los 8 meses) y comienzo de la marcha (al año, aproximadamente). En cuanto al habla, de los primeros gorjeos (3 meses) se pasa al balbuceo (5-6 meses) y a la emisión de sonidos fonéticamente estables (9 meses) hasta llegar a las primeras palabras (12 meses o, en algunos niños y niñas, los 2 años). En el desarrollo siempre se da un calendario madurativo con una temporalización aproximada y una secuencia de adquisiciones establecida. Si bien todos los niños van pasando por las diversas fases respetando la misma secuencia, no todos lo hacen al mismo tiempo; es decir, cada uno va haciendo sus progresos a una edad concreta. Por ello no es de extrañar que algunos niños realicen unas acciones a una edad y otros no, pero sí es muy importante observar lo que cada uno hace y estimular las capacidades que se tengan, para ir avanzando en el desarrollo. Si pasados los límites de edad habituales, no aparecen determinadas habilidades, cabe pensar en retrasos madurativos o de diversa etiología que conviene evaluar y tratar.

Desde el punto de vista cognitivo, el alumnado de esta etapa presenta rasgos de egocentrismo (incapacidad o dificultad de ponerse en el punto de vista del otro), pensamiento intuitivo (con captación directa del objeto), irreversibilidad (incapacidad de recorrer un camino cognoscitivo de ida y vuelta) y concreción (se fijan en un aspecto concreto del objeto), entre otros, que determinan la manera de aprender y educar.

Todos los niños y niñas de esta etapa precisan atención y cuidados físicos, relativos a alimentación, sueño, vestido e higiene, que les permitan ir adquiriendo hábitos saludables de comportamiento; cariño y afecto, para sentirse seguros, establecer relaciones sanas y positivas de apego, y crecer en un clima de confianza y aceptación; estimulación de sus capacidades a través principalmente de la observación, la manipulación y la experimentación, el juego, la música (canciones y bailes) y los cuentos.

## 3.2 Finalidades, objetivos y contenidos de la EI

La *finalidad* de esta etapa es la de «contribuir al desarrollo físico, afectivo, social e intelectual de los niños y las niñas» (LOE, art. 12; RD 1630/2006, art. 2). Los centros educativos, continuando la labor familiar, en un clima acogedor, inician a los niños y niñas en los aprendizajes escolares y, sobre todo, los ayudan a desarrollar todas sus capacidades, les enseñan a disfrutar de la vida en grupo, al tiempo que los preparan para ser más autónomos, tanto física como psicológicamente.

Los *objetivos* son las metas que queremos lograr en el proceso de enseñanza-aprendizaje. Se expresarán en términos de capacidades y se diseñarán de tal forma que abarquen el desarrollo integral de la personalidad de los niños y niñas, partiendo de lo prescrito en el artículo 13 de la LOE, el artículo 3 del RD 1630/2006 o los decretos que correspondan a las diversas autonomías con competencia educativa plena transferida.

Los *contenidos* en Educación Infantil se trabajarán de forma globalizada, es decir, armonizando todas las áreas (*Conocimiento de sí mismo y autonomía personal, Conocimiento del entorno y Lenguajes: comunicación y representación*) en torno a diversos centros de interés que darán título a las distintas unidades didácticas. A la hora de tratarlos, se enseñarán no sólo contenidos conceptuales, sino procedimentales y actitudinales. Hay que tener en cuenta que, en Infantil, son fundamentales los siguientes aspectos:

- La observación, manipulación y experimentación.
- La interacción en contextos comunicativos que favorezcan tanto la expresión como la escucha y la comprensión.
- Las relaciones interpersonales, a través de las cuales se puede aprender a compartir, ayudar y respetar.

Es importante enseñar al alumnado tanto los temas prescritos en el currículum como los transversales, que abarcan cuestiones relacionadas con la salud, la paz, el respeto, la diversidad, etc. Son temas que han de estar presentes en el día a día e impregnar nuestras acciones.

### 3.3 Metodología específica para Infantil

En las aulas de Infantil, donde las actividades han de tener un eminente carácter lúdico, se suelen conjugar distintas propuestas metodológicas, todas ellas cuidadosamente planteadas siguiendo un horario en el que las rutinas desempeñan un importante papel, ya que ayudan a los niños y las niñas a aprehender el paso del tiempo y a adquirir una serie de hábitos. La jornada escolar se suele dividir en diversos momentos educativos, tal y como mostramos a continuación, si bien los horarios no pueden ser algo rígido; como indican Paniagua y Palacios (op.cit.: 208).

> Las actividades deben fluir de forma natural, con márgenes flexibles entre propuesta y propuesta: quien ha acabado de pintar va pasando a limpiar sus pinceles mientras otros continúan enfrascados en su pintura...

Una distribución muy habitual de los momentos diarios es la siguiente:

1. Entrada. Saludo. Hábitos de vestido (colgar chaquetas, poner baberos...).
2. Asamblea. Rutinas (ver en el calendario qué día es, pasar lista, dialogar para detectar intereses y motivaciones...).
3. Unidad didáctica. Desarrollo del centro de interés, utilizando el método que se estime oportuno. Actividades globalizadas dirigidas o de acompañamiento.
4. Rincones. Actividades libres.
5 Hábitos de limpieza, recogida e higiene personal. Almuerzo.
6. Recreo. Juego libre.
7. Breve momento de relajación.
8. Talleres. Actividades de psicomotricidad, plástica, inglés, u otras, que pueden alternarse.
9. Actividades musicales dirigidas o de acompañamiento.
10. Hábitos de limpieza, recogida e higiene personal. Despedida.

En unos centros se realizan jornadas seguidas, mientras que en otros los niños y niñas van al colegio mañana y tarde. En función de esto, y de los decretos que correspondan a cada comunidad autónoma, se planificarán los tiempos asignando también un recreo por la tarde, si es el caso, y respetando las indicaciones horarias normativas.

*Rincones*. Los rincones suelen utilizarse en esta etapa como una propuesta metodológica que permite a los niños y niñas realizar simultáneamente diferentes actividades y aprender jugando. Se trata de una distribución espacial organizada por el docente para dar respuesta a las diferencias y necesidades de cada uno y ayudar en el desarrollo de la autonomía personal y social, de forma que el alumnado va pasando por los distintos rincones y en ellos puede jugar, manipular, experimentar... con los diversos materiales que allí encuentra. Es conveniente que se vigilen algunos aspectos: el número de niños y niñas en cada rincón no puede ser elevado, se accederá a ellos de manera rotativa, los materiales deben estar en buen estado, el docente vigilará el buen funcionamiento estableciendo normas de uso. En ocasiones, las aulas están algo masificadas y el momento de acudir a los rincones puede convertirse en un espacio de tiempo de gran alboroto. Una opción adecuada puede ser conjugar el patio con los rincones: media clase va al patio y media a los rincones, y viceversa. El número de rincones que se establezca y su contenido depende de cada centro. En algunos encontramos los siguientes: *rincón del juego simbólico* (permite el desempeño de roles y cuenta con juguetes como casitas, disfraces, coches, muñecas, materiales de peluquería, de taller mecánico, de tiendas, de médicos, etc.), *rincón de la plástica* (con colores, rotuladores, pinceles, pintura de dedos, papel continuo, ceras, plastilinas, esponjas, corchos para estampar, moldes...; conviene tener una pila de agua cerca y que el rincón esté en un lugar apartado), *rincón de la matemática* (con ábacos, rompecabezas, dominós, ensartables, cintas, bloques lógicos, una balanza, objetos de diversas medidas, encajables...), *rincón de la biblioteca* (con cuentos, libros, imágenes, láminas, buena luz, sillas cómodas o alfombras y cojines), *rincón de la naturaleza* (con plantas, semilleros, areneros, pequeños animales, rastrillos, regaderas, etc.).

*Talleres*. Hacia el final de la tarde se puede tener prevista la realización de talleres. El espacio se organiza de manera que la clase pasa a convertirse en un taller, en el que, si lo desean, pueden colaborar los familiares. El taller permite dedicar un tiempo a la realización de actividades de especial interés, focalizadas en determinados contenidos: psicomotricidad, informática, cocina, teatro, manualidades, música, etc., que pueden globalizarse en torno a la unidad didáctica o ser tratados con entidad propia. En muchos colegios es habitual hacer agrupamientos flexibles para los talleres, de forma que todo el alumnado del ciclo participe en diversos talleres, mezclándose con niños de otras clases y utilizando diversos espacios a la vez, todos ellos supervisados por maestros, maestras y familiares u otros adultos.

En general, en esta etapa, destacamos la necesidad de contar con un ambiente cálido, alegre, lleno de confianza, respeto, carácter lúdico y tratamiento globalizado, donde los niños y niñas puedan experimentar, manipular, investigar, estimular todos los sentidos y disfrutar aprendiendo, a partir del juego, el amor, la música, la expresión plástica, la participación activa y el aprendizaje de las primeras normas sociales de convivencia.

### 3.4 Evaluación: particularidades en Infantil

En el sistema educativo español la evaluación se entiende como un proceso continuo, global y formativo que permite recoger la información necesaria para valorarlo y tomar las decisiones oportunas de cara a ajustar las acciones a las necesidades de cada niño y niña. En la etapa de Infantil la técnica por excelencia es la observación directa. Ésta requiere adaptarse a unos criterios de objetividad previamente establecidos, que recojan tanto las acciones de los niños como sus actitudes y den razón de los contenidos aprendidos y, sobre todo, de la secuencia de los aprendizajes.

Tres cuestiones son específicas de infantil:

- Informe inicial. Se realiza al comienzo de la etapa y en él, gracias a las entrevistas llevadas a cabo con los familiares o tutores legales, se recoge toda la información que proporciona una buena anamnesis.
- Valoración del proceso de adaptación. Se ha de llevar a cabo con cada niño o niña que acude al centro por primera vez. Lo habitual es que se realice en el nivel de tres años.
- Informe final: cambio de etapa. Es muy importante que exista coordinación entre los docentes de Infantil de cinco años y los de primero de Primaria y que se proporcione un informe detallado de cada discente.

Para que la evaluación sea completa, no sólo se debe valorar el progreso del alumnado y los resultados conseguidos, sino evaluar todos los elementos del currículum, lo cual incluye revisar la metodología empleada, las actividades llevadas a cabo, la actuación y actitud del profesorado, etc.

## 4. El currículum en Educación Primaria

La etapa de Educación Primaria supone el comienzo de la educación obligatoria en España (y en la mayoría de los países). Analizamos a continuación, brevemente por motivos de espacio, los rasgos que la caracterizan.

### 4.1 Características de la etapa

Abarca desde los 6 a los 12 años de edad (si no se ha repetido ningún curso). En esta etapa, el alumnado irá adquiriendo las «habilidades culturales básicas relativas a la expresión y comprensión oral, a la lectura, a la escritura y al cálculo, así como desarrollará habilidades sociales, hábitos de trabajo y estudio, el sentido artístico, la creatividad y la afectividad» (RD 1513/2006, art. 2). Se trata de que los niños y niñas adquieran una formación básica que les permita afianzar su desarrollo y su propio bienestar y participar en la propia cultura y en la sociedad, conociéndola y mejorándola.

### 4.1.1 Organización

La etapa está estructurada en tres ciclos, de dos años de duración cada uno de ellos: primer ciclo, de 6 a 8 años; segundo ciclo, de 8 a 10 años, y tercer ciclo, de 10 a 12 años. La idea de «ciclo» confiere unidad a las enseñanzas que se reciben en los niveles correspondientes, de ahí que suela darse una estrecha coordinación entre el profesorado, el cual forma los denominados «equipos de ciclo» (RD233/1997); incluso podemos encontrar «equipos de nivel» que se forman cuando hay varias unidades en un mismo nivel (por ejemplo, 1.º A, 1.º B, 1.º C).

*Tipo de centros*. En nuestro país esta etapa puede ser cursada en centros públicos, concertados o privados. Hay gran diversidad de ellos: de una sola línea, de dos o de tres; centros rurales agrupados, centros que imparten sólo Primaria; otros, los más habituales, que incluyen el segundo ciclo de Infantil, y algunos que, además, ofertan la Educación Secundaria Obligatoria e incluso el Bachillerato.

*Profesorado*. Una pieza clave en todo tipo de educación es el profesorado. Para impartir clases en esta etapa, es necesario tener el título de Maestro en educación Primaria o el título de Grado equivalente. La figura del tutor cobra especial relevancia. El tutor o la tutora es aquel docente a quien se le encarga que conduzca o guíe (del latín *educare*) a un grupo de niños y niñas y que saque de ellos (*educere*) lo mejor. Ordinariamente los acompaña a lo largo del ciclo, los orienta en cuestiones de tipo académico, personal y profesional (contando para ello con el asesoramiento del especialista en Psicología y Pedagogía del centro), se relaciona con las familias y vela por el desarrollo integral y armónico de la personalidad de sus alumnos y alumnas. Suele encargarse de la docencia de Matemáticas, Lengua castellana y Literatura y de la lengua oficial comunitaria, del Conocimiento del Medio Natural, Social y Cultural, y de la Educación Plástica. Varios especialistas: en Educación Física, Educación Musical e Inglés (o Francés) completan la formación del alumnado. Las sesiones de tutoría son un momento ideal para poder practicar diversas actividades de educación emocional y enseñanza de habilidades sociales, tan necesarias para la formación integral de los niños y niñas en estas edades. Al respecto recomendamos las diseñadas por Garaigordobil (2003, 2004 y 2005) y por Vallés-Arándiga (2010).

En la escuela conviven, como en la sociedad, niños y niñas de diferentes culturas, capacidades, habilidades, intereses, familias... La escuela debe dar respuesta a las necesidades de cada uno y también potenciar los puntos fuertes del alumnado. En nuestro país, lo más común es seguir políticas de respuesta al déficit y, así, organizamos los recursos para atender las necesidades especiales (maestros de apoyo, maestro de pedagogía terapéutica, maestro de audición y lenguaje, especialista en Psicología y Pedagogía, maestros de compensatoria, etc.), olvidando, a veces, partir de las habilidades de cada discente y acelerarlas al máximo posible, para, desde ellas, tratar el currículum.

#### 4.1.2 Alumnado

Tal como indican Cerrillo e Izuzquiza (2008:328):

> La Educación Primaria es una etapa que se caracteriza por la heterogeneidad y diversidad de su alumnado, y su finalidad es la integración plena en una sociedad plural y cambiante.

Aunque existe una gran diversidad, todos comparten los rasgos que les son propios por la edad. Por otra parte, nunca hemos de olvidar que cada niño o niña es un ser único, irrepetible, valioso en sí mismo, diferente a todos los demás y, por ello, digno del mayor respeto, de ser tratado con la dignidad que le corresponde a todo ser humano. El alumnado de 6 a 12 años se encuentra en el estadio de las operaciones concretas; en esta etapa progresa el pensamiento lógico inductivo y se tiene mayor reversibilidad y capacidad de descentración, por lo que se inicia el pensamiento realista y objetivo y se puede acceder a la lógica operatoria, aunque ligada a lo particular (Luque y Vila, 1991). A medida que se avanza en los ciclos se van dominando las habilidades básicas de lectura, escritura y cálculo, ganando progresivamente en complejidad. Se aprende a organizar la información, a establecer conexiones en el material que se ha de aprender, a hacer repasos, repeticiones y memorizar datos. Los niños y niñas de estas edades, especialmente hacia el tercer ciclo, son capaces de reflexionar sobre sus propios procesos cognitivos antes, durante y después de llevar a cabo su actividad y llegar, así, a la metacognición. Por lo que respecta al desarrollo moral y social, desde el primer ciclo, se evoluciona de la heteronomía a la autonomía moral, pudiendo llegar a alcanzar el nivel de la moral convencional expuesto por Köhlberg. Son años importantes en los que se irá fraguando el autoconcepto, la autoestima, la identidad sexual; aparecen las pandillas y los iguales van a desempeñar un papel determinante en el desarrollo del sujeto. Por este motivo consideramos fundamental el trabajo en tutoría anteriormente indicado.

### 4.2 Finalidades, objetivos y contenidos de la EP

La finalidad de la Educación Primaria es asegurar una formación común a todos los alumnos y alumnas dentro del sistema educativo español. Los objetivos que ayudarán a alcanzar esta finalidad abarcan una serie de capacidades, tanto cognitivas, como afectivas, motrices, sociales, etc., recogidas en el art. 3 del Real Decreto 1513/2006.

Los contenidos se agrupan en áreas de conocimiento:

- Conocimiento del medio natural, social y cultural.
- Educación artística.
- Educación física.
- Lengua castellana y literatura y, si la hubiere, lengua cooficial y literatura.
- Lengua extranjera.
- Matemáticas

En el tercer ciclo se añadirá el área de educación para la ciudadanía y los derechos humanos y, aquellas comunidades autónomas que lo deseen, podrán añadir también una segunda lengua extranjera.

Aunque la teoría pedagógica aconseja trabajar en esta etapa de manera globalizada, lo cierto es que en la mayoría de centros lo que se suele hacer es seguir los libros de texto correspondientes a cada área, en lugar de partir de centros de interés y, desde éstos, tratar todos los contenidos. Afortunadamente, muchos maestros y maestras han sido formados para programar adecuadamente el proceso de enseñanza-aprendizaje y utilizan en sus clases diversos métodos, en aras de mejorar la calidad de su trabajo.

### 4.3 Metodología específica para Primaria

Desde finales del siglo XIX y durante todo el siglo XX ha habido movimientos pedagógicos y autores significativos que conviene tener presentes a la hora de educar, porque cada uno de ellos ha encendido una luz que nos ilumina en la tarea formativa. Y, tal y como yo lo entiendo, cuantas más luces encienda el docente, más iluminada estará su clase. Por ello, metodológicamente hablando, es preciso, en primer lugar, actualizar día a día los principios que nos legó la Escuela Nueva, influida por las ideas educativas de Rousseau,

Pestalozzi, Dewey, Montessori, Fröbel, etc.: individualización, socialización, globalización, actividad, participación, libertad, creatividad, juego, responsabilidad, autoeducación. También es preciso aplicar las técnicas de Freinet, características de una pedagogía activa, centrada en el niño y en la interacción que éste tiene con la vida y con el medio. La aplicación de la *imprenta escolar*, el *texto libre*, el *libro de la vida*, la *correspondencia interescolar*, la *biblioteca de trabajo*, el *diccionario cooperativo*, etc., son técnicas que, con las actuales tecnologías de la información y la comunicación, resultan altamente motivadoras para los discentes y que pueden ser utilizadas mientras se aplica un método de proyectos (del tipo de los propuestos por Kilpatrick) o de forma puntual. Más recientemente, todo el movimiento del aprendizaje cooperativo ofrece propuestas metodológicas de gran interés y útiles para formar a los niños y niñas como verdaderos ciudadanos, capaces no sólo de aprender, sino también de ayudar a los compañeros, respetando los ritmos individuales, aceptando a cada cual como es y adaptando la participación a las habilidades personales, promoviendo la educación inclusiva (Pujolás, 2000).

### 4.4 Evaluación: particularidades en Primaria

Al igual que en la etapa de Infantil, en Primaria la evaluación ha de ser continua, formativa y global; es decir, se ha de realizar siempre (al inicio, durante y al final del proceso), debe servir para «dar nueva forma» al quehacer educativo y ha de evaluar todo (la totalidad de los elementos del currículum, incluido el profesorado, su actuación y su actitud).

Cada trimestre, el tutor o la tutora, reunido con el resto de profesorado que atiende al grupo-clase, evaluarán conjuntamente la evolución del alumnado e informarán a las familias del progreso seguido por sus hijos.

Para recabar la información, los docentes cuentan con diversos instrumentos: listas de control, escalas de observación, registros anecdóticos, diarios de clase, cuadernos de cada discente, trabajos realizados en casa, juegos de simulación, entrevistas, cuestionarios y sociogramas. Con respecto a estos últimos, recientemente se ha publicado una herramienta de gran utilidad para los maestros y maestras (Sanchiz, García-Bacete y Marande, 2010), que puede aplicarse igualmente en otras etapas.

## 5. El currículum en Educación Secundaria Obligatoria

Una explicación muy completa de la etapa secundaria es la que ofrece F. Imbernón (2010) en su libro, cuya lectura recomendamos, ya que en este capítulo sólo podemos ofrecer pinceladas básicas de la Secundaria Obligatoria.

## 5.1 Características de la etapa

La ESO comprende cuatro cursos que van, ordinariamente, desde los 12 a los 16 años de edad. En esta etapa se pretende completar la formación básica del alumnado, transferirle los componentes básicos de la cultura, y

> [...] proporcionarle los conocimientos necesarios bien para su ingreso a la vida activa, bien para su paso a la Formación Profesional, bien para seguir estudios académicos como el Bachillerato.
>
> Sánchez Huete, 2008:371

Precisamente el hecho de estar en medio de Primaria, por un lado, y Bachillerato o Formación Profesional (FP), por otro, le confiere, según A. Bolívar (2010), un *carácter híbrido,* fuente de numerosos problemas. Hasta hace una década la obligatoriedad de la educación básica llegaba hasta los 12 años. Al alargar este período hasta los 16, algunos adolescentes que no desean continuar estudios se sienten «atrapados» por el sistema educativo y desmotivados, debiendo convivir con jóvenes que sí desean seguir estudios.

### 5.1.1 Organización y contenidos

Ofrecemos en la figura 2 la estructura y organización de la ESO, con indicación de la distribución de las materias en los distintos cursos.

### 5.1.2 Alumnado

Los jóvenes de 12 a 16 años (en ocasiones llegan a tener 18 años, si han repetido una vez en Primaria y otra en Secundaria) experimentan grandes cambios físicos, neurológicos y psicológicos que conllevan estados de inquietud, irritabilidad, autoafirmación. A ello se suma una mayor autonomía y rigor en el razonamiento, propio del pensamiento formal, con capacidad hipotético-deductiva y un acercamiento cada vez mayor al nivel posconvencional del desarrollo moral.

Por eso, en esta etapa resulta fundamental la labor tutorial, tan descuidada en muchos centros, en los que las horas de tutoría se dedican a tareas administrativas, en lugar de a trabajar las competencias emocionales: conciencia emocional, regulación o gestión de las emociones y autonomía emocional, que engloba autoestima, automotivación, autoeficacia, responsabilidad, actitud positiva, análisis crítico de las normas sociales y resiliencia. Para profundizar en este tema, ver Bisquerra (2009).

Figura 2. Estructura y organización de la ESO

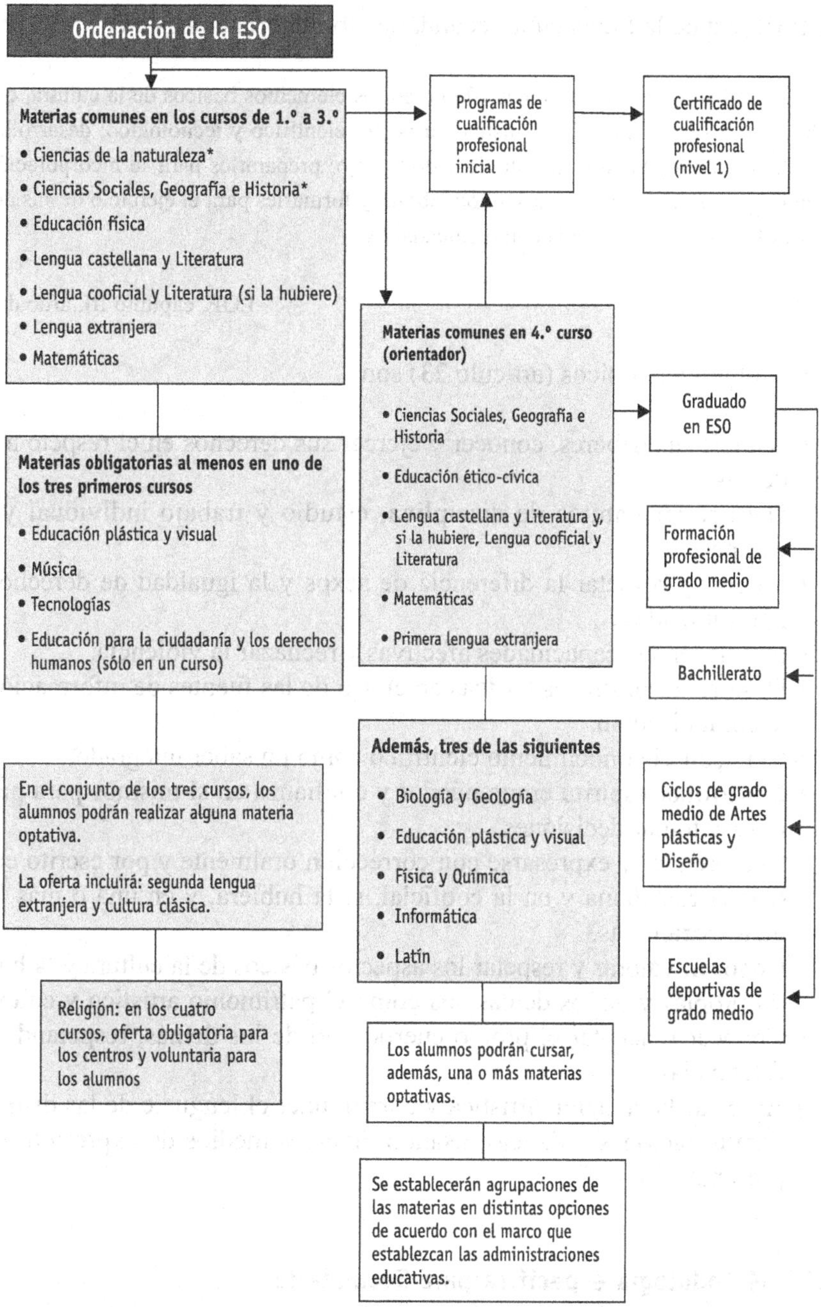


(*) Las materias de Ciencias de la naturaleza, Ciencias sociales y Tecnologías podrán ordenarse en los diferentes cursos, bien de manera global, bien desglosadas en algunos de sus contenidos.

FUENTE: Universidad de Poitiers (p. 9), citado por A. Reventa (2010:69).

## 5.2 Finalidades y objetivos de la ESO

La finalidad de la Educación Secundaria Obligatoria consiste en:

Lograr que los alumnos y alumnas adquieran los elementos básicos de la cultura, especialmente en sus aspectos humanístico, artístico, científico y tecnológico; desarrollar y consolidar en ellos hábitos de estudio y de trabajo; prepararles para su incorporación a estudios posteriores y para su inserción laboral y formarles para el ejercicio de sus derechos y obligaciones en la vida como ciudadanos.

LOE, capítulo III, artículo 22

Los objetivos básicos (artículo 23) son:

- Asumir sus deberes, conocer y ejercer sus derechos en el respeto a los demás.
- Desarrollar hábitos de disciplina, estudio y trabajo individual y de equipo.
- Valorar y respetar la diferencia de sexos y la igualdad de derechos y oportunidades.
- Fortalecer sus capacidades afectivas y rechazar la violencia.
- Desarrollar destrezas básicas en el uso de las fuentes de información y la comunicación.
- Concebir el conocimiento científico como un saber integrado.
- Desarrollar espíritu emprendedor y confianza en sí mismos para participar y tomar decisiones.
- Comprender y expresarse con corrección oralmente y por escrito en la lengua castellana y en la cooficial, si la hubiera, y en una o más lenguas extranjeras.
- Conocer, valorar y respetar los aspectos básicos de la cultura y la historia propias y de los demás, así como el patrimonio artístico y cultural.
- Conocer y aceptar el propio cuerpo y el de los demás, respetando las diferencias.
- Apreciar la creación artística y comprender el lenguaje de las distintas manifestaciones artísticas, usando diversos medios de expresión y representación.

## 5.3 Metodología específica para Secundaria

Además de las indicaciones ofrecidas para la etapa de Primaria, en la ESO podemos utilizar todas las dinámicas de grupo expuestas hace décadas por

Pérez-Serrano (1985), con técnicas en las que interviene activamente todo el grupo (estudio de casos, grupos de discusión, Philips 6/6, técnica del tribunal, el acuario, tormenta de ideas, asamblea, fotoproblema mural...), técnicas en las que intervienen expertos (mesa redonda, simposio, panel, entrevista pública) o técnicas de diagnóstico (proyecto vital, el escudo, técnica DAFO, etc.). Todas ellas, junto con técnicas de aprendizaje cooperativo tales como el puzle de Aronson, los concursos de De Vries o las estrategias de estructura simple (1-2-4, lápices al centro, folio giratorio, etc.), ayudarán al profesorado a realizar clases más amenas para los estudiantes y menos estresantes para los docentes, excesivamente preocupados a veces por el orden y el silencio.

### 5.4 Evaluación: particularidades en Secundaria

La evaluación en la ESO se define como *continua* y *diferenciada*. El equipo docente valorará el logro de las competencias básicas y los objetivos, se establecerán medidas ordinarias y extraordinarias de atención a la diversidad y se evaluarán tanto los aprendizajes del alumnado como los procesos de enseñanza y la propia práctica docente. Para conocer los criterios de promoción y ahondar en la evaluación, remitimos a los decretos y órdenes de cada comunidad autónoma.

## Bibliografía


Bierman, K. (2004): *Peer rejection. Developmental, processes and intervention strategies*. Nueva York: The Guilford Press.

Bisquerra Alzina, R. (2009): *Psicopedagogía de las emociones*. Madrid: Síntesis.

Bolívar, A. (2010): «Contexto de la educación secundaria: estructura y organización», en Imbernón, F. (coord.), *Procesos y contextos educativos: enseñar en las instituciones de educación secundaria*. Barcelona: Graó.

Cerrillo Martín, M. R. e Izuzquiza Gasset, D. (2008): «El currículum de Educación Primaria», en Sánchez Huete, J. C. (coord.), *Compendio de didáctica general*. Madrid: CCS.

Chang, L., Liu, H., Fung, K. Y., Wang, Y., Wen, Z. y Lei, L. (2004): «Adopted and adapted teacher influences on children's peer acceptance of social behaviors across age groups». *Child Development*. Disponible en <http://www.fed.cuhk.edu.hk/~lchang/material/SRCD%20Presentation.pdf> (fecha de acceso: marzo 2011).

Garaigordobil Landazabal, M. (2003): *Programa Juego: Juegos cooperativos y creativos para grupos de niños de 8 a 10 años*. Madrid: Pirámide.

— (2004): *Programa Juego: Juegos cooperativos y creativos para grupos de niños de 10 a 12 años*. Madrid: Pirámide.

— (2005): *Programa Juego: Juegos cooperativos y creativos para grupos de niños de 6 a 8 años*. Madrid: Pirámide.

Gimeno Sacristán, J. (comp.) (2010): *Saberes e incertidumbres sobre el currículum*. Madrid: Morata.

Hamre, B. K. y Pianta, R. C. (2006): «Can instructional and emotional support in the first grade classroom make a difference for children at risk of school failure?», *Child Development,* 76(5), pp. 949-967.

Imbernón, F. (coord.) (2010): *Procesos y contextos educativos: enseñar en las instituciones de educación secundaria*. Barcelona: Graó.

Liew, J., Chen, Q. y Hughes, J. N. (2009): «Child effortful control, teacher-student relationships, and achievement in academically at-risk children: Additive and interactive effects». *Early Childhood Research Quarterly,* 23, 51-64.

Lucena Ferrero, R. (2008): «El profesor que programa: la programación como instrumento de trabajo», en Sánchez Huete, J. C. (coord.), *Compendio de didáctica general*. Madrid: Editorial CCS.

Luque, A. y Vila, I. (1991): «Desarrollo del lenguaje», en Palacios J., Marchesi, A. y Coll, C. (comp.), *Desarrollo psicológico y educación, I. Psicología evolutiva*. Madrid: Alianza Psicología.

Paniagua, G. y Palacios, J. (2005): *Educacion infantil. Respuesta educativa a la diversidad*. Madrid: Alianza Editorial.

Pérez-Serrano, G. (1985): *Pedagogía social y sociología de la educación* (Adaptación). Madrid: UNED.

Pujolás, P. (2000): *9 ideas clave. El aprendizaje cooperativo*. Barcelona: Graó.

Revenga, A. (2010): «El currículum en la educación secundaria», en Imbernón, F. (coord.), *Procesos y contextos educativos: enseñar en las instituciones de educación secundaria*. Barcelona: Graó.

Sánchez Huete, J. C. (coord.) (2008): *Compendio de didáctica general*. Madrid: CCS.

Sanchiz, M. L., García-Bacete, F. J. y Marande, G. (2010): «Sociomet. Una herramienta para el estudio sociométrico», en Sanchiz, M. L., Puig, M. y Cremades, I. (eds.), *Orientación e intervención educativa. Retos para los orientadores del siglo XXI*. Valencia: Tirant lo Blanch.

Vallés-Arándiga, A. y Vallés-Tortosa, C. (2010): *Estima-te 1. Programa de autoestima: Programa de refuerzo. Cuaderno de recuperación y refuerzo de planos psicoafectivos*. Madrid: EOS.

Wu, J. Y., Hughes, J. N., y Kwok, O-M. (2010): «Teacher-student relationship quality type in elementary grades: Effects on trajectories for achievement and engagement», *Journal of School Psychology,* 48, pp. 357-387.

# 7. Competencias básicas y objetivos del aprendizaje

**Isabel Cantón Mayo**

## 1. ¿Qué son las competencias?

La educación en Europa ha terminado su periodo de expansión y ahora busca intensificar y mejorar sus acciones mediante la calidad, una vez conseguida la cantidad. La OCDE (2001) entiende por educación de calidad la que asegura a todos los jóvenes la adquisición de los conocimientos, capacidades, destrezas y actitudes necesarias para prepararles para la vida adulta, acercándose con esa propuesta al concepto de competencias. Surge así el concepto de competencias básicas como habilidades que el ciudadano europeo debe tener adquiridas al finalizar su educación obligatoria, introduciendo en la educación aspectos propios de la vida laboral y profesional. Las razones de la OCDE para impulsar las competencias son básicamente dos: la globalización y el desarrollo tecnológico. Hay también dos líneas de estudio del término «competencias»: desde el mundo del trabajo y desde el mundo de la educación, el primero más volcado hacia el desarrollo de tareas profesionales y el segundo más inclinado hacia las características personales. Aún así, por su complejidad semántica, el concepto de competencias se reconoce en vías de desarrollo, como señala Le Boterf (2001).

El término «competencia» se refiere al dominio de un conjunto de conocimientos, actitudes y destrezas necesarias para el ejercicio de un rol profesional y de sus funciones correspondientes, con cierta calidad y eficacia (Repetto y Pena, 2010). Para Spencer y Spencer (1993:9) la competencia es

Figura 1. Modelo dinámico y sistémico de la competencia

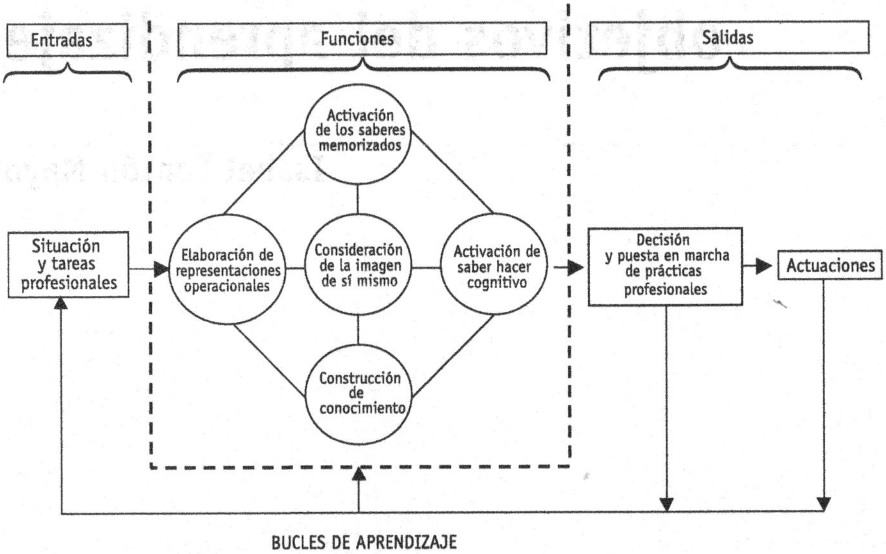


FUENTE: Le Boterf (1995:46).

[...] una característica subyacente de un individuo, que está causalmente relacionada con un rendimiento efectivo o superior en una situación o trabajo, definido en términos de un criterio.

Este autor señala que las competencias pueden incluir: motivos, rasgos, autoconcepto, conocimientos y habilidades. Rodríguez y Feliú (1996) las definen como

[...] conjuntos de conocimientos, habilidades, disposiciones y conductas que posee una persona, que le permiten la realización exitosa de una actividad.

Ansorena Cao (1996:76), por su parte, plantea la competencia como

[...] una habilidad o atributo personal de la conducta de un sujeto, que puede definirse como característica de su comportamiento, y, bajo la cual, el comportamiento orientado a la tarea puede clasificarse de forma lógica y fiable.

Boyatzis afirma que una competencia puede ser

[...] una motivación, un rasgo, una destreza, la autoimagen, la percepción de su rol social, o un conjunto de conocimientos que se utilizan para el trabajo.

Para Le Boterf (2000:87)

> [...] una competencia es la secuencia de acciones que combinan varios conocimientos, un esquema operativo transferible a una familia de situaciones.

Eurydice (2002) señala que las competencias son

> [...] las capacidades, conocimientos y actitudes que permiten una participación eficaz en la vida política, económica, social y cultural de la sociedad.

¿Porqué ahora las competencias?

> El desarrollo sostenible y la cohesión social dependen críticamente de las competencias de toda nuestra población, con competencias que se entiende cubren el conocimiento, las destrezas, las actitudes y los valores.
>
> Ministerios de Educación de la OCDE,
> 27 de junio de 2009

A finales de 1997, la OCDE inició el Proyecto DeSeCo (Definición y selección de competencias) con objeto de delimitar un marco conceptual firme que sirviera de información para identificar las competencias clave y el fortalecimiento de las encuestas internacionales que miden el nivel de competencia de jóvenes y adultos. Este proyecto, realizado bajo el liderazgo de Suiza y conectado con PISA, reunió a expertos de una amplia gama de disciplinas para que trabajaran con actores y analistas políticos a fin de dar un marco relevante a las políticas. Los países miembros de la OCDE pudieron contribuir a sus propios puntos de vista para informar del proceso.

Los responsables del Proyecto DeSeCo definen competencia como

> [...] la habilidad de cumplir con éxito las exigencias complejas, mediante la movilización de los prerrequisitos psicosociales. De modo que se enfatizan los resultados que el individuo consigue a través de la acción, selección o forma de comportarse según las exigencias.

En resumen, tenemos grupos de competencias personales y profesionales. Así, integrando a diferentes autores (Perrenoud, 2004; Bolívar, 2007; Bolívar y Pereira, 2006; Pérez Gómez, 2007; Cantón, 2010), las competencias tienen los siguientes rasgos comunes:

- Carácter holístico e integrado. Conocimientos, capacidades, actitudes, valores y emociones no pueden entenderse de manera separada o con carácter aislado.
- Son características permanentes de la persona.
- Se manifiestan cuando se realiza una tarea.
- Se relacionan con la ejecución adecuada de una actividad.
- Son responsables del éxito personal y laboral.
- Pueden generalizarse a varias actividades.
- Pueden tener orientación laboral o educativa.
- Son contextuales: las competencias se concretan y desarrollan vinculadas a los diferentes contextos de acción.
- Tienen una dimensión ética. Las competencias se nutren de las actitudes, de los valores y de los compromisos que los individuos van adoptando a lo largo de la vida.
- Son creativas. Las transferencias que se realizan en cada proceso de aprendizaje o de aprehensión de conocimiento deben entenderse como un proceso de adaptación creativa en cada contexto.
- Son reflexivas. Suponen un proceso permanente de reflexión para armonizar las intenciones con las posibilidades de cada contexto.
- Son evolutivas. Se desarrollan, perfeccionan, amplían o se deterioran y restringen a lo largo de la vida.

Las competencias en la educación son, en cierto modo, herederas de los tres ámbitos clásicos derivados de las antiguas taxonomías: cognoscitivo, afectivo y psicomotor (Bloom, 1956). Ya entonces se pretendía, para mejorar su estudio, separar constructos humanos que se dan integrados, aún sabiendo que esa separación es artificial. Después, se reformuló esa división, a partir de la LOGSE (1990), hablando de tres dominios: conceptuales, procedimentales y actitudinales. También es estos casos se asumía que hay una parte permanente en la persona (rasgos de carácter, personalidad) y una parte adquirida que son los conocimientos y las competencias. Estas pueden ser observadas mientras que la parte permanente permanece más oculta. Las competencias son multidimensionales y se combinan con el contexto y con la tarea para manifestarse en hechos concretos. Las competencias se componen de conocimientos, habilidades y conductas específicas adecuadas a una tarea. Se señala en ellas la potencialidad para aprender, la capacidad de aprendizaje y la disposición de realizarlo, manifestada a través de su motivación o interés en el mismo.

La competencia tiene que ver con tres acepciones: capacidad o aptitud del individuo para hacer algo; competitividad, entendida como capacidad de la persona no sólo para enfrentarse con éxito a nuevos aprendizajes, situaciones o problemas, sino para hacerlo con más eficacia que otras;

e incumbencia, que es el grado de interés, participación y sentimiento que le genera a la persona la realidad en la que se desenvuelve.

La orientación hacia las competencias se basa en que el principal recurso de las organizaciones son las personas, la capacidad de éstas para liderar procesos innovadores que el conocimiento favorece y propicia. Por eso, tiene especial relevancia el preocuparse por la orientación de la enseñanza al desarrollo de la utilización de conocimientos diversos que permitan lograr objetivos personales y sociales. Este nuevo enfoque en el ámbito educativo requiere un currículum basado en competencias. Así se declara en los trabajos de la Red Europea de Información sobre la Educación (Eurydice, 2002:12):

> En el mundo en que el conocimiento factual existente se crea, se distribuye y se puede acceder a él de forma rápida, la necesidad de que las personas lo memoricen es cada vez menor. En su lugar, necesitan los instrumentos apropiados para seleccionar, procesar y aplicar el conocimiento requerido con el fin de hacer frente a los modelos cambiantes de empleo, ocio y familia. Esto explica la tendencia creciente en la enseñanza por desarrollar competencias en vez de enseñar conocimientos de hechos.

A modo de síntesis, la figura 2 presenta los elementos de que consta una competencia:

Figura 2. Elementos de las competencias

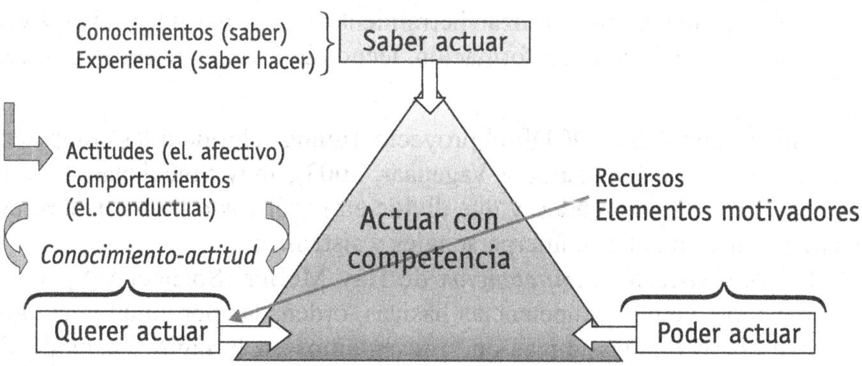


## 2. Tipos de competencias

Es difícil clasificar las competencias por la diversidad de modelos de análisis que se han formulado al respecto. El término competencias está muy vinculado al de habilidades, como señalamos anteriormente, y su origen es sajón (*skill*). Fallows y Steven (2000) clasifican cuatro tipos de habilidades referidas al ámbito universitario:

- Habilidades transferibles o transversales.
- Habilidades clave.
- Habilidades centrales.
- Habilidades generales.

Diversos autores han intentado hacer un inventario de las competencias existentes, pero al ser tan amplio el campo, ninguna aportación es totalmente exhaustiva. Levy-Leboyer (1996) presenta seis listas diferentes de competencias. Ansorena Cao (1996) incluye cincuenta competencias conductuales. Woodruffe (1993) plantea nueve competencias genéricas, sin nombrar las específicas. La OCDE, a través del proyecto DeSeCo (2002), ha elaborado un amplio rango de académicos, expertos e instituciones para identificar un conjunto pequeño de competencias clave. El documento DESECO (2002) señalaba tres tipos de competencias:

1. Competencia para actuar de forma autónoma. Habilidad para defender los propios intereses y derechos, los propios proyectos de vida.
2. Competencia para funcionar en grupos sociales heterogéneos. Habilidad para manejar y resolver conflictos.
3. Competencia para utilizar herramientas de forma interactiva y eficaz: conocimiento, información, tecnología, lenguaje, símbolos, etc.

También impulsó la OCDE el proyecto Tuning referido a las competencias universitarias (González y Vagenaar, 2003), muy vinculadas, en este caso, al aprender a aprender, y que divide en genéricas o transversales, específicas, instrumentales, interpersonales y sistémicas.

El *Diccionario de competencias* de Hay McBer (Spencer y Spencer, 1993) incluye veinte competencias básicas, ordenadas por conglomerados, y nueve competencias únicas que presentamos en la tabla 1 a modo de ejemplo.

*Las competencias genéricas* o transversales tienen que ver con los comportamientos y actitudes laborales válidas para cualquier tipo de trabajo: negociación, planificación, toma de decisiones, trabajo en equipo, conocimientos informáticos, inglés, etc. Son transferibles y utilizables en cualquier

Tabla 1. Competencias por conglomerados de Hay McBer (1993)

| Conglomerado | Competencias |
|---|---|
| I. Logro y acción | Orientación al logro<br>Preocupación por orden, calidad y precisión<br>Iniciativa<br>Búsqueda de información. |
| II. Apoyo y servicio humano | Comprensión interpersonal<br>Orientación al servicio al cliente |
| III. Impacto e influencia | Impacto e influencia<br>Conciencia organizacional<br>Establecimiento de relaciones |
| IV. Gerencia | Desarrollo de otros<br>Asertividad y uso del poder posicional<br>Trabajo en equipo y cooperación<br>Liderazgo de equipo |
| V. Cognitivo | Pensamiento analítico<br>Pensamiento conceptual<br>Pericia *(expertice)* |
| VI. Efectividad personal | Autocontrol<br>Autoconfianza<br>Flexibilidad |

momento. Dentro de ellas, autores como Tejada (1999) clasifican otras como competencia técnica, competencia metodológica, competencia social y competencia participativa.

*Las competencias específicas* o funcionales son referidas a aspectos técnicos de un trabajo concreto y no son transferibles a otro tipo de ocupación: manejo de una herramienta, de una máquina, etc. Son competencias en el plano del «saber hacer». Tienen un carácter más instrumental y permiten la realización de las tareas. Están determinadas por las demandas del rol del cargo y, por tanto, son las que le dan razón de ser a un empleo específico. Suelen estar asociadas a capacidades de tipo cognoscitivo, tecnológico o metodológico.

*Las competencias instrumentales* sirven de herramientas para el desarrollo personal, laboral, educativo, etc. Entre ellas se incluyen las habilidades cognoscitivas (comprender y manipular ideas y pensamientos), las capacidades metodológicas (resolver problemas, organizar el tiempo, tomar decisiones, aprender a aprender), destrezas tecnológicas (uso de maquinaria, de la informática, gestión de la información) y destrezas lingüísticas (comunicación oral y escrita, conocimiento de otros idiomas).

*Las competencias interpersonales* se refieren a la capacidad para comunicar el pensamiento propio, habilidad para la crítica y la autocrítica, capacidad para el trabajo en equipo y compromiso social o ético. Tiene que ver con la interacción social y la cooperación.

*Las competencias sistémicas* son las que abarcan la totalidad de la persona. Comprenden una combinación de comprensión, sensibilidad, sentimientos, conocimientos, etc., que permiten tener una visión de conjunto integrando las partes de un todo. Requieren la posesión de las competencias instrumentales e interpersonales y están muy cercanas a las competencias genéricas. Facilitan la planificación de la acción para mejorar integralmente sistemas como el educativo, el sanitario o el judicial.

*Las competencias estratégicas u organizacionales* son las que están relacionadas directamente con la naturaleza de la organización y que resultan fundamentales para el cumplimiento de la misión y la visión, así como la adaptación al entorno. En una universidad son competencias estratégicas: autonomía, respeto y valoración de las diferencias, aprendizaje continuo, investigación e innovación, trabajo en equipo y gestión del conocimiento.

Una clasificación de las competencias en técnicas y sociales, intenta integrar la visión del informe Delors (1996) y las propuestas de la Unión Europea (véase tabla 2).

Otra forma de categorizar las competencias es ateniéndose al ámbito al que se refieren, desde planteamientos cercanos al ámbito educativo: el *educativo o curricular*, el primero en surgir históricamente; el *funcional o de normalización* de las competencias ligado a la competencia laboral; la *perspectiva psicológica*, surgida de las investigaciones del doctor David McClelland; y el *enfoque estructural* o gerencial no educativo sino empresarial. En resumen las competencias son evidencias de desempeño claras en variados ámbitos.

Tabla 2. Las competencias técnicas y sociales

| | | | |
|---|---|---|---|
| COMPETENCIAS TÉCNICAS | Implican el dominio de los conocimientos y destrezas específicos de un determinado campo profesional. | Saber | • Conocimientos generales o específicos, teóricos, especulativos o científico-técnicos. |
| | | Saber hacer | • Dominio de los métodos y técnicas específicos de campos profesionales. |
| COMPETENCIAS SOCIALES | Incluyen motivaciones, valores, capacidad de relación en un contexto social y organizativo. | Saber aprender | • Capacidad de formación permanente al ritmo de la evolución que se produce en las profesiones, en la tecnología y en las organizaciones. |
| | | Saber estar | • Actitudes de comportamiento en el trabajo y formas de actuar e interactuar. |
| | | Saber hacer | • Posibilitar que en el lugar de trabajo se desarrollen aprendizajes como resultado de la intercomunicación personal. |

## 3. Las competencias básicas en la LOE

La Comisión Europea de Educación ha establecido unas competencias clave o destrezas básicas necesarias para el aprendizaje de las personas a lo largo de su vida y ha animado a los estados miembros a dirigir su política educativa en esa dirección. Las competencias básicas son un conjunto de habilidades cognitivas, procedimentales y actitudinales que pueden y deben ser alcanzadas a lo largo de la educación obligatoria por la mayoría del alumnado y que resultan imprescindibles para garantizar el desenvolvimiento personal y social y la adecuación a las necesidades del contexto vital, así como para el ejercicio efectivo de los derechos y deberes ciudadanos.

El hecho de que se llamen competencias básicas supone que deben estar al alcance de todas las personas. La competencia básica:

- Es la capacidad de responder a demandas complejas y llevar a cabo tareas complejas de forma adecuada.
- Supone una combinación de habilidades prácticas, conocimientos, valores éticos, actitudes, emociones y otros componentes sociales que actúan conjuntamente para lograr una acción eficaz.
- Permite la realización personal, la inclusión social, la ciudadanía activa y el empleo.

Para DeSeCo, hay tres criterios para seleccionar una competencia como clave, básica o esencial:

1. Que contribuya a obtener resultados de alto valor personal y social.
2. Que sea aplicable a un amplio abanico de contextos y ámbitos relevantes.
3. Que sea importante para todas las personas para superar con éxito las exigencias complejas.

La aplicación en España de las recomendaciones de la OCDE (2005) a través de los informes PISA trianuales tiene lugar con la Ley Orgánica 2/2206, de 3 de mayo, cuando se incorpora al sistema educativo un nuevo elemento curricular (LOE, 2006: art.6.1) llamado *competencias básicas* que recoge también las propuestas de DeSeCo y de Tuning extractándolas y adecuándolas al contexto español. Hasta la introducción de las competencias la evaluación de los alumnos se hacía sobre los objetivos o los contenidos. El Decreto de Currículum (2007) señala que las evaluaciones «versarán sobre las *competencias básicas del currículum*», se realizarán en la enseñanza primaria y secundaria e incluirán, en todo caso, las previstas en los artículos 21 y 29. Por su parte, el art. 21 señala que «al finalizar el segundo ciclo de la Educación Primaria todos los centros realizarán una evaluación de diagnóstico de las *competencias básicas* alcanzadas por sus alumnos», y el art. 29, que «al finalizar el segundo curso de la Educación Secundaria Obligatoria todos los centros realizarán una evaluación de diagnóstico de las *competencias básicas* alcanzadas por sus alumnos».

Las competencias básicas se integran en el desarrollo curricular que se debe llevar a cabo en los centros en virtud de la autonomía que tienen otorgados los mismos (2006, título V, capítulo II) y que establece el segundo nivel de concreción curricular (véase tabla 3).

El Parlamento Europeo y el Consejo de Europa (2005) ya dieron recomendaciones para la inclusión de las competencias en el currículum y éstas han sido un referente en su aplicación al currículum español.

Tabla 3. Competencias propuestas por el Consejo de Europa y Competencias en el currículum español de Educación Primaria

| **Competencias clave según el Consejo de Europa** | **Competencias en la LOE (2006) y currículum de EP (Real Decreto 1513/2006)** |
|---|---|
| Comunicación en lengua materna | Competencia en comunicación lingüística |
| Comunicación en lenguas extranjeras | Competencia matemática |
| Competencia matemática y competencias básicas en ciencia y tecnología | Competencia en el conocimiento y la interacción con el mundo físico |
| Competencia digital | Tratamiento de la información y competencia digital |
| Aprender a aprender | Competencia social y ciudadana |
| Competencias interpersonales, interculturales y sociales, y competencia cívica | Competencia cultural y artística |
| Espíritu de empresa | Competencia para aprender a aprender |
| Expresión cultural | Autonomía e iniciativa personal |

Clasificación de las competencias básicas españolas:

- *Ámbito de la expresión y la comunicación:*
  - — Competencia en comunicación lingüística.
  - — Competencia matemática.
  - — Competencia cultural y artística.
  - — Competencia en el tratamiento de la información y competencia digital.
- *Ámbito de la relación y la interacción:*
  - — Competencia en el conocimiento y la interacción con el mundo físico.
  - — Competencia social y ciudadana.
- *Ámbito del desarrollo personal:*
  - — Competencia para aprender a aprender.
  - — Autonomía e iniciativa personal.

La LOE (2006) establece una serie de competencias básicas

> que debe haber desarrollado un joven o una joven al finalizar la enseñanza obligatoria para poder lograr su realización personal, ejercer la ciudadanía activa, incorporarse a la vida adulta de manera satisfactoria y ser capaz de desarrollar un aprendizaje permanente a lo largo de la vida.
>
> RD 1513/2006

Las competencias están contenidas en el Real Decreto 1513/2006, de 7 de diciembre, por el que se establecen las enseñanzas mínimas de la Educación Primaria. Con ello, las competencias se incluyen como nuevo elemento del currículum (LOE, 2006: art 6.1) y se desarrollan en la Educación Básica (LOE, 2006: art 3.3), la Educación Primaria y la Educación Secundaria Obligatoria. Con ello se pretende «el pleno desarrollo de la personalidad y de las capacidades del alumno» (LOE, 2006, art. 2.1), logrando que las competencias básicas sean «aquellos aprendizajes que se consideran imprescindibles, desde un planteamiento integrador y orientado a la aplicación de los saberes adquiridos» (RD 1513/2006).

### 3.1 Descripción y componentes de la competencia en comunicación lingüística

La descripción legal de la competencia en comunicación lingüística viene dada por el Decreto de enseñanzas mínimas de Educación Primaria (Real Decreto 1513/2006):

Se refiere a la utilización del lenguaje como instrumento de comunicación oral y escrita de representación, interpretación y comprensión de la realidad, de construcción y comunicación del conocimiento y de organización y autorregulación del pensamiento, las emociones y la conducta.

Esta competencia comprende: elementos de comunicación oral y escrita, de representación de la realidad y del pensamiento, de interpretación de mensajes, imágenes y signos; de comprensión de mensajes orales y escritos; de construcción y comunicación del conocimiento y de organización y autorregulación del pensamiento, de las emociones y de la conducta. Además, incluye la reflexión y el análisis del lenguaje y el uso funcional de una lengua extranjera. Abarca leer, escribir, componer, dialogar, respetar, comunicarse, crear y valorar obras literarias. El objetivo final es el dominio de la lengua oral y escrita en diferentes contextos (véase figura 3).

Figura 3. Elementos de la competencia en comunicación lingüística

### 3.2 Descripción y componentes de la competencia matemática

Consiste en la habilidad para utilizar y relacionar los números, sus operaciones básicas, los símbolos y las formas de expresión y razonamiento matemático, tanto para producir e interpretar distintos tipos de información, como para ampliar el conocimiento sobre aspectos cuantitativos y espaciales de la realidad, y para resolver problemas relacionados con la vida cotidiana y con el mundo laboral.

La capacidad de identificar y comprender el rol que las matemáticas desempeñan en el mundo, de hacer juicios bien fundamentados y usar y comprometerse con las matemáticas de forma que se logren satisfacer las necesidades de la vida propia como ciudadano constructivo, preocupado y reflexivo, son también aspectos contenidos en esta competencia. Los componentes son:

- Aplicar destrezas y actitudes que permitan razonar matemáticamente.
- Comprender una argumentación matemática.
- Expresarse y comunicarse en el lenguaje matemático.
- Utilizar herramientas de apoyo adecuadas.
- Integrar el conocimiento matemático con otros diferentes.
- Resolver problemas de la vida cotidiana y del mundo laboral.

## 3.3 Descripción y componentes de la competencia en conocimiento e interacción con el mundo físico

Es la habilidad para interactuar con el mundo físico, tanto en sus aspectos naturales como en los generados por la acción humana, de tal modo que se posibilita la comprensión de sucesos, la predicción de consecuencias y la actividad dirigida a la mejora y preservación de las condiciones de vida propia, de las demás personas y del resto de los seres vivos. En definitiva, incorpora habilidades para desenvolverse adecuadamente, con autonomía e iniciativa personal en ámbitos de la vida y del conocimiento muy diversos (salud, actividad productiva, consumo, ciencia, procesos tecnológicos, etc.) y para interpretar el mundo, lo que exige la aplicación de los conceptos y principios básicos que permiten el análisis de los fenómenos desde los diferentes campos de conocimiento científico involucrados.

Comprende la capacidad para interactuar con el mundo físico, tanto el natural como el transformado o creado por el ser humano. Pretende aplicar y desarrollar el pensamiento científico-técnico para interpretar informaciones del medio y tomar decisiones autónomas. Se dirige, igualmente, a mejorar la calidad de vida de los seres humanos mediante:

- El uso responsable de los recursos naturales.
- El cuidado del medio ambiente.
- El consumo racional y responsable.
- La protección de la salud individual y colectiva.

## 3.4 Tratamiento de la información y competencia digital

Esta competencia consiste en disponer de habilidades para buscar, obtener, procesar y comunicar información, y para transformarla en conocimiento. Incorpora diferentes habilidades, que van desde el acceso a la información hasta su transmisión en distintos soportes una vez tratada, incluyendo la utilización de las tecnologías de la información y la comunicación como elemento esencial para informarse, aprender y comunicarse.

Comprende la búsqueda, selección, registro y tratamiento o análisis de la información, utilizando técnicas y estrategias diversas para acceder a ella según la fuente a la que se acuda y el soporte que se utilice (oral, impreso, audiovisual, digital o multimedia). Requiere el dominio de lenguajes específicos básicos (textual, numérico, icónico, visual, gráfico y sonoro) y de sus pautas de decodificación y transferencia, la aplicación en distintas situaciones y contextos del conocimiento de los diferentes tipos de información, sus fuentes, sus posibilidades y su localización, así como los lenguajes y soportes más frecuentes en los que ésta suele expresarse. Con ello se busca formar una persona autónoma, eficaz, responsable, crítica y reflexiva en la selección, valoración y uso de la informática y sus fuentes y otras herramientas digitales. También se persigue tener una actitud crítica y reflexiva en la valoración de la información disponible, contrastándola cuando sea necesario, y respetar las normas de conducta acordadas socialmente.

## 3.5 Competencia social y ciudadana

Esta competencia hace posible comprender la realidad social en que se vive, cooperar, convivir y ejercer la ciudadanía democrática en una sociedad plural, así como comprometerse a contribuir a su mejora. En ella están integrados conocimientos diversos y habilidades complejas que permiten participar, tomar decisiones, elegir cómo comportarse en determinadas situaciones y responsabilizarse de las elecciones y decisiones adoptadas. Globalmente supone utilizar, para desenvolverse socialmente, el conocimiento sobre la evolución y organización de las sociedades y sobre los rasgos y valores del sistema democrático, así como utilizar el juicio moral para elegir y tomar decisiones, y ejercer activa y responsablemente los derechos y deberes de la ciudadanía.

Se trata de comprender la sociedad en la que vivimos para educar en valores democráticos que permitan afrontar la convivencia y los conflictos. Se trata de:

- Actuar con criterio propio.
- Fomentar la convivencia armónica.
- Tener actitudes responsables constructivas y solidarias.

### 3.6 Descripción y componentes de la competencia cultural y artística

Esta competencia supone conocer, comprender, apreciar, disfrutar y valorar críticamente diferentes manifestaciones culturales y artísticas, utilizarlas como fuente de enriquecimiento y disfrute y considerarlas parte del patrimonio de los pueblos. También se refiere al fomento del interés por la participación en la vida cultural, al desarrollo de la propia capacidad estética y creadora y a la contribución a la conservación del patrimonio cultural y artístico.

### 3.7 Competencia para aprender a aprender

Aprender a aprender supone disponer de habilidades para iniciarse en el aprendizaje y ser capaz de continuar aprendiendo de manera cada vez más eficaz y autónoma de acuerdo a los propios objetivos y necesidades. Se desarrolla la competencia a través de experiencias de aprendizaje conscientes, gratificantes, individuales y colectivas.

Esta competencia tiene dos componentes fundamentales: por un lado, la adquisición de la conciencia de las propias capacidades (intelectuales, emocionales, físicas), del proceso y las estrategias necesarias para desarrollarlas, así como de lo que se puede hacer por uno mismo y de lo que se puede hacer con ayuda de otras personas o recursos; por otro lado, la potenciación de un sentimiento de competencia personal, que redunda en la motivación, la confianza en uno mismo y el gusto por aprender. Esta competencia comprende:

- Saber iniciarse en el aprendizaje.
- Ser capaz de continuar aprendiendo con eficacia y autonomía.
- Tener el control y gestión de las propias capacidades y conocimientos.
- Manejar de forma eficiente recursos y técnicas de trabajo individual.
- Tener la capacidad de cooperar con los demás y autoevaluarse.

### 3.8 Autonomía e iniciativa personal

Esta competencia se refiere, por una parte, a la adquisición de la conciencia y aplicación de un conjunto de valores y actitudes personales interrelacionadas, como la responsabilidad, la perseverancia, el conocimiento de sí mismo y la autoestima, la creatividad, la autocrítica, el control emocional, la capacidad de elegir, de calcular riesgos y de afrontar los problemas, así como la capacidad de demorar la necesidad de satisfacción inmediata, de aprender de los errores y de asumir riesgos. Por otra parte, remite a la capacidad de elegir con criterio propio, de imaginar proyectos, y de llevar adelante las acciones necesarias para desarrollar las opciones y planes personales —en el marco de proyectos individuales o colectivos—, responsabilizándose de ellos, tanto en el ámbito personal, como social y laboral. Supone ser capaz de imaginar, emprender, desarrollar y evaluar acciones o proyectos individuales o colectivos con creatividad, confianza, responsabilidad y sentido crítico.

## 4. Los objetivos del aprendizaje

Los seres humanos se distinguen de otras especies por su capacidad de prever lo que va a suceder y poder encaminar sus acciones a la realización o a la evitación del suceso. El diseño didáctico se define como un conjunto de actividades ordenadas, estructuradas y articuladas para la consecución de unos objetivos educativos y que tienen un principio y un final conocido tanto por el profesor como por el alumno. Los objetivos son una parte de ese diseño referidos a la previsión y toma de decisiones sobre lo que se desea que aprenda el alumno a través del desarrollo de actividades de enseñanza-aprendizaje. Se encuentran situados entre la utopía y la realidad, pero su formulación establece puentes entre ambas. Los objetivos responden a la pregunta qué enseñar. Se formulan explícitamente y orientan la planificación del aprendizaje. Tienen dos funciones básicas: una es orientar el diseño de los contenidos y las actividades y la otra es servir de referencia para la evaluación del progreso del alumno respecto a los aprendizajes.

Los objetivos nacen de la pedagogía conductista (Tyler, Gimeno, Mager) y buscan fundamentalmente la eficacia y la eficiencia. Su nivel de formulación es muy específico, concreto y evaluable, y su derivación llega hasta los objetivos operativos. La pedagogía por objetivos tuvo su auge en los años setenta y ochenta. Se contraponen la razón técnica y la razón práctica de Aristóteles. En la pedagogía conductista se concede mucha importancia a definir lo que se quiere hacer. De hecho, la línea conductista da la mayor prioridad entre los elementos del diseño a los objetivos (Gimeno, 1988). Aunque no pueden desligarse del modelo curricular general y axiológico, los objetivos son aquí la base de los planteamientos curriculares educativos. Buscan una vía técnica sustentada en el conductismo como pensamiento científico moderno derivado de la producción industrial. La influencia conductista llegó a la categorización de los objetivos en taxonomías. Las taxonomías son una clasificación jerárquica de objetivos más y menos valiosos en función del lugar que ocupan. Destacan las de Gagné, Bloom, Guilford: cognoscitivos, afectivos psicomotores y verbos como analizar, enumerar, seleccionar, comprender, valorar, sintetizar, conocer, describir, etc., fueron introducidos en las programaciones conductistas. Gargallo (2000) vuelve a hablar de taxonomías pero del conocimiento de un campo. Así en matemáticas tenemos conceptos, reglas, principios, formulas y algoritmos. Una síntesis de la taxonomía de Bloom (1956) se puede ver en la tabla 4.

Tabla 4. Síntesis de la taxonomía de objetivos de Bloom

| **Ámbito cognoscitivo** | **Afectivo** | **Psicomotor** |
|---|---|---|
| Conocimiento | Recepción | Percepción |
| Comprensión | Respuesta | Disposición |
| Aplicación | Valoración | Mecanismo |
| Análisis | Organización | Respuesta compleja |
| Síntesis | Caracterización | Adaptación |
| Evaluación | | Creación |

A partir de los años noventa los objetivos tienen otra visión: desde la pedagogía constructivista se da un giro a la visión de los objetivos al intentar buscar el aprendizaje de los alumnos desde los preconceptos o desde la zona de desarrollo próximo provocando un conflicto cognitivo en el alumno para integrar el nuevo conocimiento (Coll). Los mapas mentales permiten al aprendiz transferir ese conocimiento por medio de la funcionalidad cognitiva. Si descubre el principio por el que se rige un contenido llega a la significatividad lógica y mejora su aprender a aprender llegando a la significatividad psicológica. Ahora el núcleo del diseño curricular son los contenidos. Mayor significatividad, globalidad, negociación y procesos son típicos de los objetivos constructivistas frente a los objetivos conductistas de corte finalista.

Por el grado de amplitud que abarcan, los objetivos se clasifican en niveles (véase figura 4): el más amplio es el nacional (objetivos contenidos en la Constitución y en las grandes leyes educativas: LOGSE, 1990, y LOE, 2006). Son los documentos que contienen los objetivos compartidos por todos los centros educativos de la nación y coinciden con los grandes fines educativos. El siguiente nivel de amplitud de los objetivos es el referido a los objetivos de etapa (Infantil, Primaria, Secundaria) y está contenido en los decretos de currículum de cada una de las etapas tanto nacionales como autonómicas. Descendiendo en el nivel de amplitud y en los mismos documentos que los objetivos de etapa, están contenidos los objetivos de asignatura, área o materia. Abarcan los objetivos que se persiguen en la autonomía al terminar la etapa en una determinada materia curricular de estudio. Estos suelen desglosarse en ciclos y adaptarse en cada centro en el llamado segundo nivel de concreción y entran a formar parte de los objetivos de centro para un determinado ciclo. Hasta aquí todos los objetivos suelen englobarse en los llamados generales. Describen los logros del final de una etapa educativa y son previsiones anticipadas del valor añadido de la persona que aprende. Están filtrados por la psicología y por la filosofía y el contexto.

*Objetivos específicos*. Describen el nivel de conocimientos que se ha de tener al concluir un curso, una parte de una materia o un ciclo. Son una derivación de los generales de centro, ciclo o etapa que se hace en cada aula para adaptar y concretar el currículum. Existe un amplio margen en su especificación Suelen ser de ciclo y de aula matizados por el contexto. Son el resultado de ordenar y distribuir los procesos de enseñanza en secuencias concretas dentro de cada nivel o área. Se formulan en función de los contenidos, tareas y actividades. Suelen dividirse en diseños curriculares de aula o programación de unidades didácticas. Más adelante hay algunos ejemplos en los gráficos.

*Objetivos didácticos*. Son los más cercanos a la realidad educativa y están referidos a unidades didácticas básicas de contenido concretadas en activi-

Figura 4. Concreción de los objetivos

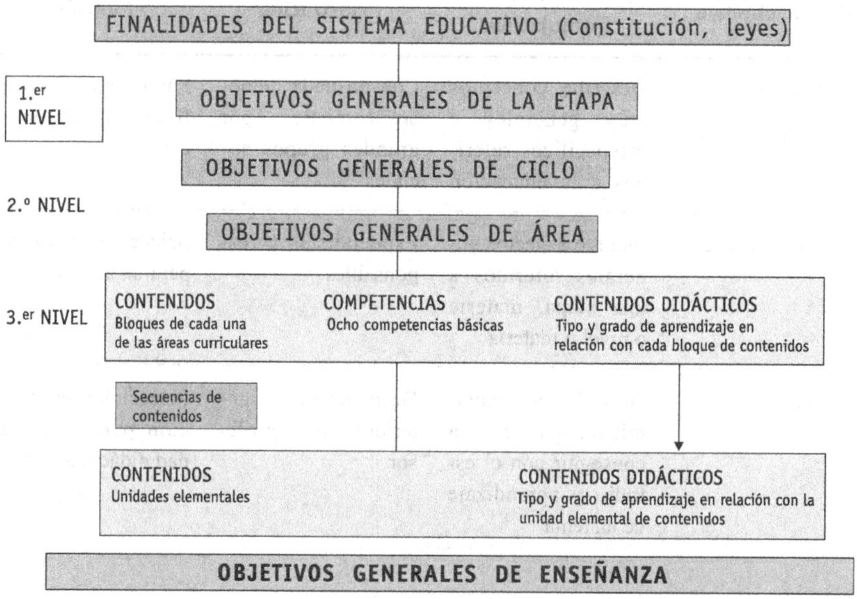

dades y conductas. Son el tipo de objetivo que tiene más en cuenta el contexto. Suele ser el lugar de introducción de innovaciones y cambios. Son los más variables. También se llaman objetivos instructivos y son específicos de cada unidad didáctica, estando relacionados con las competencias y con los contenidos.

*Objetivos operativos.* Son únicamente utilizados en la pedagogía conductista y, en la actualidad, poco frecuentes. Pueden verse en adaptaciones curriculares y en atención a la diversidad. Son observables, medibles y evaluables, condiciones, con criterios claros de ejecución y univocidad en la formulación (Mager, Rodríguez Diéguez).

*Objetivos procesuales.* Son los derivados de los principios procedimentales y de la observación del sujeto. No se exige en la formulación un resultado predeterminado, sólo la progresión en la dirección marcada. En un modelo constructivista, los objetivos instructivos y procedimentales serían el máximo nivel de derivación, en uno conductista, lo serían los objetivos operativos.

Una síntesis de la derivación de objetivos, su formulación, su priorización y la función que ejercen en la programación puede verse en la tabla 5.

Tabla 5. Síntesis de objetivos

| Tipo de objetivo | Nivel de formulación | Priorización | Función |
|---|---|---|---|
| Objetivo general | Describe conceptos muy generales e inespecíficos referidos a la educación | Consensuada democráticamente por grandes grupos sociales | Fundamentos filosóficos, epistemológicos |
| Objetivo específico | Incluye aspectos generales referidos a una etapa, materia o nivel o materia | Especialistas y responsables | Selección currricular para un ámbito |
| Objetivo didáctico | Describe el conocimiento que se va a conseguir con el estudio y aprendizaje de un tema | Derivado de los anteriores por el profesor | Selección y priorización para una unidad didáctica |

## 5. Formulación de los objetivos

La formulación de los objetivos tiene por finalidad organizar las acciones futuras. Se trata de darle una dirección al esfuerzo para enseñar y aprender y es una tarea nuclear en la programación didáctica. Los tres indicadores básicos de una buena formulación de objetivos son un verbo en infinitivo, seguido del contenido que se aprende y, si ha lugar, la circunstancia. Igualmente, ha de poderse comprobar el dominio adquirido de la acción descrita.

En los capítulos dedicados a las unidades didácticas se seleccionan algunos verbos clasificados por categorías: conocimiento, de procedimientos y de actitudes. A continuación hacemos una síntesis de verbos aplicando los ámbitos del conocimiento que se quieran desarrollar.

- Verbos para desarrollar *objetivos del ámbito del conocimiento:*

  1. Conocimiento: definir, identificar, reconocer, recordar, adquirir, memorizar, enumerar, describir, comprobar, etc.
  2. Comprensión: traducir, redefinir, reorganizar, diferenciar, distinguir, explicar, demostrar, completar, predecir, determinar, etc.
  3. Aplicación: organizar, aplicar, enlazar, transferir, emplear, etc.
  4. Análisis: separar, distinguir, clasificar, diferenciar, discriminar, ordenar, deducir, contrastar, comparar, verificar, etc.
  5. Síntesis: construir, producir, crear, narrar, exponer, proponer, proyectar, derivar, sintetizar, formular, modificar, etc.
  6. Evaluar: juzgar, evaluar, decidir, comprometerse, argumentar, defender, etc.

- Verbos para formular *objetivos procedimentales:* adaptar, aplicar, comentar, construir, controlar, conversar, crear, debatir, diferenciar desarrollar, diseñar, dramatizar, efectuar, expresar, experimentar, formar, formular, etc.
- Verbos para formular *objetivos actitudinales:* discutir, compartir, separar, elegir, jugar, mejorar su competencia en, renunciar, asistir, ayudar, alentar, negar, protestar, debatir, argumentar, tolerar, apreciar, admirar, contemplar, compartir, preferir, cooperar, participar, cuidar, integrar, crear, cuidar, etc.

Una visión más pormenorizada de la formulación de los objetivos la tenemos si aplicamos la secuencia: que el alumno sea capaz de, verbo en infinitivo, objeto de aprendizaje, para qué se hace y en las condiciones o circunstancias en que ello se dará (véase tabla 6).

Tabla 6. Componentes en la formulación de objetivos

| Sujeto, verbo o acción | Verbo o acción | Objeto | Intención o especificación | Condiciones |
|---|---|---|---|---|
| Generalmente. el alumno… | El verbo que se ha de utilizar debe corresponderse con el dominio (cognitivo, procedimental, actitudinal) y el nivel taxonómico señalado. | El objeto es lo que se deberá hacer o el contenido sobre el que se trabajará en dicho objetivo. | Es la intención o finalidad con que se hace. | Son las circunstancias en las que se produce la acción. |
| El alumno será capaz de… | … realizar operaciones matemáticas… | … habituales en la vida cotidiana… | … para desenvolverse en sociedad… | … al terminar la etapa primaria. |

Para finalizar, señalamos que los objetivos deben enunciarse con precisión, utilizando términos unívocos, y ser unitarios. En el caso de los objetivos específicos, cada enunciado debe hacer referencia a un solo proceso de aprendizaje. Se aconseja enunciarlos con un nivel adecuado de generalidad y representar los resultados directos deseados de una serie planificada de experiencias de aprendizaje. Además, deben ser realistas en lo que se refiere al tiempo de que se dispone para su adquisición, a la consecución y a las características del nivel en el que está el alumno.

## 6. Competencias y objetivos del aprendizaje

Las competencias tienen relación directa con los objetivos de aprendizaje como puede verse en la figura 5, ya que los determinan y configuran en cada nivel. El proceso de diseño de adquisición de las competencias pasa por la planificación de los objetivos de aprendizaje. Estos se refieren a la conducta final que se pretende y que desarrolla la competencia perseguida que se consigue a través de un proceso de instrucción y aprendizaje. Algunos ejemplos de esta relación entre objetivos y competencias podemos verlos en las tablas 7, 8 y 9:

Figura 5. Relaciones entre las competencias y otros elementos del currículum

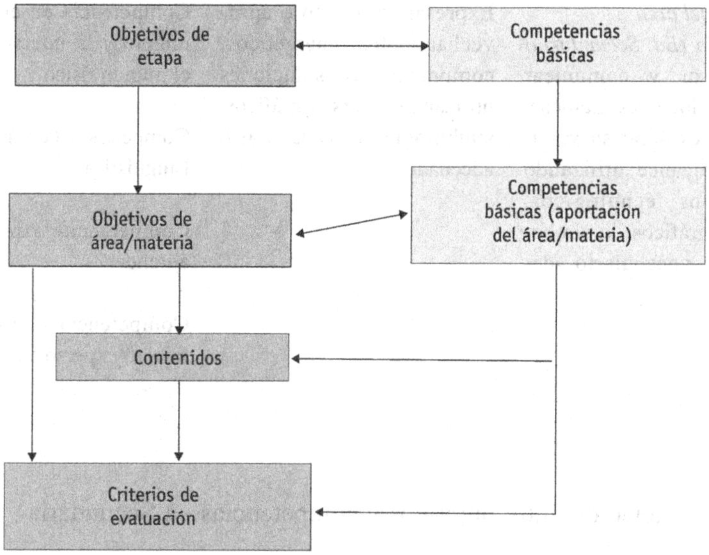


Tabla 7. Relación entre objetivos, competencias y subcompetencias

| Objetivos | Competencias | Subcompetencias |
|---|---|---|
| *Objetivo del área Lengua Española (Ed. Primaria)*<br>1. Comprender discursos orales y escritos en los múltiples contextos de la actividad social y cultural, como preparación para la vida adulta. | 1. Competencia en comunicación lingüística. | *Subcompetencia 1*<br>Comprensión.<br>*Subcompetencia 2*<br>Interpretación.<br>Leer, comprender y realizar comunicaciones escritas. |
| *Objetivos de unidad*<br>1. Comprender discursos básicos orales y escritos.<br>2. Actuar socialmente, preparándose para la vida adulta. | 2. Competencia social y ciudadana | *Subcompetencia 1*<br>Fomentar la convivencia armónica. |

Tabla 8. Relación entre objetivos y competencias

| Objetivo de área | Objetivo didáctico | Competencias vinculadas |
|---|---|---|
| *Objetivo del área Tecnología (Ed. Secundaria)*<br>4. Expresar y comunicar ideas y soluciones técnicas, así como explorar su viabilidad y alcance utilizando los medios tecnológicos, recursos gráficos, la simbología y el vocabulario adecuados. | Expresar ideas sobre aprovechamientos energéticos, comunicar las soluciones utilizando recursos gráficos, simbología y vocabulario adecuados. | Competencia en el Conocimiento y la interacción con el mundo físico<br><br>Competencia común. Lingüística<br><br>Competencia Aprender a aprender<br><br>Competencia Autonomía e iniciativa personal |

Tabla 9. Relación entre objetivos y competencias en Secundaria

| Objetivo de Secundaria (Decreto 52/2007) | Área de Tecnología | Objetivos didácticos | Competencias vinculadas |
|---|---|---|---|
| Desarrollar el espíritu emprendedor y la confianza en sí mismo, la participación, el sentido crítico, la iniciativa personal y la capacidad para aprender a aprender, para planificar, para tomar decisiones y para asumir responsabilidades, valorando el esfuerzo con la finalidad de superar las dificultades. | 8. Actuar de forma dialogante, flexible y responsable en el trabajo en equipo, en la búsqueda de soluciones, en la toma de decisiones y en la ejecución de las tareas encomendadas con actitud de respeto, cooperación, tolerancia y solidaridad. | 1. Buscar soluciones a problemas.<br>2. Trabajar en equipo.<br>3. Respetar y cooperar con los demás.<br>4. Desarrollar actitudes positivas ante el cambio tecnológico y social. | Competencia social y ciudadana:<br>• Desarrollar la capacidad de tomar decisiones de forma fundamentada.<br>• Analizar la interacción histórica entre desarrollo tecnológico y cambio socioeconómico.<br>• Adquirir actitud de tolerancia y respeto en la gestión de conflictos, la discusión de ideas y la toma de decisiones.<br>• Comprender la necesidad de la solidaridad y la interdependencia social mediante el reparto de tareas y funciones. |

Los nuevos objetivos de aprendizaje son diferentes a los clásicos anteriores debido a los cambios acelerados derivados de la nueva sociedad. Los objetivos responden al para qué enseñar al igual que los contenidos, pero hay que tener en cuenta que existen muchos más objetivos de los que pueden lograrse en un tiempo razonable. Hay tradición de priorizar los objetivos conceptuales e instructivos frente a los procedimentales y actitudinales, derivada de la carga del humanismo y enciclopedismo, del ideal ilustrado y de nuestra situación nacional. Los objetivos constructivistas actuales, enlazados con las competencias, se refieren más a los ámbitos procedimentales. En todo caso habrá que tomar decisiones en función del contexto y la circunstancia. Hay mucha distancia desde el currículum prescrito en los decretos hasta su concreción en el aula. Puede deberse a las divergencias profesionales y al agotamiento en el puro diseño sin desarrollo ni aplicación. Creemers (2001) señala criterios de calidad y eficacia en función de la consecución de los objetivos y de su adecuada formulación y selección. En todo caso los objetivos persiguen encaminar a las personas hacia la calidad y la mejora y capacitar para la adaptación a nuevas situaciones constantes.

## Bibliografía


Ansorena Cao, A. (1996): *15 casos para la selección de personal con éxito.* Barcelona: Paidós Empresa.

Bloom, B. S., et al. (1956): *Taxonomy of Educational Objectives, Cognitive Domain.* Nueva York: Longmans, Green.

Bolívar, A. (2008): *Ciudadanía y competencias básicas.* Sevilla: Fundación ECO-EM.

Boyatzis, R. E. (1982): *The competent manager: a model for effective performance.* Nueva York: Wiley and Sons.

Cantón Mayo, I. (2010): «Detección y priorización de necesidades para la elaboración de Planes de Mejora», en VV AA, *La evaluación como proceso sistemático para la mejora educativa.* Madrid: Secretaría General y Técnica del Ministerio de Educación, pp.69-90.

Colás Bravo, M. P., Buendía Eximan, L. y Hernández Pina, F. (2009): *Competencias científicas para la realización de una tesis doctoral.* Barcelona: Davinci Continental.

Corrección de errores del Decreto 51/2007, de 17 de mayo.

Decreto 52/2007, de 17 de mayo, por el que se establece el currículum de ESO en Castilla y León.

DeSeCo (2005): *La definición y selección de competencias clave. Resumen ejecutivo.* En http://www.deseco.admin.ch/bfs/deseco/en/index/03/02.parsys.78532.downloadList.94248.DownloadFile.tmp/2005.dscexecutivesummary.sp.pdf OCDE y USAID.

Gimeno Sacristán, J. (compl.) (2008): *Educar por competencias. ¿Qué hay de nuevo?* Madrid: Morata. http://www.rinace.net/reice/numeros/arts/vol8num5/art5.pdf. (Fecha de acceso: 25 de febrero de 2011).

Levy-Leboyer, C. (1996): *Gestión de Competencias*. Barcelona: Ediciones Gestión 2000.

Ley Orgánica de Educación (LOE) (2006).

McClelland, D. C. (1973): «Testing for Competencies rather than intelligence», *American Psychologist*, 28, 1-14.

— (1993): «Introduction», en Spencer, L. M. y Spencer, S. M., *Competence at Work*. Nueva York: John Wiley and Sons.

Ministerio de Educación y Ciencia (2006): *Currículum y competencias básicas*.

Ministerios de Educación de la OCDE (27 de junio de 2009): http://www.scribd.com/doc/16829695/Def-y-Selec-Comp-Claves-Clase-2-A. (Fecha de acceso: 10 de febrero de 2011).

OCDE (2005): *Proyecto DeSeco: Las competencias clave para el bienestar personal, económico y social.*

Orden EDU/1046/2007, de 12 de junio, por la que se regula la implantación y desarrollo de la ESO en Castilla y León.

Orden EDU/1047/2007, de 12 de junio, por la que se regula la impartición de materias optativas en la ESO en Castilla y León.

Orden EDU/1048/2007, de 12 de junio, por la que se regula el Programa de Diversificación Curricular en Castilla y León.

Orden EDU/1061/2008, de 19 de junio, por la que se regula la implantación y desarrollo del Bachillerato en Castilla y León.

Pérez Gómez A. I. (2007): «Reinventar la escuela, cambiar la mirada». *Cuadernos de Pedagogía*, 368 (mayo), 66.

— (2007): *La naturaleza de las competencias básicas y sus aplicaciones pedagógicas*. Santander: Gobierno de Cantabria, Consejería de Educación, 31 págs. Disponible en http://www.ceyjcantabria.com/.

Perrenoud P. (2004): «La clave de los campos sociales: competencias del autor autónomo», en Reychen, D. S. y Salganick, L. H., *Definir y seleccionar las competencias fundamentales para la vida*. México: FCE.

Real Decreto 1513/2006, de 7 de diciembre de enseñanzas mínimas de EP (BOE 8 de diciembre de 2006).

Repetto, E. y Pena, M. (2010): «Las competencias socioemocionales como factor de calidad en la educación». *REICE. Revista Iberoamericana sobre Calidad, Eficacia y Cambio en Educación,* 8(5), 82-95.

Rodríguez Trujillo, N. (2010): «Competencia laboral». En http://www.ilo.org/public/spanish/region/ampro/cinterfor/temas/complab/doc/otros/sel_efe/i.htm. (Fecha de acceso: 23 de febrero de 2011).

Rychen D. S. y Salganik L. H. (2004): *Definir y seleccionar las competencias fundamentales para la vida*. México: FCE.

Spencer, L. M. y Spencer, S. M. (1993): *Competence at Work*, Nueva York: John Wiley and Sons.

Unión Europea (2005): *Recomendación del Parlamento Europeo y del Consejo de la Unión Europea sobre las competencias clave para el aprendizaje permanente.* Bruselas: Comisión de Comunidades Europeas. Disponible, entre otros, en http://www.ccoo.es/comunes/temp/recursos/99999/35637.pdf

Woodruffe, C. (1993): «What is meant by a Competency?» *Leadership and Organization Development Journal*, 14(1), 29-36.

Zabala, A. y Arnau Belmonte, L. (2007): *11 ideas clave: cómo aprender y enseñar competencias.* Barcelona: Graó.

# 8. Selección y secuenciación de contenidos didácticos para la inclusión sociocultural

**Antonio Bautista García-Vera**

## 1. Introducción

La decisión sobre la selección de los contenidos que deben configurar un currículum, entendido como proyecto de cultura, es una de las dimensiones más problemáticas presentadas en su diseño. Casualmente, documentando este capítulo, leo los siguientes titulares en la página 38 del diario *El País* del día 4 de marzo de 2011: «Cataluña se prepara para que cada centro fije el contenido y el orden de las materias», «Madrid ofrece a los colegios decidir un tercio del programa escolar». Estas propuestas responden, en cierta medida, a los resultados de los estudios hechos por la OCDE y del informe Pisa que enfatizan la importancia de los centros educativos para ofrecer proyectos curriculares según su contexto sociocultural, pues nadie mejor que ellos conoce sus peculiaridades y demandas formativas.

De esta forma, el proyecto aprobado por la Comunidad Autónoma de Madrid permitirá a los colegios e institutos seleccionar el 35% de las materias que se van a estudiar, siendo el 65% restante responsabilidad del Ministerio de Educación. En esta misma línea, el Decreto de Autonomía de la Generalitat hace posible que los centros escolares decidan qué contenidos desean enseñar, cómo quieren agruparlos en materias o asignaturas para ser desarrollados y en qué orden han de hacerlo. Es decir, se podrá intervenir en la construcción del currículum o proyecto de cultura de las instituciones educativas, desde introducir nuevas materias hasta cambiar asignaturas de curso y agrupar al alumnado con diferentes edades.

Ante esta información y consideraciones previas, cabe preguntarse qué relevancia tiene esta selección y organización de contenidos en los proyectos educativos de los colegios e institutos, en qué medida afecta a otros componentes del currículum, si la importancia de esas medidas depende de la flexibilidad de los centros, si beneficia a los que tienen más margen y posibilidad de cambio en las plantillas de profesores, para dar apoyo o desdoblar grupos, quién decide lo que se incluye como conocimiento en el currículum, cómo se produjo tal conocimiento, cómo es transmitido en las aulas y qué funciones tiene el currículum prescrito.

Contemplando estas cuestiones sobre los contenidos educativos, puede observarse que están vinculadas a otros elementos conceptuales que se deben explicar para situar el tema en un mejor nivel de comprensión. Empezando por el último interrogante, esta expresión es emergente y polémica en este campo de estudio, y su discusión en España se introdujo a principios de la década de 1980. Es conflictiva, porque está asociada al control de la práctica de enseñanza realizado por la Administración, a través de disposiciones legales sobre los contenidos y orientaciones metodológicas y evaluativas que se han de seguir en los centros escolares. Tal intervención será negativa cuando dichos decretos ministeriales no dejen margen de libertad a los protagonistas de esas instituciones, tal y como sucede en países no democráticos. Ahora bien, las prescripciones tienen sentido cuando buscan espacios de equidad y de igualdad de oportunidades para todos los integrantes de las capas de población hacia las que se dirigen.

De esta forma, toda enseñanza es afectada por un currículum prescrito, o documento de regulación de un sistema educativo, realizado en instancias administrativas y referido a las determinaciones que ordenan de forma genérica sus diferentes niveles y, en especial, las que se refieren a las etapas obligatorias. Asimismo, contempla los condicionantes de las prácticas de enseñanza desarrolladas en dicho plan formativo, concretándose en los contenidos seleccionados en los diferentes niveles, en los criterios utilizados para organizarlos y distribuirlos, en los principios que orientan la forma de trabajarlos, en el uso que se debe hacer de los medios tecnológicos y en las orientaciones que se hacen para evaluarlos. El currículum prescrito, por lo tanto, se nutre del entorno o marco económico, político, social, cultural, administrativo y, consecuentemente, contemplará las pautas de funcionamiento que son propias y características de las políticas sociales y culturales de un determinado Estado. Contempla la cultura común que es considerada esencial por una comunidad. Evidentemente, en un país democrático, tal elección constituye una dificultad, pues lo que en algunas capas de población se considera esencial puede no serlo en otra. Para Kirk (1989), el currículum básico recogerá el consenso mayoritario sobre las esencias de la cultura de ese pueblo.

Una vez hecha esta aclaración conceptual, en este capítulo se abordan los significados e implicaciones contemplados en la selección de contenidos; seguidamente, se exponen los planeamientos más relevantes generales en la teorización sobre la organización y selección de los elementos del currículum básico; y, finalmente, se analiza una temática emergente en la literatura sobre el tema: la formación del profesorado para la selección y secuenciación de contenidos contextualizados y complementarios al currículum prescrito, que lleve a una mayor justicia social y cultural en la escuela y la sociedad.

## 2. Selección de contenidos didácticos

Según se ha adelantado en la introducción, tal elección es uno de los elementos relevantes en la búsqueda y ejercicio de la justicia social; porque la selección de contenidos básicos, entre otras finalidades, pretende evitar el aumento de las desigualdades socioculturales. Contiene uno de los dilemas éticos del currículum: decidir qué elementos han de ser conocidos por ciertas capas de población en formación y cómo han de ser agrupados para su desarrollo. Como dijo Gimeno:

> La pregunta capital que discutir y decidir en este ámbito del diseño es la siguiente: ¿qué función social y cultural ha de cumplir la escolaridad para cada ciudadano y cómo plasmarla en un proyecto con unos contenidos?
>
> Gimeno, 1992:268

Desde una aproximación más pragmática, la selección de contenidos hace referencia a un proceso de reflexión sobre la cultura que rodea al alumnado y que configura los significados de la comunidad donde está inscrito el centro. ¿Qué es lo que hay que elegir de todos los elementos, costumbres, hechos y relaciones que la constituyen? En la literatura sobre esta cuestión existe una variedad de aportaciones; desde la utilización de criterios históricos apuntada por Lawton (1989) en torno a los invariantes que, se presupone, tiene toda cultura y su forma de transmitirla, hasta las aportaciones de Lundgren (1992) con su idea de códigos o principios orientadores de tal elección en el contexto de formulación, o diseño del currículum, pero teniendo presente el contexto de realización.

Esta selección es especialmente problemática cuando tiene lugar en ámbitos diversos culturalmente. ¿Cómo ha de procederse en esas sociedades diversas? Diferentes autores plantearon que ha de recogerse la riqueza cultural de las etnias que configuran esa sociedad. Skilbeck (1981), por ejemplo, propuso las siguientes consideraciones que hay que tener presente en dicha elección:

1. Usar distintos lenguajes de comunicación (oral, audiovisual, textual...) para favorecer el intercambio y la comprensión mutua.
2. Aplicar el conocimiento científico para entender la vida natural.
3. Incorporar el pensamiento matemático.
4. Utilizar el conocimiento social para comprender la vida de los humanos en distintas culturas.
5. Cultivar la salud física y psíquica.
6. Fomentar el conocimiento y uso de lenguajes artísticos en la relación y expresión personal.
7. Respetar el medio ambiente.
8. Introducir un sistema de valores.
9. Analizar la vida en los ámbitos del ocio, el trabajo...

El grado de asunción de estas sugerencias en un Estado variará según sus formas de gobierno. De este modo, en un país democrático la elección de contenidos debe recoger las necesidades comunes de toda la diversidad de alumnos y alumnas que configuren una comunidad educativa. La función de esta selección será indicar los contenidos de cada etapa de educación obligatoria. Sin embargo, en una sociedad no democrática tal elección será orientada desde un modelo cultural determinado, normalmente coincidente con el país de acogida.

Cuál ha de ser la naturaleza y esencia de esa comunalidad de contenidos constituía un interrogante abierto a finales del siglo pasado. Gardner planteó que es importante que una sociedad identifique las verdades, las bellezas y las virtudes que valora, y que dedique esfuerzos y recursos para que sean asumidas por la infancia y la juventud. Defendió que la mejor preparación de los humanos era comprender profundamente las visiones del mundo y de la experiencia acumulada con los siglos. Presentó tres inquietudes o fines que, desde su punto de vista, han de animar la educación; concretamente, dijo:

> Existe el ámbito de la verdad y su contrario, lo que es falso o indeterminable. Existe el ámbito de la belleza y su ausencia, en experiencias u objetos desagradables o de mal gusto. Y existe el ámbito de la moral, lo que juzgamos bueno y lo que consideramos malo.
>
> Gardner, 2002:16

Ante la preocupación por afrontar las desigualdades sociales desde la educación, Goodson (2000) abordó la selección de contenidos del currículum, siendo consciente de que los temas que se trabajan en las aulas influían en el desarrollo de los seres humanos. Este autor pretendió responder mediante la selección de materias a esta cuestión: ¿cómo engranar los contenidos culturales básicos con la realidad de una sociedad diversa culturalmente y con distintas experiencias en el intercambio con su entorno social? Partió de la tesis de que un elemento que diferencia a los grupos sociales es el tipo de pensamiento que se utiliza en los variados contextos de vida de las personas (familia, escuela...). Distinguió entre pensamiento de alto y de bajo nivel. Este último corresponde en buena medida a la clase social baja, y se caracteriza por ser sensorial, concreto, simple, por proporcionar respuestas pasivas a la experiencia y al conocimiento, por la rigidez a la hora de conectar ideas y por la dificultad para aplicar la teoría al contexto. Frente al anterior pensamiento, los procesos mentales de alto nivel se caracterizan por corresponder al pensamiento verbal y elaborado, por proporcionar respuestas activas y comprometidas y con posibilidad de conectar ideas y aplicarlas a contextos diferentes. ¿Cómo ha de ser la selección y combinación de contenidos que promueven ambos tipos de pensamiento?

Vuelve, pues, a emerger un tema clave en la teoría curricular. Es el problema de la representación de los elementos y estructuras relevantes de una determinada cultura y sociedad; más concretamente, es el estudio y determinación de los principios curriculares, morales y éticos utilizados por los miembros de una sociedad para seleccionar elementos de esa cultura (contenidos), con el fin de hacer posible y concretar tal representación, integración y relación de las nuevas generaciones con su entorno sociocultural.

## 2.1 Enfoques sobre la selección de contenidos

Recogiendo las aportaciones hechas por la teorización sobre esta temática expuestas en el apartado anterior, se distinguen tres enfoques sobre la selección de contenidos:

*Enfoque perennialista.* Los contenidos se plantean como el conjunto de conocimientos que se han ido acumulando en una sociedad o grupo social. Detrás de este tipo de organización está la consideración del currículum como el plan de estudios que recoge la herencia cultural de una sociedad. Los individuos educados mediante tal plan poseerán un conocimiento significativo de la tradición cultural que les permitirá relacionarse con la sociedad donde viven. Es, pues, un planteamiento de selección de contenidos donde el interés por la herencia cultural predomina frente al interés del alumnado.

Ejemplos de las fuentes de tal conocimiento, entendido como perenne en una cultura, van desde las grandes obras de literatura hasta las enciclopedias, pasando por algunos mitos o referentes históricos del país donde se vaya a impartir esa formación. En España existen claras ilustraciones de la selección de contenidos realizada desde este enfoque. Estos se encontraban en enciclopedias (a modo de ejemplo pueden recordarse las siguientes referencias: A. Álvarez, *Enciclopedia,* Valladolid, Editorial Miñón, 1959; A. Fernández, *Enciclopedia práctica,* Barcelona, Editorial Salvatella, 1959...) y en manuales (como se indicaba en la portada de los mismos). Esos contenidos estaban «adaptados a los cuestionarios nacionales» y, por lo tanto, el profesorado tenía que «despreocuparse» por seleccionarlos porque ya recogía la tradición cultural que, según los responsables de la Administración de educación, era necesaria para iniciar en la vida a cada nueva generación. Es evidente que, desde esta concepción, el currículum se reduce a un cuadro estático de conocimientos que presenta dificultades para aceptar otros nuevos. A lo largo de la década de los años sesenta, esta limitación del enfoque perennialista dio paso al que se ha denominado «esencialista».

*Enfoque esencialista.* A diferencia de los perennialistas, para este planteamiento el cuerpo de conocimientos que se ha de seleccionar no tiene que ser algo cerrado, sino una entidad viva que ha de ir creciendo y actualizándose con los resultados de la investigación realizada y con las necesidades que presenta la sociedad. Esto supuso ir dando importancia a la estructura interna del conocimiento y a su propia construcción, cuyo aprendizaje, a través de una serie de situaciones y experiencias de enseñanza debidamente organizadas, desarrollaría el pensamiento lógico del alumnado. Es así como el currículum se construye con disciplinas consideradas esenciales y fundamentales (Lengua, Matemáticas...), y la selección de contenidos se organiza en torno a las mismas.

En España, un ejemplo de esta forma de selección de los contenidos del currículum centrada en las disciplinas es la propuesta en la década de los setenta a través de las diferentes «Orientaciones Pedagógicas» y de «Programas Renovados» aprobados por órdenes del Ministerio de Educación y Ciencia, para especificar las asignaturas que debía enseñar el profesorado en cada una de las etapas educativas.

Este enfoque de selección de los contenidos del currículum olvida que el conocimiento, al igual que toda producción humana, tiene unos condicionantes sociopolíticos, pues siempre se produce en unos determinados contextos históricos, económicos y culturales. De ahí, las dificultades para evitar el reflejo de los intereses de grupos de poder en la selección y organización del conocimiento académico. Ante esos intereses que inducen la reproducción de un determinado tipo de saber, los contenidos del currículum deben ser considerados como problemáticos. Esto significa que, además de un análisis epistemológico sobre la estructura del conocimiento disciplinar, es preciso hacer un análisis sociopolítico en el que intervenga una representación de la comunidad educativa, ante todo para que estén presentes en tal selección las intenciones y valores deseados por los miembros de la misma.

*Perspectiva sociohistórica.* Desde este enfoque, la selección y organización de los contenidos deberá hacerse teniendo presente, preferentemente, la génesis de los mismos y su dimensión histórica en diferentes culturas. Las asignaturas dejan de ser algo estático y se convierten en un elemento de análisis, cuya selección de contenidos es objeto de discusión por las partes implicadas. Concretamente, se expresa la necesidad de que los profesores investiguen la naturaleza y las características de los discursos de las disciplinas, basándose en la historia, la sociología y la antropología, para poder conocer las circunstancias sociales y la estructura económica en las que fueron generados dichos saberes. Sólo desde este análisis, se podrán seleccionar y organizar los contenidos para darles significado y trabajarlos con sentido en contextos socioculturales concretos y para que, consecuentemente, puedan ser reconstruidos de forma valiosa y relevante por el alumnado. En este sentido, y como se expondrá más adelante, suele ser frecuente la organización de los contenidos por áreas de experiencia y globalización en las primeras etapas de la enseñanza (Infantil y Primaria), por áreas de conocimiento e interdisciplinariedad en la Enseñanza Secundaria Obligatoria, y por disciplinar o asignaturas especializadas en el Bachillerato y en la enseñanza universitaria.

## 3. La organización y secuenciación de los contenidos

Situados en el segundo apartado central del capítulo, es bueno recordar que

> la cuestión es cómo seleccionar y organizar la cultura y ciencia de la humanidad para que pueda ser asimilada y para que también se construyan aquellas destrezas, habilidades y procedimientos, actitudes y valores que ayuden a incorporarse a esas alumnas y esos alumnos a la sociedad, como miembros de pleno derecho.
>
> Torres, 1994:97

Si bien los aspectos organizativos de todos los elementos del currículum condicionan la práctica docente, de forma especial influyen los principios que orientan la distribución y formas de usar los medios en la enseñanza y los principios utilizados para organizar y secuenciar los saberes o contenidos seleccionados en el currículum. En cuanto a los medios y materiales, las prescripciones curriculares pueden determinar las dotaciones de los recursos tecnológicos con los que se equipan las aulas y los centros, pero también, según Lundgren (1992), el currículum definido por la Administración puede contener códigos o principios que digan cómo y para qué hay que usarlos y, consecuentemente, cómo y para qué no hacerlo en la práctica educativa. De igual forma, dichas prescripciones pueden incorporar orientaciones sobre cómo distribuirlos en los espacios de aula y de centro. Evidentemente, son opciones que no están libres de valor, pues cada una puede favorecer acciones y estrategias didácticas diferentes. Por ejemplo, en un centro con los medios centralizados en aulas de informática y audiovisuales, su profesorado no puede utilizarlos para responder a cuestiones emergentes en su práctica diaria, tales como «profesor no entiendo lo que dice» o «profesor me aburro»; sin embargo, si los medios estuviesen más accesibles, distribuidos por las aulas, sí podrían usarse para afrontar las dificultades e imprevistos que surjan en situaciones interactivas entre el profesorado y alumnado. Lo ideal es disponer de ambas posibilidades organizativas (Bautista, 1994, 2004).

Respecto a la agrupación y secuenciación de los contenidos en los currículum, Lundgren (1992) acuñó el término «código» para referirse a los principios que agrupan y relacionan el saber (por asignaturas, por áreas de conocimiento, por proyectos de trabajo...) o elementos culturales seleccionados en un determinado proyecto educativo. Son principios que parcelarán (indicando qué es obligatorio y qué optativo) y vincularán unos saberes entre sí más que otros y vehicularán el camino de progreso de dicho saber por un sistema educativo determinado. De esta forma, agrupar los contenidos por etapas y ciclos va a promover un itinerario, o forma concreta de progreso, frente a otros. Estas posibilidades y opciones organizativas presentes en la literatura sobre este tema, orientadas a facilitar la comprensión de esos contenidos, pueden contemplarse a través de dos planteamientos: disciplinar e interdisciplinar.

### 3.1 Enfoque disciplinar sobre la organización y secuenciación de contenidos del currículum

Es la forma más conocida de agrupar y clasificar los saberes culturales y científicos de la humanidad. Contempla la idea de organizar la secuenciación de contenidos atendiendo a la estructura de la disciplina científica a la que pertenecen. Es la tradicional organización de temas del currículum que se concreta en una relación de asignaturas para cursar. Cada una tiene sus propios elementos, relaciones conceptuales y estructuras lógicas que orienten cómo ordenar sus saberes, independientemente del resto de las materias, para ser asumidos por el alumnado. La idea de *disciplina* que da nombre a este enfoque se refiere a los conocimientos sobre una determinada área de experiencia humana, y al conjunto de los principios intrínsecos que orientan la clasificación de los hechos, datos, problemas y conceptos que le son propios.

El currículum quedaría conformado por un grupo de disciplinas yuxtapuestas e independientes, donde el dominio o superación de cada asignatura es un requisito para ascender por ciclos y etapas de un determinado sistema educativo. En este sentido, Bernstein (1993) denominó *lineal-disciplinar* a este currículum, considerándolo un *puzle* o *tipo colección*. Para dicho autor, este enfoque organizativo comprende una *clasificación fuerte,* donde los contenidos están aislados unos de otros y, al proceder de áreas de conocimiento dependientes de sociedades y organizaciones científicas dedicadas a la investigación, profesorado y alumnado no tienen control sobre esa agrupación y secuenciación de contenidos. También Goodson (2000) observó la existencia de relaciones de poder para homogeneizar el conocimiento escolar, así como el enorme papel que tienen el prestigio y el poder académico del profesorado universitario en la implantación de ciertos contenidos disciplinares frente a otros en las etapas obligatorias de un sistema educativo.

En la década de 1990, el camino del currículum llegó al campo de la política cultural. Según Apple (1996), se refiere no sólo a qué contenidos o capital cultural se incluyen en el currículum como saber oficial, sino también a los recursos y estrategias empleadas para oponerse a las relaciones establecidas para defender las posiciones antihegemónicas que ya existen o para crear otras nuevas; por ejemplo, mediante la construcción de los propios significados o la reconstrucción de otros ya existentes. Concretamente, sobre la configuración de las disciplinas científicas en el ámbito educativo, Giroux consideró la política cultural como un discurso de oposición «a los intereses que arrastran consigo las disciplinas académicas y los departamentos tradicionales» (Giroux, 1990:207).

Este enfoque disciplinar de agrupar los contenidos lleva a presentar la cultura de una forma fragmentada, abstracta, alejada de la vida y experiencias del alumnado. La falta de unidad de las materias y el aislamiento de las mismas se puede observar en la organización horaria de las asignaturas en los colegios e institutos, donde se asignan módulos de unos cincuenta minutos a cada una de ellas. El hecho de que esos conocimientos se presenten desvinculados entre sí y de la realidad y, por lo tanto, sea difícil su comprensión, son considerados por los estudiantes como contenidos que, una vez aprendidos, tienen el valor de cambio por calificaciones y, consecuentemente, de medios para superar los obstáculos que les separan de la siguiente etapa escolar. Es, pues, un enfoque de agrupamiento que se aleja de la finalidad de todo sistema educativo que es fomentar la comprensión del mundo y preparar al alumnado para relacionarse y vivir en él.

## 3.2 Enfoque interdisciplinar e integrador de organización de contenidos en los currículum

Ante las anteriores críticas hechas al enfoque disciplinar en las últimas décadas del siglo pasado, y ante la conveniencia de atender a la naturaleza del desarrollo personal y social del alumnado, emergió un planteamiento interdisciplinar y globalizador, donde predomina la relación entre áreas del saber y una visión más global, holística en la organización de los contenidos del currículum. Este planteamiento responde a la interdependencia de los elementos y procesos de naturaleza cultural, política, económica, científica..., que subyacen a los acontecimientos y problemas humanos, tales como la contaminación y el cambio climático, las desigualdades socioculturales, las migraciones, las guerras, la pobreza, la corrupción, la publicidad, la explotación de los recursos naturales, etcétera.

Este enfoque también se denomina *integrado* (Pring, 1977; Torres, 1994...) para señalar la unidad que debe darse entre las diferentes disciplinas y, desde esta interrelación, transformar y enriquecer el significado de los contenidos de cada una de ellas. Según Bernstein (1993) esta organización de contenidos respondería a una clasificación más flexible y más fácil de gobernar por parte del profesorado. El desarrollo de los contenidos organizados y secuenciados desde este planteamiento obliga a que los diferentes campos del saber, o asignaturas, se vinculen, complementen y ayuden mutuamente para hacerlos más relevantes y valiosos para el alumnado.

Esta organización y secuenciación interdisciplinar e integradora de contenidos pone el énfasis en los temas transversales y proyectos que se van a trabajar, flexibilizando los espacios y tiempos según las decisiones que hayan tomado los distintos profesores y profesoras responsables de su desarrollo. Los trabajos realizados en este sentido apuntan a que el alumnado muestra más interés por esos contenidos y más compromiso en la realización y búsqueda de respuesta a las tareas planteadas, pues giran en torno a problemáticas vividas por ellos y ellas en su contexto vital. Por su parte, el profesorado siente trabajar de forma más cooperativa y se da una mejor interrelación entre departamentos y una mayor participación y, a la vez, responsabilidad en la toma de decisiones sobre la configuración y realización de los proyectos educativos, sobre la elaboración y búsqueda de fuentes de conocimiento y de materiales didácticos.

## 4. Principios de comprensión y justicia social para la selección y organización de los contenidos

Según se ha venido anunciando en los apartados precedentes, garantizar la igualdad de oportunidades sociales y culturales es una de las obligaciones de la selección y organización de contenidos. Ésta es una función ética, pues mediante la construcción del currículum se debe garantizar, por parte de la Administración Central, comunidades y colegios e institutos, una educación de calidad para todo el alumnado de una determinada etapa escolar independientemente de su origen social y cultural. Se viene abordando esto desde dos frentes. Uno consiste en regular unos mínimos curriculares que se consideren valiosos y adecuados para todos y todas. Tal opción no supone devaluar el proyecto de cultura por tener que bajar su nivel de calidad, sino, al contrario, mantener una exigencia y trabajar hacia ella aportando medios que compensen a los más necesitados. El otro frente es metodológico y va más allá de planteamientos que contemplen el mismo ritmo e igualdad de las actividades a realizar por los estudiantes, y se aproxima a *situaciones de enseñanza equivalentes* desde un punto de vista formativo, donde todo el alumnado pueda analizar, reflexionar, argumentar, participar, aportar, aprender... según sus cualidades personales e independientemente de su origen sociocultural.

Dichas situaciones o tareas equivalentes, propias del enfoque interdisciplinar e integrado de contenidos culturales que lleva a una igualdad de oportunidades de aprendizaje, son complejas, proceden de juicios éticos y tienen diversas respuestas válidas y variados procedimientos de solución o desarrollo. Por ejemplo, para un alumnado diverso socialmente, un proyecto sería «describir y analizar aspectos o características del barrio donde vivís y está ubicado el colegio». Evidentemente, para desarrollarlo, se puede escribir un texto sobre los parques, tipos de pisos, establecimientos públicos, comercios... También se podría hacer una encuesta sobre la dimensión de las viviendas, su valor, las profesiones de los adultos... y representar y analizar los datos estadísticamente... Asimismo, es posible construir una narración fotográfica donde se relate con imágenes los lugares más entrañables desde sus puntos de vista, atendiendo a la luz, colores, formas de objetos, calles... Cada alumno o alumna participaría en ese proyecto según sus conocimientos, a la vez que ayudaría y aprendería de los demás.

Sobre esta dimensión ética de la selección y secuenciación de contenidos, autores como Kincheloe, Steimberg y Villaverde (2004) se preguntaron qué saberes o temas se prescriben en los currículum básicos de los sistemas educativos de los países occidentales, a qué grupos benefician más ese tipo de materias y qué garantías y posibilidades ofrece el currículum para una igualdad de oportunidades que vele por eliminar la exclusión de quienes carecen de un pensamiento de nivel alto.

La posibilidad más importante del currículum básico es introducir contenidos que lleven a todo tipo de pensamientos con la intención de acceder al de alto nivel partiendo del de nivel bajo. Esto es posible incorporando disciplinas del campo artístico. En este sentido, recogiendo la sugerencia de Skilbeck (1981), propusimos una alfabetización multimodal y multisensorial (Bautista, 2007), basada en el conocimiento no sólo de la lectoescritura, sino también de los lenguajes de la fotografía y del cine como sistemas de representación intermedios entre la realidad (analógica e intuitiva) y la abstracción (base del pensamiento de alto nivel). Cabe preguntarse por qué funciona bien ese sistema de representación intermedio, por qué ayuda a los seres humanos que carecen de pensamiento abstracto a poner en funcionamiento sus procesos mentales superiores. En el trabajo que realizamos con madres del CEIP «Aben Hazam» de Leganés (Bautista, 2003), observamos que estos beneficios se producen porque los lenguajes del cine y de la fotografía median en el esfuerzo mental que supone pasar directamente de la realidad, o nivel cero de representación, a sistemas proposicionales o textuales de naturaleza abstracta.

Ésta es una aportación importante sobre la selección y organización de contenidos en los programas de formación del profesorado preocupados por el ejercicio de la justicia social, porque las personas, al disponer de lenguajes analógicos, intuitivos, más próximos al grado cero de representación, los utilizan y aplican con cierta facilidad para captar y seleccionar los acontecimientos u objetos que desean comunicar o sobre los que pretenden reflexionar, analizar, debatir… Es decir, estos sistemas de representación sensorial permiten crear un pensamiento visual, según planteó Armhein (1986), y consecuentemente, pueden aplicar un conocimiento al contexto o pensar sobre imágenes visuales; por ejemplo, sobre la mala o buena organización espaciotemporal del alumnado en situaciones escolares (recreo, aulas de informática y audiovisuales, etcétera).

Se entiende, pues, que la inclusión de los saberes sobre narración audiovisual en el currículum básico ayuda al alumnado a pasar del pensamiento simple (sensorial) al pensamiento complejo (abstracto). Este nivel intermedio es valioso para estudiantes analfabetos, porque les es difícil representar la realidad social directamente sobre los elementos verbales y escritos; sin embargo, el capturarla y retenerla con el lenguaje audiovisual les facilita usar y poner elementos verbales (o escritos) a esas realidades con más detenimiento. Así, poco a poco, empiezan a dar respuestas más activas, complejas y comprometidas, así como a aplicar sus ideas a su contexto, haciéndolas, por lo tanto, más relevantes (Bautista, 2009). La incorporación de la narración audiovisual al currículum prescrito permite fomentar el desarrollo humano, porque es un «ascensor» que eleva el pensamiento de bajo nivel a un estatus superior.

Así pues, las posibilidades de desarrollo personal de los seres humanos que ofrece la inclusión de contenidos intuitivos y concretos en el currículum básico y obligatorio, constituyen uno de los fundamentos de garantía de igualdad de oportunidades socioculturales que soportan dichas prescripciones estatales.

### 4.1 La formación del profesorado para la selección y secuenciación de contenidos del currículum

El discurso precedente justifica la importancia del desarrollo profesional del docente sobre estos dilemas éticos que, a su vez, son parte de sus responsabilidades, porque el análisis del currículum comprende la reflexión sobre lo que delimita o condiciona las decisiones, actuaciones... de los seres humanos que interaccionan en una institución educativa. Evidentemente, el nivel de concreción con el que se formulan los contenidos seleccionados, objetivos, tareas, orientaciones metodológicas, etcétera, incidirá en el papel del profesor, en el mayor o menor nivel de autonomía y creatividad en su trabajo. Un marco curricular abierto y flexible hace posible la elaboración de planes contextualizados en la historia y el entorno sociocultural del centro, así como una mayor implicación, responsabilidad y autonomía de los docentes en la construcción de dichos proyectos. Sin embargo, un enfoque disciplinar con elevado nivel de concreción en contenidos, objetivos, orientaciones metodológicas y de evaluación, dificulta la elaboración de los planes educativos, pues impide la adecuación de las prescripciones curriculares a los entornos del centro, restando autonomía y posibilidades de creación a las maestras y maestros.

Es esa excesiva prescripción la que genera el efecto y significado negativo del currículum porque en países no democráticos, con una política educativa intervencionista, se pretende ejercer el gobierno mediante el control de las prácticas educativas. Hay que analizar la naturaleza de ese control para comprender que no siempre tiene el posible efecto deseado de gobernar y dirigir al profesorado restándole autonomía, pues, según apuntó Gadamer (1979), es necesaria la interpretación de dichas prescripciones por parte de los docentes para responder, de forma relevante, a las situaciones y demandas emergentes realizadas por grupos de alumnado que son únicos e irrepetibles.

La formación del profesorado es necesaria para garantizar su autonomía ante las prescripciones de la Administración de educación. Serán los docentes, en relación con la institución educativa, quienes deben contemplar la naturaleza de dichas prescripciones, para valorar y decidir, junto a los miembros de dicha comunidad, hacia dónde orientar su práctica. A priori, la selección prescriptiva de contenidos no ha de considerarse negativa, pues dependerá de su finalidad. Si ésta se dirige a detectar y afrontar desajustes sociales y culturales del alumnado, bienvenida sea.

### 4.2 La formación del profesorado para la elección de contenidos que lleven a una mayor justicia social en la escuela y la sociedad

En los años ochenta, la Asociación Americana de Formación del Profesorado (American Association for Teacher Education) creó las comisiones sobre la educación multicultural y prevención de desajustes sociales. En consecuencia, la Comisión Nacional para la Acreditación del Profesorado exigió que los programas de formación del profesorado contemplasen esos contenidos como requisito para proporcionar tal acreditación. Esto supuso un hito histórico en la reconstrucción de los programas de desarrollo profesional de los docentes para que pudiesen trabajar y ser considerados agentes para una mejor justicia social y cultural. Según Zeichner (2010), ambas medidas buscaban «el desarrollo de una conciencia sociocultural y una enseñanza y competencia interculturales entre los futuros profesores, de modo que estén preparados para enseñar al alumnado cada vez más diverso de los centros públicos de Estados Unidos» (Zeichner: 2010, 209).

En los años que acompañaron al cambio de siglo y milenio, esta búsqueda llevó a reconocer el importante papel que tenían las comunidades de aprendizajes en la formación del profesorado como un medio adecuado para conocer las historias y culturas de los distintos grupos que conforman la sociedad donde está ubicado el centro escolar, pues las relaciones entre universidades, escuelas y comunidades para el desarrollo profesional de los docentes serán más flexibles, comprometidas y, por lo tanto, menos jerárquicas. Ahora bien, un contexto comunitario promoverá la autonomía del profesorado cuando, en buena medida, fomente su formación, y no sólo proporcione un ambiente de libertad; pues se da el caso de que, en un contexto libre, un docente con poca competencia profesional depende de otros profesionales más experimentados, o de expertos en ámbitos curriculares, así como de los materiales didácticos.

En este sentido, los estudios realizados desde los años ochenta en la formación del profesorado han sido concluyentes sobre la necesidad de considerar al docente un diseñador e investigador en su aula, un profesional reflexivo sobre su práctica que le permitirá percibir y abordar los continuos dilemas éticos que se le planteen en su quehacer. Se ha puesto de manifiesto que no se ayuda al profesorado, ni se favorece su formación y desarrollo profesional, operativizando objetivos, especificando contenidos, determinando orientaciones metodológicas y dando pautas concretas de evaluación. Por mucha intervención y control que se pretenda ejercer desde la Administración educativa es imposible llegar directamente a las acciones que sean significativas e interesantes en aulas concretas y singulares. Esto significa que la Administración educativa tiene que regular el sistema educativo, prescribiendo los contenidos básicos y facilitando medios, pero nunca proponiendo como obligatorio un modelo cultural determinado y cerrado al profesorado; porque, como se expuso en apartados anteriores, ello no evita las desigualdades sociales y culturales entre los seres humanos.

De este modo, uno de los anhelos de los programas de formación del profesorado es preparar a los docentes para que sepan seleccionar y organizar elementos de la cultura en sus planes de trabajo. Este compromiso les exigirá participar en la vida pública, construir sus propios significados, cuestionar discursos hegemónicos y, de esta forma, decidir sobre los temas que les son vitales. Esto supondrá prepararlos para la selección y uso de lenguajes artísticos, sobre todo los que tienen como soporte los medios de comunicación audiovisual, como el cine y la fotografía, no sólo para transmitir o perpetuar ideas de una forma bella, sino también para elaborar historias propias con su alumnado, o para reconstruir otros relatos, mitos, ideas, costumbres y tradiciones que sustenten contenidos o prácticas culturales y sociales que respondan a intereses de dudosa procedencia.

Si las propuestas de las comunidades de Cataluña y Madrid anunciadas al principio del capítulo, orientadas a dar una mayor autonomía a los colegios sobre la selección y organización de contenidos, conllevan una mayor dotación y flexibilización de las plantillas docentes y un compromiso para formar al profesorado según los principios de búsqueda de la justicia social defendidos en este texto, sólo cabe desear que esos decretos se aprueben lo antes posible, y que el resto de las comunidades autónomas asuman y sigan esa iniciativa.

## Bibliografía

Apple, M. W. (1996): *El conocimiento oficial.* Barcelona: Paidós.

Arnheim, R. (1986): *El pensamiento visual.* Barcelona: Paidós.

Bautista, A. (1994): *Las nuevas tecnologías en la capacitación docente.* Madrid: Visor.

— (2003): «El proceso transformador de un grupo de madres: de analfabetas a formadoras en audiovisuales». *Revista de Educación,* 330, pp. 281-302.

— (coord.) (2004): *Las nuevas tecnologías en la enseñanza.* Madrid: Akal.

— (2007): «Alfabetización tecnológica multimodal e intercultural». *Revista de Educación,* 343, pp. 589-600.

— (2009): «Relaciones interculturales mediadas por narraciones audiovisuales en educación». *Comunicar. Revista Científica Iberoamericana de Comunicación y Educación,* 33, pp. 169-179.

Bernstein, B. (1993): *La estructura del discurso pedagógico.* Madrid: Morata.

Gadamer, H.-G. (1979): *Verdad y método.* Salamanca: Sígueme.

Gardner, H. (2002): *La educación de la mente y el conocimiento de las disciplinas. Lo que todos los estudiantes deberían comprender.* Barcelona: Paidós.

Gimeno, J. (1992): «Ámbitos de diseño», en Gimeno Sacristán, J. y Pérez Gómez, A. I., *Comprender y transformar la enseñanza.* Madrid: Morata, pp. 265-333.

Giroux, H. (1990): *Los profesores como intelectuales.* Madrid: Paidós-MEC.

Goodson, I. (2000): *El cambio en el currículum.* Barcelona: Octaedro.

Kincheloe, J. L., Steimberg, Sh. y Villaverde, L. E. (2004): *Repensar la inteligencia.* Madrid: Morata.

Kirk, G. (1989): *El currículum básico.* Madrid: Paidós-MEC.

Lawton, D. (1989): *Education, culture and the national curriculum.* Londres: Hodder and Stoughton.

Lundgren, U. P. (1992): *Teoría del currículum y escolarización.* Madrid: Morata.

Pring, R. (1977): «La integración del currículum», en Peters, R. S. (comp.), *Filosofía de la educación.* México: FCE, pp. 225-272.

Skilbeck, M. (1981): «Core currículum for a multicultural society». *New Education,* 3(2), pp. 51-58.

Torres, J. (1994): *Globalización e interdisciplinariedad: el currículum integrado.* Madrid: Morata.

Warnock, M. (1989): *Una política común de educación.* Madrid: Paidós-MEC.

Zeichner, K. M. (2010): *La formación del profesorado y la lucha por la justicia social.* Madrid: Morata.

# 9. Métodos, principios y estrategias didácticas

**Primitivo Sánchez Delgado**

## 1. Métodos de enseñanza y aprendizaje

### 1.1 Aproximación conceptual

«Método» procede etimológicamente de los vocablos griegos *metá* (a lo largo) y *odós* (camino); sería, pues, el camino que nos permite ordenar la acción didáctica hacia un fin.

Es un concepto muy utilizado en didáctica, pero es complejo y confuso, pues implica a todos los demás componentes del proceso educativo. Esto hace muy difícil su aprehensión teórica en una definición, su clasificación en categorías excluyentes y su aplicación en la práctica. Por esto hay autores que lo consideran poco útil, mientras que para otros es el componente básico que coordina todos los demás. Desde este último punto de vista, Medina (2002: 19) lo define así:

> El método es el conjunto de decisiones y realizaciones fundamentales que facilita la acción docente en un ecosistema y con un clima empático, mediante el que se ordenan las acciones y fases más adecuadas de la interacción educativa.

## 1.2 Clasificación

Se han elaborado multitud de clasificaciones de los métodos de enseñanza atendiendo a muy diversos criterios. Una de las más difundidas es la de Titone (1966), que ha sido muy reproducida. Titone (1966:478) comienza distinguiendo entre métodos clásicos y modernos:

Los métodos clásicos eran típicamente *lógicos,* en cuanto que veían en el proceso de aprendizaje una función estrictamente intelectual y, por tanto, sujeta a las leyes generales del pensamiento. Los métodos modernos, los de la «escuela activa», se fundan en una complejidad de funciones —cognoscitivas, afectivas, apetitivas, motóricas— y, por tanto, pueden denominarse, más propiamente, *psicológicos* y globales.

Los métodos lógicos son:

- *Inducción.* Procede de lo concreto a lo abstracto, de lo particular a lo general.
- *Deducción.* Desciende de lo abstracto a lo concreto, de lo general a lo particular.
- *Análisis.* Descompone los elementos.
- *Síntesis.* Compone los elementos simples en la unidad.

Los métodos psicológicos-integrales ponen en juego la actividad total del alumno y no sólo el intelecto:

La psicología moderna ofrece una variedad de técnicas y de procedimientos flexibles y adaptados (al individuo y a la colectividad), que se conocen bajo el nombre de método de proyectos, de problemas, de complejos, del juego, de los centros de interés, de contratos, como el Plan Dalton, de la conversación o discusión, etc.

Titone, 1966:481-482

Para Titone (1966), el método en acción se concreta en:

- Modos de enseñanza: individual, mutuo, simultáneo y mixto.
- Formas: objetivas/intuitivas (por experiencia personal en contacto directo con las cosas), verbales (expositiva, interrogativa como la dialógico-socrática).
- Procedimientos: inductivos (observación, experimentación, comparación, abstracción, generalización), deductivos (aplicación, comprobación, demostración), analíticos (división, clasificación), sintéticos (conclusión, definición, resumen, recapitulación).

### 1.3 De los métodos transmisivos a los activos y al aprendizaje para la comprensión

Los métodos transmisivos se basan en el uso prioritario de la expresión oral del profesor y en el libro de texto para conseguir en los estudiantes un aprendizaje por recepción de carácter repetitivo. La técnica más tradicional es la lección magistral, relacionada con la metodología medieval consistente en que el profesorado realizaba la *lectio*, es decir, la lectura de una lección en un libro dada la escasez de éstos, seguida de la *disputatio,* esto es, el planteamiento de preguntas por parte de los estudiantes y de respuestas del profesor. La lección magistral, bien preparada y desarrollada con todos los medios necesarios, puede ser una técnica excelente, pero es difícil impartir muchas lecciones magistrales. Cuando se emplea habitualmente suele convertirse en una exposición rutinaria de contenidos conceptuales que incluso termina olvidando la *diputatio,* las preguntas de los estudiantes. En los niveles no universitarios suele ir acompañada del sometimiento al libro de texto único.

La psicología conductista pretendió superar las deficiencias de esta metodología priorizando el logro de objetivos operativos, observables, medibles y cuantificables. La metodología conductista pretende controlar la conducta de los estudiantes por medio del diseño de estímulos eficaces para conseguir las respuestas esperadas en el alumnado. El método más elaborado es la enseñanza programada, en la que se establece una secuencia minuciosa de objetivos ordenados paso a paso para llegar a una meta.

Frente a la rigidez de los métodos transmisivos se desarrollan los métodos activos, más flexibles y que varían el foco de la enseñanza del profesor hacia el aprendizaje del estudiante. Se prima el denominado aprendizaje por descubrimiento, que prioriza la actividad de los estudiantes. Según Monclús (2004:178):

> Al respecto, Ferrández, Sarramona y Tarín (1977:115) ya señalaban que los métodos activos son los que quieren hacer surgir progresos en la cultura del alumno, tanto desde el punto de vista de la adquisición de conocimientos como desde el punto de vista de la formación de adecuados hábitos de pensamiento, despertando sus intereses, suscitando sus iniciativas, desarrollando en ellos el deseo de saber cada vez más y mejor.

Ausubel crítica el aprendizaje por descubrimiento por su lentitud, que impide desarrollar los conocimientos necesarios en el escaso tiempo escolar. Le preocupa que el aprendizaje sea significativo. Considera que existen dos ejes en el aprendizaje: uno tiene en un extremo el aprendizaje por descubrimiento, y en el otro, el aprendizaje por recepción; el eje perpendicular a éste tiene en un extremo el aprendizaje memorístico y en el otro el significativo. Este segundo eje tiene una trascendencia mucho mayor para el aprendizaje, pues según Ausubel, Novak y Hanesian (1989: 37): «Ambos, el aprendizaje por recepción y por descubrimiento, pueden ser o repetitivos o significativos, según las condiciones en que ocurra el aprendizaje».

Las condiciones necesarias para que se produzca aprendizaje significativo son:

a) La motivación: para aprender significativamente, es necesario querer hacerlo significativamente, es decir, manifestar «una disposición para relacionar sustancial y no arbitrariamente el nuevo material con su estructura cognoscitiva» (Ausubel, Novak y Hanesian, 1989:48).
b) Que la tarea de aprendizaje sea potencialmente significativa. Y esto depende de dos factores:

    1. La naturaleza del material, que debe poseer significatividad lógica, es decir, «no debe pecar de arbitrario ni de vago para que pueda relacionarse de modo intencionado y sustancial con las correspondientes ideas relevantes que se hallen dentro del dominio de la capacidad de aprendizaje humana» (Ausubel, Novak y Hanesian, 1989:50).
    2. La estructura cognoscitiva de cada alumno en particular, es decir, que cada alumno disponga de las ideas pertinentes para poder integrar el nuevo material.

Pozo y Pérez (2009:32) señalan:

> El aprendizaje basado en la comprensión —también llamado aprendizaje significativo e incluso constructivo— facilita la generalización o transferencia en mayor medida que el aprendizaje repetitivo, incrementa la posibilidad de ser capaces de recuperar y usar esos conocimientos en nuevas situaciones.

Pozo (2009:85) propone los siguientes rasgos característicos de una práctica educativa constructiva:

1. Perspectivismo:

    - En la organización de los contenidos: relativización del conocimiento disciplinar, que es un medio o instrumento didáctico, pero nunca un fin en sí mismo.
    - En las actividades de enseñanza y aprendizaje: diálogo más que monólogo.
    - En las actividades de evaluación: contrastación de modelos y argumentos en lugar de aceptación de un saber establecido.

2. Interpretación de los procesos de aprendizaje y enseñanza en términos de un sistema:

- El currículum como sistema con diversos niveles de análisis (disciplinar, psicológico, didáctico, sociológico).
- Análisis de las dificultades de aprendizaje como producto de un sistema y no de la acción de un agente único (el alumno, su padre, su madre, la administración... o el profesor).

3. La interacción como motor del aprendizaje:

 - El aprendizaje del alumno como un producto de la interacción entre la enseñanza y sus estructuras de conocimiento.
 - El aprendizaje como producto de la interacción social en el aula.
 - La toma de decisiones profesionales como un producto de la interacción y el trabajo en equipo.

## 2. Principios metodológicos

Concebimos el proceso de enseñanza y aprendizaje como una secuencia que, partiendo de las capacidades y las ideas previas de las personas implicadas (Piaget e Inhelder, 1984; Pozo, 2008; Pozo y Pérez, 2009), plantee estrategias metodológicas que se sitúen en el área de desarrollo potencial (Vigotsky, 1986) con el objetivo de que el aprendizaje sea significativo (Ausubel, Novak y Hanesian, 1989) y contribuya al desarrollo personal y al desarrollo de las competencias necesarias para llegar a ser profesionales reflexivos (Schön, 1992, 1998), es decir, que ayude a desarrollar la autonomía personal (Freire, 2006) y las capacidades racionales de autoemancipación (Carr y Kemmis, 1988, Habermas, 1988) que permitan implicarse en la transformación y mejora de la propia vida y la de los demás.

Las actividades son lo que el alumnado debe hacer para aprender los contenidos conceptuales, procedimentales y actitudinales que le ayudarán a ser competente para lo que indican los objetivos. La orientación general que encauza el diseño y el desarrollo dc las actividades y estrategias didácticas constituye el método, que debe actuar guiado por una serie de principios que den coherencia y sentido, en cuyo planteamiento seguiremos en parte lo propuesto por Fernández Pérez (2004).

### 2.1 Diversidad metodológica

Quizá el principio metodológico más importante sea la diversidad (de estrategias, de actividades, de secuencia, de agrupamiento...) para atender a la diversidad (del alumnado, del profesorado, de las materias, de los centros, de las aulas, de los contextos...) y a las dimensiones básicas del ser humano: *Homo sapiens* (dimensión cognitiva: verdad – saber – cerebro), *Homo faber* (dimensión enactiva: utilidad – saber hacer – manos), *Homo ethicus* (dimensión volitiva: bondad/justicia – querer/decidir), *Homo aestéticus* (dimensión afectiva: belleza/felicidad – sentir/afectividad – corazón).

Parece necesario un proceso amplio de reflexión, debate y acción en la escuela que aporte un sustrato de flexibilidad, tolerancia y cooperación sobre el que construir una educación para todos desde planteamientos de inclusión, es decir, de transformación de los centros y los sistemas para adecuarse a las necesidades de todos los alumnos y alumnas.

Sánchez y García, 2011:137-138

*Diversidad de estrategias.* En la segunda parte de este capítulo ofrecemos estrategias didácticas utilizables, si bien siempre será necesario adecuarlas a cada contexto.

*Diversidad de actividades.* Más allá de las retahílas de ejercicios repetitivos que únicamente pretenden ejercitar la memoria a corto plazo, las actividades deben contribuir a desarrollar un aprendizaje por comprensión que sea «más duradero y permanente en la memoria y más transferible a nuevos contextos y situaciones» (Pozo y Monereo, 2009:26). Cabe distinguir:

- *Preguntas.* Una de las actividades más habituales es responder preguntas. Sin embargo, no es tan habitual que se le pida a los estudiantes que formulen preguntas claras, concisas, pertinentes, creativas...
- *Visitas.* Las salidas para visitar aspectos relacionados con la materia permiten vivificarla, hacerla más significativa, real y cercana a los estudiantes.
- *Imágenes.* Las TIC permiten traer al aula fácilmente representaciones más o menos fieles a la realidad y que, si bien ocultan o deforman partes importantes de la misma, también permiten ver realidades invisibles a simple vista o resaltar aspectos difícilmente visibles. El comentario y la elaboración por parte de los estudiantes de imágenes fijas y en movimiento, de diversos grados de iconicidad, así como los cambios de código de representación, son de las actividades que producen mayor enriquecimiento de construcción de significados, mayor profundidad conceptual y de matices.
- *Dinámicas de grupo.* Existen multitud de dinámicas de grupo que permiten la participación de los estudiantes y dinamizan el desarrollo de las sesiones de enseñanza y aprendizaje, desde las más conocidas como el torbellino de ideas, los debates, los paneles..., hasta otras menos conocidas, pero no menos interesantes, como la «pecera» (el profesor

trabaja con un pequeño grupo en el centro del aula, mientras el resto observa alrededor y hace intervenciones y preguntas al final de la sesión), el «diamante» (permite seleccionar las opciones más valiosas en una toma de decisiones, llegando a acuerdos primero por parejas y uniendo progresivamente grupos de dos en dos hasta llegar a un acuerdo por unanimidad)...

- *Indagaciones/investigaciones.* Los estudiantes de todos los niveles son capaces de realizar indagaciones siempre que la propuesta sea adecuada a sus características.
- *Comentarios de textos.* Se comenzó a utilizar en la materia de literatura, pero puede realizarse con textos de cualquier área de conocimiento. Existen muchas guías estructuradas, pero en ningún caso deben anular la originalidad creadora de los estudiantes.
- *Simulaciones.* Son interesantes las simulaciones de procesos en ciencias experimentales; por ejemplo, se pueden simular experimentos químicos peligrosos en un ordenador. También es interesante la simulación de procesos humanos y sociales mediante su dramatización, de forma que permitan a los estudiantes experimentar sensaciones similares a las vividas realmente por el personaje cuyo papel representa.
- *Exposiciones.* Los estudiantes pueden exponer el trabajo realizado usando presentaciones escritas, compartiéndolas, por ejemplo, en el campus virtual. También pueden hacer presentaciones orales en el aula, que deberán evitar la mera lectura o relato de textos para avanzar hacia la realización de actividades que impliquen a los compañeros.

*Diversidad de secuencia.* El orden en que se presentan los mensajes didácticos es importante para el aprendizaje del alumnado. Existen secuencias lineales, pero también recurrentes, espirales...

*Diversidad de agrupamiento.* Individual, por parejas, pequeños grupos, gran grupo. Algunos criterios para la constitución de los grupos, que deben hacerse explícitos y ser objeto de reflexión, pueden ser: al azar, por libre elección entre los alumnos, agrupación según el tipo de tarea elegida por los alumnos, por decisión del profesor con criterios como el nivel de heterogeneidad, opciones mixtas, etc.

## 2.2 Otros principios metodológicos

*Formulación en espiral dialéctica del proceso.* Todo diseño educativo ha de plantearse como una hipótesis de intervención, que se debe contrastar con la práctica y modificar según indique la evaluación concebida como reflexión crítica sobre la acción.

*Motivación.* Conviene partir de la idea de que a los estudiantes no les interesa lo que les vamos a proponer que aprendan y debemos hacer algo para que les resulte atrayente. La motivación de mejor calidad para el desarrollo de los procesos de enseñanza y aprendizaje es la motivación intrínseca, la debida a la propia tarea en sí misma. Una estrategia muy interesante para lograrla es la utilización de conflictos cognitivos. Otras fuentes importantes son: la motivación por mediación instrumental, es decir, no por el propio contenido del aprendizaje, sino porque ese contenido es un medio para conseguir algo que sí interesa; el método didáctico empleado en el aula, que es uno de los elementos que más condicionan la motivación del alumnado; el modo de ser del profesor y la relación que mantiene con el alumnado puede motivar o desmotivar y para algunos alumnos es un aspecto de primer orden; la implicación en la toma de decisiones, es decir, los estudiantes estarán más motivados si se sienten partícipes que si se sienten meros receptores de las decisiones de otros; la experiencia del éxito, que sin duda motiva más que el fracaso; la motivación solidaria, pues ser útil a alguien es una importante fuente de motivación; el hecho de situar las actividades en la zona de desarrollo próximo (Vygotsky, 1995), más allá de lo que se domina, pero no tan alejado que la incapacidad para realizarlo produzca desmotivación.

*No sustitución.* Lo que puede hacer el alumno no debe hacerlo el profesor, cuya misión es ayudar al alumno a llegar más lejos, como hemos visto en el principio anterior.

*Atención al desarrollo de procesos mentales ricos.* La actividad debe ser sobre todo mental y tender a las actividades de los niveles mentales superiores (análisis, síntesis, comparación, selección, aplicación, innovación, transformación...).

*Adecuación.* Hay que traducir el conocimiento científico para que resulte comprensible a los estudiantes, buscando las codificaciones óptimas para la comunicación didáctica, desde el tipo de código (verbal, icónico, enactivo) y los signos (el léxico), hasta la codificación sintáctica y la inserción pragmática en la práctica real.

*Coherencia.* Debe darse:

- Entre todos los elementos del proceso de enseñanza y aprendizaje; así, por ejemplo, si en el proceso no se trabaja el pensamiento crítico, en la evaluación no puede exigirse.
- Entre teoría y práctica, que son complementarias, pues la teoría sin práctica es estéril, y la práctica sin teoría es ciega.

- Entre el proceso y el contexto: el entorno natural, social y familiar del alumnado tiene amplias repercusiones sobre los procesos de enseñanza y aprendizaje.

*Creatividad.* El profesorado debería conseguir no que los estudiantes repitan lo que dice, sino que sean capaces de construir conocimiento y acción más allá de donde lo dejó el profesor. Es la base de la innovación.

*Convivencia.* Es imprescindible un orden suficiente, un ecosistema relacional que minimice las interferencias en el aula a fin de poder trabajar adecuadamente. Para que un grupo de estudiantes cumpla unas normas, quizá no haya mejor forma que negociarlas con ellos y acostumbrarles a ser responsables de sí mismos y de los demás. Ante las conductas disruptivas no basta con tratar los síntomas; es necesario buscar las causas (que no siempre están en los estudiantes) y actuar en consecuencia.

## 3. Estrategias didácticas

### 3.1 Presentación del docente, los estudiantes y la materia

Al principio de cada curso deberíamos empezar por la presentación personal a los grupos nuevos de alumnos. Personalmente procuramos hacer una presentación que sorprenda y que contribuya a despertar la curiosidad y el interés del alumnado.

Igual de importante es la presentación de los estudiantes. El hecho de presentarse cada alumno y alumna contribuye a evitar la sensación de ser un número sin identidad ni personalidad. Puede aprovecharse esta presentación para iniciar una detección de ideas previas personalizada.

La presentación de la materia puede hacerse a través de un debate sobre el programa, de una negociación con el alumnado que permita la construcción conjunta de la práctica educativa. Un elemento que nos parece especialmente interesante para la presentación de la materia es el epítome, una síntesis inicial que presenta el marco conceptual global de la materia. Consiste en una representación gráfica de las unidades fundamentales dispuestas en el orden lógico de la materia. Puede adoptar una forma similar a los mapas conceptuales.

Según la teoría de la elaboración, es necesario partir de una síntesis global que sirva de organizador previo para facilitar la contextualización de las sucesivas elaboraciones graduales. Partiendo de un epítome simplificado, que presenta el marco general, se desciende hasta lo más particular en cada apartado, para regresar de nuevo al epítome general. Así, el epítome irá convirtiéndose progresivamente en un epítome ampliado en aquellos aspectos que van siendo trabajados. Reigeluth (1979) lo explica con la metáfora de un zoom para analizar un cuadro:

> La secuencia didáctica de la teoría de la elaboración es muy semejante al proceso de aproximación al estudio de un cuadro a través de las lentes del zoom de una cámara fotográfica (*through the zoom lens of a camera*). El fotógrafo estudioso comienza con una perspectiva (*view*) de gran angular, la cual le permite ver cuáles son las partes principales del cuadro y las relaciones más importantes entre ellas, pero sin descender a más detalles. Posteriormente, al detenerse el estudioso en una de las partes identificadas en el cuadro, puede ya ver más cosas en cada una de las partes enfocada por su zoom. Tras haber estudiado estas subpartes y las relaciones entre ellas, el fotógrafo puede volver a la perspectiva del gran angular, a fin de contemplar de nuevo las otras partes del cuadro entero, así como el contexto de la parte estudiada dentro del conjunto de todo el cuadro (*whithin the whole picture*). Prosiguiendo con esta factura alternativa del modelo del zoom (*zooming in pattern*), el individuo va progresando hacia el nivel de detalle o de amplitud panorámica deseado.
>
> Tomado de Fernández Pérez, 2004:659.

## 3.2 Detección de ideas previas

Pinillos (1983:373) dice:

> La mayoría de los psicólogos asociacionistas creen [...] que el fortalecimiento de la asociación entre un E y una R depende del número de veces que ocurren conjuntamente (ley de la repetición-contigüidad) y de la satisfacción motivacional que ello acarrea: ley del refuerzo.

Los planteamientos asociociacionistas y la psicología conductista conciben el aprendizaje como acumulación. La racionalidad tecnológica del currículum, basada en las teorías psicológicas conductistas, parte de unos objetivos prefijados y la labor del profesorado se reduce a aplicar los estímulos más adecuados, diseñados por expertos, para conseguir las respuestas preestablecidas, es decir, para lograr los objetivos del modo más rápido y eficaz posible.

Pero si partimos de que el conocimiento se construye, de una concepción constructivista del proceso de enseñanza y aprendizaje, debemos preguntarnos sobre qué base lo construimos. Y la respuesta es que lo construimos sobre nuestras ideas previas. Si acudimos a la fuente psicológica del currículum, las teorías del aprendizaje por comprensión, constructivo, plantean que «un proceso básico para promover la comprensión es lograr que los alumnos relacionen la nueva información con sus conocimientos previos» (Pozo y Pérez, 2009:41). Será por tanto necesario detectarlos y explicitarlos, pues suelen ser, al menos en parte, implícitos e inconscientes.

> Actuar como si todos los alumnos partiesen del mismo punto equivaldría a ocultar la realidad de las diferencias individuales, sociales, económicas, culturales, etc. Iniciar, por tanto, los procesos de enseñanza y aprendizaje sin detectar y tener en cuenta las ideas previas contribuirá, no al desarrollo de la igualdad de oportunidades, sino a potenciar un sistema de incremento de las desigualdades.
>
> Sánchez, 2005:119

Son muchos los autores que con unos términos u otros y con diversos matices (evaluación inicial, diagnóstico, exploración inicial, detección de necesidades...), resaltan la importancia de la detección de las ideas previas del alumnado.

Debería realizarse una detección de ideas previas que atienda a todas las capacidades que pretendemos desarrollar. Como mínimo deberíamos detectar las ideas previas sobre los tres tipos de contenidos que aparecen en el currículum:

a) ¿Qué saben?: hechos, conceptos y principios.
b) ¿Qué saben hacer?: procedimientos, habilidades y estrategias.
c) ¿Qué sienten y qué quieren?: actitudes, normas y valores.

Los instrumentos pueden ser variados: cuestionarios, comentarios de texto, de gráficas, de imágenes, resolución de problemas, debates, torbellino de ideas, juegos, test, construcción de artefactos, sociogramas, realización de las más diversas actividades prácticas y, en definitiva, la gran diversidad de medios e instrumentos de que es capaz la creatividad de los profesores, sobre todo cuando trabajan en equipo.

Conviene hacer una detección profunda y general al principio de curso. Resulta especialmente importante cuando el formador comienza a trabajar con un nuevo grupo. Al comienzo de cada unidad didáctica debe hacerse sobre aspectos más concretos. No debe olvidarse que toda evaluación tiene también valor diagnóstico.

### 3.3 Ejercicios *versus* actividades

Frente a la concepción de ejercicio, como tarea que se realiza después del aprendizaje para ejercitar la memoria de lo aprendido, las actividades se conciben como punto de partida y desarrollo del propio aprendizaje. Las actividades se realizan para aprender y no meramente para ejercitar lo aprendido e implican procesos mentales más ricos que la memorización repetitiva.

Las actividades de aprendizaje se organizan en un proceso, que en ciclos recurrentes, sin encasillarlos en una secuencia lineal, se desarrolla a través de tareas, que, en distintos órdenes y con distinta extensión y profundidad, puede incluir elementos como: planteamiento de hipótesis, formulación de preguntas, adquisición de nueva información, búsqueda de documentación, estructuración de información, resolución de problemas parciales, traslación de información a distintos sistemas de representación y códigos, etc.

Las actividades deben atender a la diversidad siempre presente en todo grupo educativo y quizá el modo más adecuado consista en plantear actividades básicas abiertas y amplias, que permitan diversos niveles de realización. En ocasiones serán necesarias actividades de *ampliación* para aquellos que avanzan más rápidamente; otras deberán introducirse a modo de *recuperación,* para ayudar a aquellos que tienen mayores problemas de aprendizaje y con los que debe cuidarse especialmente la motivación.

Al final de cada secuencia de actividades es conveniente realizar una síntesis individual de los aspectos más relevantes de lo trabajado que puede ser guiada con algunas preguntas claves.

## 3.4 Aprendizaje cooperativo

El aprendizaje cooperativo se plantea como objetivo básico que cada alumno se sienta responsable, no sólo de sí mismo, sino también de los demás. Según Díaz-Aguado (1996: 166):

> El aprendizaje cooperativo crea una situación de interdependencia positiva, puesto que la única forma de alcanzar las metas personales es a través de las metas del equipo, lo cual hace que el aprendizaje y el esfuerzo por aprender sean mucho más valorados entre los compañeros, aumentando la motivación general por el aprendizaje, así como el refuerzo y la ayuda que se proporcionan mutuamente en este sentido (Slavin, 1992). En función de lo cual puede explicarse por qué con frecuencia el aprendizaje cooperativo contribuye a mejorar el rendimiento.

Slavin (1992), tras revisar cuarenta y tres investigaciones, concluye que proporcionar recompensas al grupo basadas en la suma del aprendizaje individual produce efectos positivos sobre el rendimiento. Cuando se evalúa el producto grupal globalmente o no se proporcionan recompensas de grupo, los efectos son escasos.

Existen diversas estrategias de aprendizaje cooperativo, pero la mayoría de ellas tienen una serie de rasgos comunes:

a) Los equipos de entre 3 y 6 miembros, deben ser lo más homogéneos posible entre ellos, para lo cual es imprescindible que sean internamente lo más heterogéneos posible en rendimiento, sexo, etnia, cultura, intereses..., pero con buenas relaciones afectivas. Es evidente que el profesorado debe intervenir en la formación de unos equipos así y que es conveniente la utilización previa de análisis sociográfico del aula y de un concienzudo trabajo de tutoría.
b) Se plantea a cada equipo una tarea que debe ser preparada de forma que cada miembro consiga el mayor dominio posible de la misma con la ayuda de todos.
c) Dado que lo que no se evalúa se devalúa, en la evaluación debe primarse especialmente lo conseguido por el grupo. El resultado obtenido por cada miembro debe repercutir sobre los demás. Para ello, la puntuación obtenida por cada miembro del grupo puede ser la media de las puntuaciones obtenidas individualmente por cada miembro. Puede establecerse que cada miembro obtenga puntos para su equipo en torneos entre alumnos de igual rendimiento, o si mejora sus propios resultados respecto a la evaluación anterior. Puede, además, ponderarse el resultado del trabajo realizado colectivamente y con puntuaciones obtenidas individualmente. El valor de esta estrategia aumenta si en vez de evaluar sólo el profesor se implica también al alumnado en procesos de autoevaluación y coevaluación.

Otra estrategia grupal y solidaria es la tutoría entre iguales, en que los alumnos más avanzados en algún aspecto ayudan a aquellos que tienen problemas en el mismo. La relación debe ser voluntariamente admitida por ambos. De este tipo de relación el más beneficiado es el que ayuda, pues existen pocas cosas tan motivadoras como sentirse útil y no hay nada que se aprenda mejor que aquello que uno ha de enseñar.

### 3.5 Aprendizaje basado en problemas, estudios de casos y trabajo por proyectos

Constituyen estrategias didácticas más complejas y elaboradas que pueden incorporar algunas de las expuestas anteriormente y que permiten una mayor autonomía en el aprendizaje por parte de los estudiantes, además de una mayor interacción entre teoría y práctica, entre varias disciplinas, entre varios tipos de agrupamiento... Cada una de ellas supone un mayor nivel de complejidad. Sintetizaremos aquí brevemente los aspectos esenciales de unas estrategias que han producido un gran volumen de bibliografía en los últimos años y que pueden verse un poco más ampliamente en Sánchez y Gairín (2008).

### 3.5.1 Aprendizaje basado en problemas (ABP)

La resolución de problemas ha sido considerada desde hace mucho una estrategia fundamental en el aprendizaje de materias como las matemáticas, la física o la química, aunque en muchas ocasiones se ha limitado a la solución de ejercicios aplicando un algoritmo conocido. En la actualidad, el aprendizaje basado en problemas (ABP) —en la denominación más difundida en inglés *problem-based learning* (PBL)— constituye una estrategia didáctica interesante para aplicar en cualquier área de conocimiento. Consiste en la búsqueda de una solución adecuada a un problema por un grupo de estudiantes con el apoyo del profesorado. Prima, por tanto, el trabajo del alumnado, que debe comprender el problema, elaborar un plan para resolverlo, poner en práctica el plan y comprobar si los resultados responden adecuadamente a lo que buscábamos.

> Un «problema» sería una cuestión a la que no es posible contestar por aplicación directa de ningún resultado conocido con anterioridad, sino que para resolverla es preciso poner en juego conocimientos diversos [...] y buscar relaciones nuevas entre ellos. Pero además tiene que ser una cuestión que nos interese, que nos provoque las ganas de resolverla, una tarea a la que estemos dispuestos a dedicarle tiempo y esfuerzos
> (http://platea. pntic.mec.es/jescuder/prob_nt.htm, consultado el 27 de marzo de 2011)

Obliga a establecer jerarquías, delimitar prioridades, rechazar informaciones irrelevantes, escoger vías de solución, evaluar alternativas y otras habilidades mentales.

Algunas estrategias docentes que pueden utilizarse para desarrollar un proceso de aprendizaje basado en problemas serían:

- Plantear problemas de menor a mayor nivel de complejidad, utilizando formulaciones más sencillas, problemas equivalentes, descomponiendo la situación, simplificando los datos...
- Utilizar procesos inductivos, analizando realidades, experimentando alternativas, resolviendo problemas análogos...
- Establecer pautas de resolución, mediante esquemas, procesos establecidos...
- Utilizar procesos de lógica o vinculados (reducción al absurdo).
- Pedir la formulación de nuevos problemas relacionados con el resuelto o formular problemas a partir de datos.

En la resolución de problemas, los estudiantes aprenden de lo que hacen, no de lo que se les dice. El éxito del aprendizaje basado en problemas tiene mucho que ver con la actitud de los profesores como guía y con la implicación crítica de los estudiantes en el autoaprendizaje. La tabla 1 señala los papeles que desempeñan ambos según el Servicio de Innovación Educativa de la UPM (2008).

Tabla 1. Papeles que desempeñan profesor y alumnado

| **Profesor** | **Alumnado** |
|---|---|
| Da un papel protagonista al alumno en la construcción de su aprendizaje. | Asume su responsabilidad ante el aprendizaje. |
| Tiene que ser consciente de los logros que consiguen sus alumnos. | Trabaja con diferentes grupos, gestionando los posibles conflictos que surjan. |
| Es un guía, un tutor, un facilitador del aprendizaje que acude a los alumnos cuando le necesitan y que les ofrece información cuando la precisan. | Tiene una actitud receptiva hacia el intercambio de ideas con los compañeros. |
| Su tarea principal es ofrecer a los alumnos diversas oportunidades de aprendizaje. | Comparte información y aprende de los demás |
| Ayuda a sus alumnos a que piensen críticamente, orientando sus reflexiones y formulando cuestiones importantes. | Es autónomo en el aprendizaje (busca información, la contrasta, la comprende, la aplica, etc.) y sabe pedir ayuda y orientación cuando lo necesita. |
| Realiza sesiones de tutoría con los alumnos. | Dispone de las estrategias necesarias para planificar, controlar y evaluar los pasos que lleva a cabo en su aprendizaje. |

Pueden verse ejemplos de problemas de distintas áreas en http://www.itesm.mx/va/dide/red/3/ejemplos_abp.html#anchor45672.

### 3.5.2 El estudio de casos

Esta estrategia conlleva mayor relación de los aprendizajes con la realidad social y laboral. El estudio de casos se puede resumir en la frase ya clásica de Walker (1983: 44): «Es un examen de un ejemplo en acción». Se trata de analizar de forma sistemática y detallada en su contexto el comportamiento de una persona, una organización, un programa, una situación particular, la información de unos documentos, etc., con la finalidad de comprenderlo. Como señalan Sánchez et al. (2003):

> El estudio de casos es una técnica de aprendizaje donde el sujeto se enfrenta ante la descripción de una situación específica que plantea un problema que ha de ser comprendido, valorado y resuelto por un grupo de personas, a través de un proceso de discusión. El alumno se enfrenta a un problema concreto (caso), que le describe una situación real de la vida profesional, y debe ser capaz de analizar una serie de hechos, referentes a un campo particular del conocimiento o de la acción, para llegar a una decisión razonada a través de un proceso de discusión en pequeños grupos de trabajo.

El estudio de casos puede realizarse desde diferentes perspectivas: por ejemplo, para aprender a analizar casos planteados y resueltos por especialistas, para aplicar principios y normas, para practicar la resolución de situaciones.

Martínez y Musitu (1995) proponen el siguiente decálogo que constituye una excelente guía del proceso didáctico para trabajar con casos:

1. Estudiar el caso planteado situándolo dentro del contexto específico en el que tiene lugar.
2. Analizar el caso desde distintas perspectivas tratando de señalar las principales variables que describen la situación planteada.
3. Identificar la información adicional que se requiere para conocer el caso en profundidad e indicar los principales datos que será necesario recabar.
4. Detectar los puntos fuertes y débiles de la situación, así como las interacciones que se producen entre ellos, los roles más significativos, los fundamentos teóricos e ideológicos desde los que se plantean las intervenciones que entran en juego en el caso. Finalmente, partiendo de estas consideraciones, enumerar los problemas planteados estableciendo una jerarquía en razón de su importancia y/o urgencia.
5. Estudiar separadamente cada uno de los problemas, describiendo los principales cambios que es preciso llevar a cabo en cada situación para solucionar los que hayan sido seleccionados.
6. Generar diversas alternativas de acción para abordar cada uno de los cambios.
7. Estudiar los pros y los contras de cada una y establecer un proceso de selección hasta llegar a un par de decisiones alternativas, eligiendo la que presente mayor coherencia con los fines establecidos, sea factible y conlleve el menor número de dificultades y efectos negativos.
8. Implementar la decisión tomada señalando las estrategias y recursos necesarios para llevarla a cabo.

9. Determinar el procedimiento con el que se llevará a cabo la evaluación de la decisión adoptada y sus efectos.
10. Reflexionar sobre los temas teóricos que plantea el caso presentado.

El estudio de casos puede contribuir a desarrollar competencias como el aprendizaje autónomo, la identificación y resolución de problemas, el desarrollo creativo, la toma de decisiones, la motivación, el desbloqueo de actitudes inseguras. También activa procesos mentales ricos como análisis, síntesis, evaluación de situaciones, pensamiento crítico, habilidades sociales como el trabajo en equipo, la comunicación activa...

### 3.5.3 El trabajo por proyectos

Los proyectos suelen ser algo más amplio que un problema o un caso. Es un trabajo formativo con fuerte participación de los estudiantes que suele desarrollarse en un tiempo largo de hasta varios meses. Aunque no excluyen otros muchos tipos de estrategias, el proyecto puede constituir el eje de la actividad formativa.

Se puede partir de *experiencias desencadenantes* como visitas, diálogos con expertos, textos, fórums sobre visionados, etc. Suele incluir *actividades prácticas* como mapas conceptuales, preparación de guiones, observaciones sobre realidades, simulaciones... Deben utilizarse estrategias de evaluación formativa como revisión de partes del trabajo, autoinformes pautados, gráficos de progreso...

No son verdaderos proyectos actividades como la búsqueda de información sobre un tema, la realización de trabajos sobre pautas muy específicas y estrictas, la cumplimentación de dosieres preestablecidos, etc. Los proyectos son siempre actividades investigativas relacionadas con la profesionalización, y sus fases son:

*Preparación.* Se trata de delimitar el tema y su desarrollo: propósitos, actividades que se van a realizar, implicados, reparto de responsabilidades, temporización, etc. Los estudiantes deben sentirse partícipes y el proyecto debe estar encuadrado dentro de una propuesta curricular.

*Desarrollo.* Necesita recursos (espacios, tiempos, material...) y orientación del profesor. Es conveniente favorecer el contacto entre diferentes grupos de estudiantes, tratando así de generar sinergias y establecer mecanismos de seguimiento de los procesos. Un punto central es la delimitación de las fuentes de información y su tratamiento. Las tareas exigen: leer textos informativos, hacer resúmenes, describir procedimientos, registrar y documentar, contrastar, elaborar hipótesis, analizar efectos, etc.

*Comunicación.* Incluye la entrega al profesor, la comunicación al grupo de estudiantes y/o la comunicación externa.

A través de los proyectos, el profesorado puede ayudar a que los estudiantes se interroguen sobre las cuestiones profesionales y de la materia que estudian, permitiéndoles relacionarse con la realidad y diseñar sus propios mecanismos de trabajo y aprendizaje.

## Bibliografía

Ausubel, D. P., Novak, J. D. y Hanesian, H. (1989): *Psicología educativa. Un punto de vista cognoscitivo.* México: Trillas.

Carr, W. y Kemmis, S. (1988): *Teoría crítica de la enseñanza. La investigación acción en la formación del profesorado.* Barcelona: Martínez Roca.

Díaz-Aguado, M. J. (1996): *Escuela y tolerancia.* Madrid: Pirámide.

Fernández Pérez, M. (2004): *Las tareas de la profesión de enseñar. Práctica de la racionalidad curricular. Didáctica aplicable.* Madrid: Siglo XXI.

Ferrández, A., Sarramona, J. y Tarín, J. (1977): *Tecnología didáctica. Teoría y práctica de la programación escolar.* Barcelona: Ceac.

Freire, P. (2006): *Pedagogía de la autonomía.* México: Siglo XXI.

Gairín, J. (1987): «Una introducción al estudio de las actitudes en educación», en Gairín, J., Antúnez, S. y Pérez, A., *Temas actuales en educación. Panorámica y perspectivas.* Barcelona: PPU.

Habermas, J. (1988): *La lógica de las ciencias sociales.* Madrid: Tecnos.

Martínez, A. y Musitu, G. (1995): *El estudio de casos para profesionales de la acción social.* Madrid: Narcea.

Medina, A. (2002): «La Didáctica: disciplina pedagógica aplicada». En Medina, A. y Salvador, F. (coords.), *Didáctica General.* Madrid: Pearson Educación, pp. 3-32.

Monclús, A. (2004): *A qué llamamos enseñanza, escuela, currículum.* Granda: GEU.

Ogliastri, E. (1998): *El método de casos.* Cali (Colombia): ICESI. Publicaciones del CREA.

Piaget, J. e Inhelder, B. (1984): *Psicología del niño.* Madrid: Morata.

Pinillos, J. L. (1983): *Principios de psicología.* Madrid: Alianza Editorial.

Pozo, J. I. (2008): *Aprendices y maestros: la psicología cognitiva del aprendizaje.* Madrid: Alianza Editorial.

— (2009): «Adquirir una concepción compleja del conocimiento: Creencias epistemológicas y concepciones de aprendizaje», en Pozo, J. I. y Pérez, M. P. (coords.), *Psicología del aprendizaje universitario: La formación en competencias.* Madrid: Morata, pp. 70-86.

— y Monereo, C. (2009): «Introducción: La nueva cultura del aprendizaje universitario o por qué cambian nuestras formas de enseñar y aprender», en Pozo, J. I. y Pérez, M. P. (coords.), *Psicología del aprendizaje universitario: La formación en competencias.* Madrid: Morata, pp. 9-28.

— y Pérez, M. P. (2009): «Aprender para comprender y resolver problemas», en Pozo, J. I. y Pérez, M. P. (coords.), *Psicología del aprendizaje universitario: La formación en competencias*. Madrid: Morata, pp. 31-53.

Reigeluth, CH. M. (1979): «In search of a better way to organize instruction: The elaboration theory». *Journal of Instruccional Developement*, 2, 8-15.

Sánchez, J. A. et al. (2003): «Innovaciones didácticas en el aulaweb: el estudio de casos en la titulación de ingeniería técnica topográfica». *Nuevas Tecnologías en la Innovación Educativa*, pp. 209-217. Disponible en http://www.dii.etsii.upm.es/ntie/pdf/sanchez.pdf. (Fecha acceso: 12 de abril de 2011).

Sánchez, P. (2005): *Enseñar y aprender*. Salamanca: Témpora.

— y Gairín, J. (2008): *Planificar la formación en el Espacio Europeo de Educación Superior*. Madrid: ICE de la UCM.

— y García, R. (2011). «Organización de las aulas de enlace en la Comunidad de Madrid». *Cultura y Educación,* 23(1), pp. 129-139.

Servicio de Innovación Educativa UPM (2008): *Aprendizaje basado en problemas*. Madrid: Autor.

Schön, D. (1992): *La formación de profesionales reflexivos: hacia un nuevo diseño de la enseñanza y el aprendizaje en las profesiones*. Barcelona: Paidós.

— (1998): *El profesional reflexivo: cómo piensan los profesionales cuando actúan*. Barcelona: Paidós.

Slavin, R. (1992): «When and why does cooperative learning increase achievement?», en Hertz-Lazarowitz, R. y Miller, N., *Interaction in cooperative goups*. Cambridge: Cambridge University Press.

Titone, R. (1966): *Metodología didáctica*. Madrid: Rialp.

Vigotsky, L. S. (1986): «Aprendizaje y desarrollo intelectual en la edad escolar», en Luria-Leontiev-Vigotsky. *Psicología y pedagogía*. Madrid: Akal.

— (1995): *Pensamiento y lenguaje*. Buenos Aires: Fausto.

Walker, R. (1983): «La realización de estudios de casos en educación». En Dockrell, W. y Hamilton, D. (eds.), *Nuevas reflexiones sobre la investigación educativa*. Madrid: Narcea, pp. 42-82.

# 10. Los medios y recursos didácticos

**Domingo J. Gallego Gil**
**Catalina M. Alonso García**

## 1. Introducción

En 1981, el grupo británico The Buggles lanzó su canción «Video Killed the Radio Star». En un célebre videoclip mostraban imágenes de vídeo y radios explotando, queriendo demostrar que la gloria de la radio había terminado. Han pasado treinta años, y la radio sigue viva y con buena salud.

Hemos recordado esta canción porque algunos docentes creen que los medios informáticos han eliminado el resto de recursos para el aprendizaje y los olvidan en su actividad como profesores. Este capítulo pretende mostrar que merece la pena que sepamos contar con todos los recursos que están a nuestra disposición y que nos facilitan un abanico amplio y variado de posibilidades educativas.

Esta preocupación por los medios audiovisuales es ya antigua. El Ministerio de Educación de Francia creó, poco después de 1895 (cuando los hermanos Lumière presentaron su primera película en Paris), una comisión para estudiar las posibilidades del cine como instrumento pedagógico. El Museo de Instrucción Primaria creado por R.D. de 5 de mayo de 1882, y después el Museo Pedagógico Nacional, supusieron el principio de una reflexión tecnológica aplicada a la Educación en España. El 26 de diciembre de 1911 se dictó una real orden recomendando la utilización del cine con fines escolares. En 1918, el director general de Enseñanza Primaria propuso el nombramiento de «una comisión encargada de implantar lo más rápidamente posible el uso del cinematógrafo en la Enseñanza Primaria con fines educativos». Esta preocupación por integrar los recursos tecnológicos en el aprendizaje se encuentra también en todos los documentos oficiales actuales tanto del Ministerio de Educación, como de las consejerías de Educación de las comunidades autónomas.

## 2. Medios y recursos didácticos. Qué son

Cuando nos referimos a los recursos para el aprendizaje nos encontramos con una variedad de conceptos, no siempre intercambiables. Nos hablan de «medios», «medios audiovisuales», «medios tecnológicos», «medios instructivos», «recursos didácticos», «medios didácticos», «medios de apoyo a la enseñanza», «medios de comunicación», «documento didáctico», «nuevas tecnologías aplicadas a la educación», y otros muchos vocablos similares.

El significado más elemental del vocablo *medio* es «algo que se encuentra entre dos cosas». Se han ofrecido muchas definiciones de este concepto. Recogemos dos muy adecuadas:

- *Medios* serán aquellos recursos que se utilicen en el proceso educativo, ya sea como *soporte* del mensaje comunicacional, como *estrategia* comunicacional, o como elemento *catartizador* de comunicaciones.
- *Medio* es cualquier objeto o recurso tecnológico que articula, en un determinado sistema de símbolos, ciertos mensajes en orden a su funcionamiento instructivo.

Cuando diseñamos los procesos de enseñanza-aprendizaje debemos tener en cuenta, por lo menos, cinco cuestiones fundamentales:

- ¿Qué tenemos que enseñar?
- ¿A quién?
- ¿Cómo (metodología)?
- ¿Con qué recursos?
- ¿Cómo lo evaluaremos?

En este capítulo comenzamos a estudiar con qué recursos podemos enseñar para continuar, en otro capítulo, con el estudio de los recursos informáticos.

## 3. Taxonomía de los medios didácticos: abanico de posibilidades para los docentes

Analizar de qué recursos disponemos los docentes, equivale a plantearse una clasificación de los medios didácticos, ordenada y coherente, que reúna las posibilidades de que dispone un profesor para vehicular su mensaje didáctico. Las taxonomías facilitan criterios de selección y estrategias para la producción de medios, sugieren ideas para la evaluación y sirven de marco teórico para las investigaciones.

Presentamos aquí una adaptación de nuestro modelo taxonómico (Gallego, Alonso, Cantón, 1996) por su claridad y adaptabilidad a los nuevos medios y recursos. Está basado en la aplicación de tres series de variables, que se constituyen en tres ejes taxonómicos, al conjunto de medios audiovisuales y recursos didácticos.

- Primer eje. Se basa en los criterios de «relación docente-medio», la participación de receptor, la implicación del receptor y la relación alumno-medio. Distinguen entre:

  — Medios de masa (o medios de comunicación social).
  — Medios de grupo (o medios que utilizamos en el aula).

- Segundo eje. Facilita las formas y peculiaridades de utilización de medios y recursos, que con el lenguaje informático se ha hecho más habitual para todos. Nos referimos a:

  — Material de equipo (hardware).
  — Material de paso (software).

- Tercer eje. Diferencia aspectos fundamentales de la presentación de los medios y recursos, condicionando de gran manera su uso y aplicaciones. Aquí cabe distinguir las siguientes categorías:

  — Auditivos.
  — Visuales.
  — Audiovisuales.
  — Con o sin movimiento (cada vez más en desuso).
  — Telemáticos.

De esta forma, el trabajo resultante quedaría como queda reflejado en la tabla 1.

Tabla 1. Clasificación de los medios didácticos

| Medios de masa | Medios grupales<br>MATERIAL DE EQUIPO | Medios grupales<br>MATERIAL DE PASO |
|---|---|---|
| 1. MEDIOS AUDITIVOS (sin imagen y sin movimiento) | | |
| RADIO | Tocadiscos y reproductor de disco compacto, magnetofón (casete), magnetofón (cinta abierta), amplificador, altavoces, mezclador, micrófonos, receptor de radio, teléfono, IPOD, MP3, MP4. | Disco y audio casete (cinta abierta). |
| 2. MEDIOS VISUALES (sin sonido y sin movimiento) | | |
| LIBROS<br>PRENSA<br>VIDEOTEXT | Pizarras, retroproyector, proyector de diapositivas, proyector de filminas, cámara de fotografía, lector microfilm, lector microficha, láser-hologramas, opascopio, escáner, rotativa, impresoras, fotocopiadoras, fax. | Transparencias, diapositivas, filminas, películas, microfilmes, microfichas, hologramas, fotografías, textos, fotografías, textos, carteles, murales, pósteres, hojas impresas, cómics, títeres y marionetas. |
| 3. MEDIOS VISUALES CON MOVIMIENTO (sin sonido) | | |
| CINE MUDO | Proyector de cine. | Filmes sin sonido, S-8. |
| 4. MEDIOS AUDITIVOS Y VISUALES (sin movimiento) | | |
| TIME-SHAREC TV (TV de tiempo compartido)<br>SLOW-SCAN TV (TV de recorrido lento) | Proyector de filminas sonoras, proyector y magnetofón, lector de libro sonoro, lector de página sonora. | Filmina sonora, diaporama, libro sonoro, página sonora. |
| 5. MEDIOS AUDITIVOS Y VISUALES CON MOVIMIENTO | | |
| CINE<br>TV | Proyectores de cine (formatos), magnetoscopio, lector de videodisco y CD-ROM, ordenador, televisor, video-proyector, videoteléfono, sistemas multimedia. | Filmes (formatos, videocasete, videodisco y CD, DVD, discos ópticos). |
| 6. MEDIOS INFORMÁTICOS | | |
| INFORMÁTICA | Ordenadores, pizarras digitales, PDI, PDA, teléfonos móviles, e-books, videoconsolas, videocámaras, cañones, sistemas multimedia, cámaras digitales, archivos digitales (avi, jpg...) pendrives, discos duros. | Programas multimedia, presentaciones digitales, plataformas digitales, páginas de Internet, blogs, wikis, redes sociales... |

Tercer eje

## 4. Medios didácticos grupales: las técnicas blandas

Utilizamos la terminología de *medios grupales* para designar aquellos medios que en la literatura inglesa suelen denominarse *animation media* y en los documentos en francés *moyenslégers* y son aquellos que hacen posible la comunicación directa de un mensaje o contenido abierto con un lenguaje múltiple, que hace brotar la experiencia de un grupo concreto y reducido, permite participar y expresarse creativa y libremente y desencadena un proceso de dinámica personal y social de intercambio.

La metodología de trabajo es, con mucha frecuencia, tan importante como el recurso en sí. Son imprescindibles los principios de dinámica grupal aplicados a la situación concreta en el aula. No exigen gran especialización y los profesores pueden familiarizarse en poco tiempo con su manejo. Son asequibles a la modesta economía de la mayoría de los centros docentes.

En este apartado incluimos, en primer lugar, las «técnicas blandas», recursos sencillos y de poco coste que no precisan aparatos para su utilización y que favorecen la participación y la creatividad de los estudiantes. En Educación Infantil y Educación Primaria, los centros deben ofrecer una gama variada y estimulante de objetos, juguetes y materiales, que proporcionen a los niños múltiples ocasiones de manipulación y nuevas adquisiciones. El Consejo Internacional para el Juego Infantil destaca cuatro criterios fundamentales para evaluar la calidad educativa de los materiales:

1. Su valor funcional, es decir, la actividad que ofrece al niño y su adaptación a las características propias de su edad.
2. El valor experimental, por las posibilidades de creatividad que permite y las adquisiciones que facilita.
3. El valor de estructuración, que debe tener en cuenta el desarrollo de la personalidad del niño.
4. El valor de relación, que se refiere a las relaciones afectivas que pueden establecerse entre el niño y el material y a la forma en que dicho material le facilita la relación con los adultos y los demás niños.

Autores clásicos como María Montessori, Decroly y Freinet impulsaron el uso de «materiales estrictamente didácticos» preparados de forma específica para el aprendizaje, como bloques de letras, números, regletas, tablillas, figuras geométricas, rompecabezas, puzles, construcciones…

Las *cosas reales sin modificar,* como plantas, fósiles, cobayas, acuarios, terrarios, pájaros y pequeños museos, acercan notablemente al niño a la comprensión de la realidad.

Las *cosas reales modificadas,* como las maquetas y los modelos, son fáciles de manejar y ayudan a acceder o a comprender a lo inaccesible.

Los *globos terráqueos,* los *mapas,* los *dioramas,* las *colecciones,* los *materiales impresos de consulta* son recursos tradicionales con muchas posibilidades educativas.

Los alumnos necesitarán para estas actividades:

- Materiales para manipular: plastilina, barro, arcilla, serrín para modelar, cajas, cartones, envases...
- Materiales para pintar: tizas, lapiceros, rotuladores, bolígrafos, acuarelas...
- Materiales donde pintar, recortar, pegar, escribir: pizarras, folios, cartulinas, papel continuo, periódicos...
- Materiales para perforar, pegar, recortar, trenzar: agujas, tijeras, pegamento, cinta adhesivas, chinchetas, lanas...
- Material vario no convencional de desecho y manipulación...

En segundo lugar, los «títeres y las marionetas», con larga historia de utilización y que tienen muchas variedades, como los títeres «naturales» (objetos, muñecos, figuras), de «mano», títeres de hilo, de guante, de varillas o de eje, de dedal, mixtos, *finger puppets...,* pueden ayudar a los niños a adquirir conocimientos, desarrollar la creatividad, estimular la imaginación, enriquecer su lenguaje, mejorar la expresión oral, agilizar su mente, expresarse emocionalmente...

En tercer lugar, están los «recursos de la comunidad». El enfoque actual de la enseñanza insiste en la incardinación del aprendizaje en la propia comunidad, en superar los muros de la escuela para acercarnos a la vida real. El período de educación formal de los alumnos es muy adecuado para descubrir los recursos de la comunidad que se ofrecen como cultura y diversión: museos, monumentos artísticos, folclore, parques, zonas turísticas, zonas agrícolas e industriales y empresariales. Hay ayuntamientos que facilitan a los centros educativos programas concretos para el estudio de la comunidad. La planificación estratégica y pedagógica de las salidas, excursiones y visitas es imprescindible para conseguir la mayor rentabilidad educativa.

En cuarto lugar, tenemos las «personas-recurso», es decir, individuos de la comunidad que son expertos en algo por sus estudios, experiencia laboral, por sus aficiones y hobbies... Algunos pueden ser padres o madres de los alumnos y/o profesores del centro. Utilizar la videoconferencia o el chat por Internet pueden ser recursos sencillos y económicos para acercar a las aulas a personas interesantes que pueden compartir sus conocimientos.

En quinto lugar, cabe mencionar «las pizarras», uno de los recursos didácticos más antiguos, baratos, flexibles, siempre a mano y que han vuelto a recuperar protagonismo con la incorporación de las pizarras digitales interactivas (PDI). Contamos, además, con pizarras construidas en la pared (con fondo negro o verde), portátiles, basculares (para escribir por las dos caras de la pizarra), de guillotina (con poleas que facilitan el uso de tres o cuatro pizarras diferentes), pautadas (para música y dibujo), blancas plastificadas, magnéticas, franelogramas, con fotocopiadora incluida. También tienen cabida en este apartado los rotafolios, *flip chart* o *block* gigante, que facilitan el mantenimiento y el uso de la información para volverla a utilizar. Las pizarras digitales son una de las pocas tecnologías diseñadas expresamente para apoyar la enseñanza y el aprendizaje en el aula. Están integradas por un ordenador y un videoproyector que permite proyectar contenidos digitales en formato idóneo para la visualización del grupo. Es muy conveniente la conexión a Internet, que multiplica sus posibilidades. El plan Escuela 2.0 y las diferentes adaptaciones realizadas en las comunidades autónomas incluyen la inversión en PDI como elemento muy importante en el equipamiento tecnológico de las aulas. La formación técnica y, sobre todo, didáctica es imprescindible para el mejor aprovechamiento de este recurso (Gallego et al., 2009, y Gallego y Gatica, 2010).

## 5. Cartel, póster y mural

Su aplicación en las actividades docentes suele ser didácticamente eficaz en cualquier nivel educativo. Aunque pueden utilizar los mismos elementos, los mismos métodos e, incluso, las mismas técnicas son formas de comunicación diferentes. El *cartel* se diseña para espacios abiertos y cumple especialmente una función informativa. Hay carteles publicitarios, simbólicos y didácticos. El *póster* tiene una función preferentemente decorativa y estética. Está destinado a espacios interiores para crear ambiente e intimidad. El *mural,* concebido también para espacios interiores, nace de la necesidad de comunicar algo, por lo que contiene mucha información. Mantiene la unidad temática repartida en escenas o etapas. Se necesita tiempo y cercanía física para «leerlo». En algunos congresos utilizan la palabra «póster» por su procedencia inglesa, para denominar presentaciones congresuales que, en realidad, son murales. Para confeccionar estos recursos, hay que tener en cuenta y planificar cuidadosamente el material base (papel, cartón...), el tamaño, la imagen o imágenes, el color, el texto o los textos, la composición... El diseño por ordenador de carteles, pósteres y murales permite una mayor calidad y precisión en el uso de los elementos estéticos y expresivos.

Son muchas las ventajas educativas de este recurso: constituye un medio eficaz de presentar la información, ayuda a fomentar el interés y el debate, enseña a expresar gráficamente las ideas, estimulando la visualización creativa, desarrolla la responsabilidad individual y grupal, exige capacidad de abstracción, propicia la organización de las ideas, ejercita la capacidad de análisis, síntesis y toma de decisiones, anima a los alumnos a realizar actividades, conecta con las tecnologías actuales, facilita la interdisciplinariedad, es una actividad atrayente y divertida.

## 6. Imagen analógica y digital

En tiempos pasados, al hablar de superar el analfabetismo, se centraba el esfuerzo en el aprendizaje y práctica de la lectoescritura. Hoy, además, tenemos que alfabetizar también en la lectura y expresión icónica y en el manejo del lenguaje informático. Hace años que Cohen-Seat afirmaba que vivíamos en la iconosfera, en el mundo de la imagen. La diferencia con épocas anteriores radica en que nuestro mundo aparece inundado de «imágenes técnicas», es decir, imágenes realizadas por medios tecnológicos que permiten la multiplicación casi indefinida y la transmisión por múltiples canales fácilmente accesibles. Los niños reciben mayor cantidad de mensajes a través de la imagen que a través de otros medios más tradicionales, y gran parte de sus conocimientos se construyen con soporte de imágenes. El diagnóstico de los estilos de aprendizaje de los estudiantes revela que el número de discentes «visuales» supera notablemente a los discentes auditivos o kinésicos.

En el lenguaje de la imagen (como ocurre con todos los lenguajes) convergen las dos facetas de receptor y de emisor o productor.. Mediante la primera de ellas, el niño se familiarizará con los distintos elementos que configuran la imagen: luz, color, tamaño, proporción, posición de los objetos... Mediante la segunda, se trata de que pueda utilizarlos para crear mensajes que cumplan su función expresiva y comunicativa. El maestro debe ayudar al alumno a prepararse para dos funciones: recibir y emitir, a ser «emirec», emisor-receptor en lenguaje de Jean Cloutier. Hace tiempo que Nazareno Taddei nos presentaba su plan de educar *con* la imagen y *para* la imagen, que con las cámaras digitales a disposición de gran número de estudiantes es sencillo desarrollar.

Ante una imagen podemos hacer dos lecturas muy distintas:

- Una *lectura denotativa*, que describe lo objetivo, lo que se ve (por ejemplo un león, con melena, erguido y oteando el horizonte en una sabana africana entre árboles y arbustos).
- Una *lectura connotativa* que interpreta subjetivamente lo que se ve (león, rey de la selva, fiereza, independencia, África...).

Una distinción tan sencilla no es tan fácil de llevar a la práctica. La publicidad pretende que «confundamos» la lectura denotativa con la connotativa para transmitirnos un mensaje codificado y «escondido», a veces manipulado y hábilmente maquillado con distintos ropajes estéticos.

La alfabetización icónica integra el conocimiento y el manejo de los *siete elementos* fundamentales de la imagen:

- La escala (la unidad es la figura humana), que diferencia el tamaño de los planos y su significado (plano general, entero, medio, primer plano, plano detalle...).
- El ángulo (punto de vista desde el que captamos un campo visual). Diferenciamos picado, contrapicado, ángulo normal, ángulo inclinado, ángulo imposible.
- La iluminación (para definir y modelar contornos, personas y objetos).
- El tono (contraste, descripción y dramatismo).
- El color (valores denotativos y connotativos).
- La composición de la imagen (distribución de personas y objetos).
- Texto e imagen (dónde y cómo se sitúa el texto).

Los alumnos han sido protagonistas y realizadores de infinidad de reportajes fotográficos con familiares y amigos, que han compartido por Internet o han colocado en las redes sociales o en sus blogs. Hay que saber aprovechar esta experiencia y aprender a utilizar la fotografía como medio de comunicación. Las cámaras digitales, con un elevado nivel de funciones automáticas, y con un costo de memoria muy barato que permite crear imágenes casi sin límite, facilitan las tareas que tratemos de llevar a cabo. Las fotografías nos sirven para informar (blog, periódico) y para recordar (una fiesta, una sesión de clase). Pueden ser un documento didáctico (representación objetiva de la realidad), expresivo (con un matiz más estético y simbólico) o no figurativo o abstracto. Con las fotografías podemos «alimentar» la web de la clase, preparar presentaciones de los alumnos, realizar carteles, pósteres y murales, resumir los contenidos de algunos temas, etc.

Algunas sugerencias prácticas son las siguientes: reunir imágenes para explicar los planos y las diversas angulaciones o puntos de vista, hacer ejercicios de lectura denotativa y connotativa ante una imagen, poner pies de foto, tipo prensa; con una serie de fotografías crear una historia; facilitar una historia incompleta con fotografías para que los niños la terminen; comparar diversas fotos publicitarias; en una fotonovela en la que hayamos quitado los textos, crear otros; hacer una fotonovela eligiendo las imágenes y los textos; presentar fotografías a las que hayamos recortado una parte y completar la imagen con un dibujo; crear un puzle con una fotografía recortada; organizar exposiciones de fotografías realizadas por los estudiantes. La mayoría de estos ejercicios pueden llevarse a cabo con imágenes digitales y programas específicos de ordenador para tratamiento de imágenes.

## 7. Fotolenguaje

Es una técnica sencilla y de fácil aplicación que pretende favorecer la intercomunicación de los estudiantes de cualquier nivel educativo a partir de la imagen. Las fotografías pueden seleccionarse de revistas, de Internet o de otras fuentes. Los estudiantes pueden ayudar en esta búsqueda previa. Conviene numerar las fotografías (para poderlas reutilizar con más facilidad) y que tengan el mismo formato (por ejemplo cada fotografía pegada en un folio). Deben ser sugerentes, suscitar preguntas o debate. ¿Cómo llevar a la práctica esta técnica?

1. Preparación. ¿Qué pretendemos con este fotolenguaje? ¿Qué preguntas debemos plantear? ¿Está el material gráfico seleccionado adaptado al grupo? ¿Qué nivel de calidad tiene?
2. Práctica. Hay que crear un clima de diálogo y comunicación. Las fotos se presentan en una o varias mesas. Se puede combinar con música de fondo. Cada participante elige una o más fotos en función de las preguntas planteadas. Cada uno comunica al grupo por qué eligió esa foto en relación con la pregunta planteada.

## 8. El sonido en la educación

El estudiante vive hoy, en el aspecto sonoro, en un mundo cuantitativa y cualitativamente diferente del de las generaciones anteriores. Los ruidos ambientales han aumentado de forma notable en las ciudades. La disponibilidad de uso de todo tipo de dispositivos de audio, reproductores sonoros, amplificadores de sonido, teléfonos móviles plurifuncionales hace que niños, adolescentes y adultos caminen, conduzcan, viajen, lean o estudien con un «pinganillo» o unos auriculares que les traen mil sonidos. El excesivo volumen con el que se accede a estos dispositivos o el que se utiliza en discotecas, salas de fiesta o en el cuarto de muchos jóvenes parece que ha aumentado el nivel de problemas auditivos de los estudiantes.

La digitalización del sonido, la incorporación de dispositivos de grabación en los teléfonos móviles y el uso de múltiples artilugios hace que los recursos sonoros y musicales se hayan convertido en uno de los elementos más populares entre la nueva generación, que, con frecuencia, no se aprovecha suficientemente en las aulas. En primer lugar el profesor debería suprimir las dificultades para la audición en clase, algo que no siempre es fácil por las malas condiciones acústicas de muchas aulas. El control del sonido es fundamental para la mejora de la expresión oral, pronunciación, tonos y lectura en público. Las audiciones de música son también un elemento formativo previsto en el currículum y que no siempre se lleva a cabo con éxito. ¿Por qué si los mismos jóvenes que se entusiasman con la música pueden pasarse dos noches en la cola para ser los primeros en un concierto luego aborrecen las audiciones de música en el aula? La música es un elemento de consumo y un fenómeno sociológico.

La técnica del discofórum es una actividad educativa que utiliza la música y la canción como ejes y que pretende, mediante una dinámica interactiva de comunicación, el descubrimiento, vivencia y reflexión de una realidad o una actitud que vive y está latente en el grupo o en la sociedad. Hay muchas modalidades de discofórum; por ejemplo, en torno a una unidad temática, actitud, situación o problema (la paz, la guerra, la injusticia, la democracia, la discriminación, la libertad, el amor...), en torno a un grupo musical, cantante o poeta (Machado, Neruda, The Beatles, Serrat...), en torno a un hecho musical, un estilo o problemática (el flamenco, el folclore, la *worldmusic*...). El aprendizaje de, al menos, una segunda lengua se ha hecho imprescindible. El uso adecuado de los elementos de grabación y reproducción es muy importante para conseguir buenos resultados en el aprendizaje de las lenguas.

## 9. El vídeo

Se trata de un sistema de registro (actualmente digital) y reproducción de sonidos e imágenes en movimiento con grandes posibilidades y aplicaciones. Es un integrador de otros medios, readapta fácilmente materiales de otros canales, es de fácil manejo, facilita el trabajo colaborativo, es barato y fomenta la creatividad, amplía la experiencia y motiva para el aprendizaje.

Distinguimos tres enfoques en la utilización didáctica:

1. *Utilización didáctica de materiales pregrabados*. Sólo hace falta tener una conexión a Internet y a la pizarra digital (o a un monitor). Podemos aprovechar los materiales que ofrecen las televisiones, y los miles de documentos disponibles en la red: desde películas y documentales, hasta vídeos cortos de todos los temas imaginables. Son páginas de interés

    - YouTube EDU: http://www.youtube.com/education?b=400
    - TeacherTube: http://www.teachertube.com/
    - Khan Academy: http://www.khanacademy.org/
    - Watch Know: http://www.watchknow.org/

- TED: http://www.ted.com/
- Scholar Spot: http://www.scholarspot.com/
- Math TV: http://www.mathtv.com/
- The Futures Channel: http://www.thefutureschannel.com/
- CosmoLearning: http://www.cosmolearning.com/
- Einztein: http://www.einztein.com/
- BrainPop: http://www.brainpop.com/
- Learners TV: http://www.learnerstv.com/
- Utubersidad: http://utubersidad.com/
- Videoseducativos: http://www.videoseducativos.es
- Educatube: http://www.educatube.es/
- Maestroteca: http://www.maestroteca.com/videos-educativos/
- Libros vivos: http://www.librosvivos.org/videos/
- Videotecaeducativa: http://videotecaeducativa.blogspot.com/

En el blog Curriki http://www.curriki.org/ se recopilan otros muchos sitios web con vídeos útiles para estudiantes y docentes de las más variadas áreas del saber.
La actividad del profesor consiste en identificar las fuentes, seleccionar los vídeos adecuados a sus alumnos, para su temática de trabajo, concretando los objetivos que desea conseguir, el tiempo de que dispone, cómo lo va a presentar y qué actividades y evaluación realizará después del visionado.

2. *Pequeñas grabaciones* y *vídeo feedback*. En este caso necesitamos una videocámara, un trípode, un micrófono unidireccional inalámbrico o con varios metros de cable para la conexión, un micrófono onmidireccional (incorporado en la mayoría de las cámaras) y una o más antorchas de iluminación, aunque la sensibilidad de las cámaras actuales permite filmaciones con luz escasa. Con frecuencia los alumnos tienen experiencia de grabaciones domésticas con vídeo y participan muy activamente en la tarea. Hay que atender a cuatro aspectos de la preparación:

   - Preparación para aparecer ante la cámara.
   - Preparación para desempeñar un rol.
   - Preparación del grupo.
   - Preparación de los elementos técnicos.

3. *Producción de vídeos (o películas) con los estudiantes.* Se trata de una actividad muy rica en posibilidades y experiencias. Puede ser un vídeo realizado por los alumnos como ejercicio de creatividad, de narración icónica, de expresión… para uso interno de la clase, o

una producción que vaya a ser utilizada por otros grupos o incluso comercializada. Enumeramos sintéticamente los pasos fundamentales de la producción:

- La *idea* que se desee expresar y transmitir, ajustada a la temática de la asignatura o a las preocupaciones e intereses de los estudiantes.
- La *sinopsis,* esto es, un breve escrito (media página, por ejemplo) que explique el desarrollo de la idea.
- La *investigación,* a fin de reunir los datos necesarios para la realización. Es una fase de búsqueda, análisis y selección de la información.
- Redacción del *guión literario,* es decir, de texto un escrito que detalle los contenidos divididos en secuencias y que sugiera las imágenes.
- Redacción del *guión técnico.* En esta fase se concreta el ajuste de imágenes con el sonido planificando las escenas y los movimientos de cámara.
- *Grabación.* Con la ayuda de todos los participantes se realizan las tomas de imagen y sonido según el guión técnico.
- *Edición y posproducción.* Con ayuda de un programa de edición se eliminan las tomas defectuosas y se ajusta el ritmo del vídeo añadiendo imágenes fijas o móviles, gráficos, música.
- *Visionado, evaluación y correcciones finales, preparación de los materiales de apoyo.* Revisión crítica del vídeo para corregir los aspectos mejorables y completar los materiales didácticos de apoyo.

## 10. Medios de comunicación y escuela

Los medios de masa o medios de comunicación son canales de difusión colectiva, aparatos de amplificación social, que se caracterizan por la tecnología empleada, progresivamente compleja, la extensión de su audiencia, la unidireccionalidad de su mensaje y el elevado costo de producción.

Hoy nos enteramos de las noticias por la radio o Internet, las vemos en televisión y nos las explican en el periódico y las revistas. Friedman nos hablaba de la «escuela paralela», contraponiendo la «enseñanza de los medios» a la enseñanza formal de la escuela. La exposición continuada a los medios de niños, jóvenes y adultos hace que éstos incorporen a su manera de ser comportamientos y valores muchas veces inadecuados. Nos vemos sometidos a un control cultural en el que tener ideas propias y personales se convierte en una utopía. En la práctica, pensar de forma distinta a cómo piensa la mayoría o el sistema equivale a ser tachado de anormal o inadaptado social. El maestro no puede permanecer ajeno al papel de los medios que actúan de «filtro», «selector» y amplificador de ideas y noticias. Los personajes de las series televisivas, o de programas como *Gran Hermano* y otros similares, las tertulias de cotilleo y temas basura, van «calando» en los modos de ser, de actuar y de pensar.

El maestro puede aprovechar los medios de comunicación para reforzar algunas de sus sesiones de clase utilizando los mismos programas que los alumnos ven es su casa en las horas de ocio. No nos es posible dentro de la brevedad de este capítulo tratar todos los medios con detenimiento. Recomendamos el acceso a tres revistas que recogen las últimas investigaciones y aportaciones sobre el tema que nos ocupa.

- *Comunicar:* http://www.revistacomunicar.com/
- *Píxel Bit:* http://www.sav.us.es/pixelbit/
- *Edutec*-e: http://edutec.rediris.es/Revelec2/

A continuación, nos vamos a limitar a exponer unas breves sugerencias.

## 11. Prensa en el aula

Se ha calificado a la prensa como el «cuarto poder» y se cita siempre la frase «sin libertad de prensa no es posible un gobierno democrático». Durante los años ochenta y noventa se desarrollaron muchas iniciativas para aprovechar la prensa en los contextos escolares. Varios de los libros publicados en esas fechas sobre el tema, siguen siendo válidos y útiles para el maestro, aunque se deben añadir las nuevas posibilidades que ofrece la prensa digital.

En el estudio de la prensa en el aula cabe distinguir tres perspectivas, que pasamos a desarrollar.

### 11.1 La prensa como objeto de estudio

La indudable importancia sociocultural y política de la prensa justifica un estudio serio por parte de los alumnos, que deberían capacitarse para valorar las informaciones, interpretar el sentido de las noticias, sopesar el grado de relación entre lo que es información, lo que es opinión y lo que es ideología del medio, contrastar la existencia de un pluralismo ideológico y el derecho a la libertad de expresión. Un buen ejercicio es hacer una *tipología de la prensa*, clasificando los diarios por su periodicidad, ámbito de difusión, estilo informativo, grupo editor, especialización temática. Los periódicos se dedican principalmente a la venta de un producto que se llama *noticia*. Toda la actividad periodística se centra en la búsqueda, compra, interpretación, redacción y venta de noticias. Las noticias se refieren a todas las actividades de interés humano. Las mejores noticias son las que interesan a un mayor número de lectores. Es importante seguir la fuente y *la ruta de la noticia* desde que se origina hasta que se publica. Por el camino queda marcada con las características peculiares del emisor y medio transmisor. Cada día llegan miles de noticias a un periódico. ¿Cómo se seleccionan? Los principales criterios son: la proximidad, la extensión e intensidad de los hechos, las consecuencias que tiene, la originalidad, el interés humano y emocional, la inclusión o no de sexo y violencia, la cercanía con la línea ideológica del periódico, los conflictos, los desastres, los progresos, lo ecológico.

Los periodistas dicen que la curiosidad humana tiene seis colmillos para desentrañar lo desconocido. Seis preguntas que empiezan en inglés por «W» y que sirven de guión básico de reportajes e informaciones:

- What: ¿qué ha sucedido?
- Who: ¿quién lo ha hecho?
- When: ¿cuándo sucedió?
- Where: ¿dónde ocurrió?
- How: ¿cómo sucedió?
- Why: ¿por qué sucedió?

Hay muchos esquemas para estudiar un periódico, para calibrar los mensajes explícitos e implícitos y habitualmente nos sugieren tres pasos:

- Analizar el diario en cuestiones clave: la primera página, los titulares, los editoriales, las preocupaciones temáticas dominantes, el equilibrio imagen-texto... Comparar suele ser una estrategia muy efectiva de aprendizaje.
- Analizar en clase varios periódicos con ideologías y enfoques diferentes nos permite tener una visión más completa de la realidad plural en la que vivimos.
- Evaluar: los dos pasos anteriores nos facilitan una toma de postura personal ante la información y los comentarios.

## 11.2 La prensa como ayuda didáctica

Significa utilizar la prensa para apoyar los contenidos que estudiamos en el aula. Nos sirve para introducir la vida real en la clase, suscitar nuevos centros de interés, facilitar el aprendizaje significativo, familiarizar al alumnado con nuevos nombres, inventos, personajes. Indicamos seis ejemplos sencillos para utilizar la prensa en el aula.

En primer lugar, como instrumento para *mejorar la lectura*, superando los materiales convencionales:

1. Lectura en voz alta por un estudiante.
2. Cada niño prepara un texto de una noticia que lee en la clase.
3. Se diferencia lo fundamental de lo accesorio en una lectura comprensiva de un artículo.
4. Se localizan palabras desconocidas.
5. Se busca su significado en el diccionario.
6. Se hace una lista de las palabras más utilizadas en una sección, por ejemplo en deportes, en política, en economía...

En segundo lugar, como *instrumento para mejorar la gramática:*

1. El periódico nos puede servir para enseñar ortografía, puntuación, estructura de las oraciones.
2. Se pueden suprimir partes de una oración y que los alumnos la completen.
3. Se analiza las cartas al director.
4. Se escribe una carta al director.

En tercer lugar como *instrumento para las clases de literatura:* conviene tener un archivo o crearlo con los estudiantes a partir de recortes que abarque autores, referencias literarias, comentarios, premios literarios, críticas de los estrenos teatrales y nuevas publicaciones, aniversarios de escritores...
En cuarto lugar, como *instrumento en clase de ciencias sociales:*

1. Se pueden estudiar los problemas que aparecen en la prensa sobre distintas cuestiones socioeconómicas, como temas de historia y geografía, viajes, agricultura, ganadería, construcción, transporte...
2. Se analiza qué se hace en nuestro país y qué en otros países.
3. Se interpretan mapas y diagramas...

En quinto lugar, *como instrumento en las clases de ciencias naturales, biología, física, química...:*

1. Se pueden analizar informaciones referentes a estas áreas científicas, por ejemplo la energía (petróleo, energía nuclear, térmica, hidráulica, energías renovables...), inventos científicos, investigaciones.
2. Hay suplementos en varios periódicos que recogen de manera específica estas informaciones.

En sexto lugar, como *instrumento en las clases de matemáticas:* se enriquecen los significados matemáticos con los datos y estadísticas que aparecen en los diarios y se relacionan los problemas matemáticos con la vida real.

## 12. El medio radiofónico

La radio es una «fábrica de sonidos simultáneos a distancia», uno de los medios más extendidos, más ampliamente utilizados y de manejo más sencillo. La fuerza de la radio reside en su facilidad de acceso y la posibilidad de atención compartida con otras actividades, conducir, trabajar... Hoy, la radio se mueve también digitalizada en Internet y supera los límites de la difusión por antena y ondas. Tiene, al menos, cinco condicionamientos específicos: políticos, técnicos, económicos, organizativos y coyunturales. Un primer ejercicio interesante es diagnosticar y analizar el panorama radiofónico español: las grandes cadenas (Radio Nacional, COPE, SER, Onda Cero, esRadio...), las emisoras de «fórmula» (Kiss FM, Cadena 100, Cadena Dial, 40 Principales, M80 Radio, Europa FM...) las emisoras locales... Un segundo ejercicio que proponemos consiste en clasificar los programas radiofónicos (informativos, musicales, tertulias, culturales, concursos...). Un tercer ejercicio podría ser analizar la única emisora de Radio exclusivamente dedicada a la educación, Radio ECCA (Emisora Cultural Canaria) que desde 1965 y con gran éxito imparte cursos de enseñanza formal (Graduado en enseñanza secundaria) y no formal (www.radioecca.org/index.htm). Un cuarto ejercicio, para los maestros con más habilidad tecnológica, es crear una emisora en el colegio, acondicionando un espacio para locutorio y otro que cuente con equipos digitales sencillos para control de la grabación y emisión. Son muchas las experiencias que hay en este sentido y comportan a los estudiantes trabajo en equipo, creatividad, motivación y satisfacción por los resultados obtenidos.

## 13. Cine, televisión y educación

La aplicación didáctica del cine es casi simultánea a su creación. Tanto los hermanos Lumière como Edison pensaron más en sus facetas educativas que en su vertiente comercial. Podemos utilizar el cine y la televisión en la escuela desde tres perspectivas:

1. Primer enfoque: *el cine como expresión cultural y artística.* Desde hace muchos años los cineforos han trabajado en esta línea. Su me-

todología es una herramienta útil para el docente y facilita un análisis y un debate vivo sobre las películas que los alumnos han visto en su casa, en la televisión o en el aula. Hoy disponemos en Internet de muchísimas películas que pueden descargarse gratuitamente y visionarse en el aula o en casa. Hay que hacerse al menos tres preguntas:

- *¿Qué pretendemos?* (¿una formación técnica?, ¿un análisis sociológico o temático?, ¿completar un tema del currículum?).
- *¿Qué programación elegimos?* (teniendo en cuenta la edad y características de nuestros alumnos y los temas de clase).
- *¿Cómo será la preparación inmediata?* (¿qué esquema de trabajo vamos a elegir? ¿cómo preparamos la sesión? ¿qué evaluación haremos?). Una sencilla búsqueda en Google nos facilita infinidad de títulos accesibles gratuitamente. Con sólo escribir el título de la película nos aparece el enlace que necesitamos.

2. Segundo enfoque: *producción de cine en el aula* (enseñar a hacer cine o televisión). Hoy, este enfoque se realiza con las cámaras digitales y sería común en muchos aspectos a realizar televisión. Podemos rodar películas documentales (realizar un documento de la realidad, de la naturaleza, de las personas…), reportajes (una fiesta, una excursión…) o filmes argumentales, contando una historia, tarea muchos más ambiciosa y compleja, llena de dificultades, pero también de alicientes. El maestro que se embarca en esta tarea suele ser una persona animosa y con experiencia en realizaciones fílmicas o televisivas personales, que convendría completara con las propuestas metodológicas que ofrecen algunos libros y que también se pueden encontrar en Internet.
3. Tercer enfoque: *cine didáctico; aprender con el cine o la televisión.* Nos referimos aquí a recursos diseñados específicamente para el aprendizaje, películas de biología, zoología, geografía, astronomía…, documentales filmados con intencionalidad pedagógica. Este enfoque nos puede servir para introducir un tema en la clase, para motivar, para aclarar, para explicar, para recapitular. A veces podemos elegir solamente unas secuencias de una película que son significativas para nuestra tarea. Los recursos tecnológicos de que dispongamos, como la pizarra digital, el videoproyector, la conexión a Internet en el aula, son fundamentales para llevar a cabo esta tarea. Internet es un excelente archivo de documentales y reportajes.

   Los estudiantes cuando llegan a la escuela han visto miles de horas de televisión, pero siempre en plan de ocio y descanso. La función educativa debe consistir en transformar estas experiencias en una «inteligencia escolarizada de las imágenes en movimiento». Puntos de interés que los alumnos deberían conocer y que pueden constituir un índice de una iniciación al medio televisivo:

a) Conocer los aspectos técnicos y psicológicos del medio televisivo.
b) Identificar los distintos tipos de programas de la programación. Distinguir el directo del diferido.
c) Distinguir entre lo real y lo ficticio: trucos y efectos especiales, la edición, los actores.
d) Identificar los estereotipos que se dan en los personajes televisivos: influencia de los distintos personajes.
e) Analizar la violencia real (telediarios, noticias...) y la violencia televisada (series...) y su impacto. Agresión física y verbal.
f) Comprender la importancia de la función informativa de la televisión. Analizar los mecanismos de la publicidad televisiva y su influjo en los consumidores.
g) Comprobar la posible creación de ideologías y transmisión de valores a través de los programas de televisión.
h) Estudiar los dibujos animados: técnica y contenidos.

## Bibliografía


Aguaded, J. I. (1999): *Convivir con la televisión. Familia, educación y recepción televisiva en niños y jóvenes*. Barcelona: Paidós.

— (2001): *Los medios de comunicación en las aulas*. Grupo de investigación Ágora. Huelva: Universidad de Huelva.

Alonso, C. M. y Gallego, D. J. (2000): *Aprendizaje y ordenador*. Madrid: Dykinson.

— y otros (2009): *La pizarra digital. Interactividad en el aula*. Madrid: Cultivalibros.

Ballesta, J. (2009): *Educar para los medios en una sociedad multicultural*. Barcelona: Davinci.

Bartolomé, A. (1999): *Nuevas tecnologías en el aula. Guía de supervivencia*. Barcelona: Graó.

Belting, H. (2007): *Antropología de la imagen*. México DF: Katz Editores.

Bergala, A. (2007): *La hipótesis del cine*. Barcelona: Alertes.

Blázquez, F. (ed.) (2003): *Las nuevas tecnologías en los centros educativos*. Mérida: Junta de Extremadura.

Brazuelo, F. y Gallego, D. J. (2011): *Mobile learning*. Sevilla: Mad.

Buckingham, D. (2005): *Educación en medios. Alfabetización, aprendizaje y cultura contemporánea*. Barcelona: Paidós.

Cabero, J. (1990): *Tecnología educativa: utilización didáctica del vídeo*. Barcelona: PPU.

— y Román, P. (coords.) (2006): *E-actividades*. Sevilla: Mad.

— (2007): *Tecnología educativa*. Madrid: McGraw-Hill

Corzo, D. L. (1986): *Leer periódicos en clase*. Madrid: Editorial Popular.

Ferguson, R. (2007): *Los medios bajo sospecha. Ideología y poder en los medios de comunicación*. Barcelona: Gedisa.

Fernández Ibáñez, J. J. (1986): *Didáctica de la imagen*. Bilbao: ICE Universidad de Deusto.

Ferrés, J. (1988): *Vídeo y educación*. Barcelona: Paidós.

— (1994): *Televisión y educación*. Barcelona: Paidós.

— (2000): *Educar en una cultura del espectáculo*. Barcelona: Paidós.

— y Marqués, P. (1996-2002): *Comunicación educativa y nuevas tecnologías*. Barcelona: Praxis.

Gallego, D. J., Alonso, C. M. y Cantón, I. (1996): *Integración curricular de los recursos tecnológicos*. Barcelona: Oikos-Tau.

— (1999): *El ordenador como recurso didáctico*. Madrid: UNED.

— y Cacheiro, M. L. (2011): *Educación, sociedad y tecnología*. Madrid: Ramón Areces

— y Gatica, N. (2010): *La pizarra digital. Una ventana al mundo desde las aulas*. Sevilla: Mad.

González, I. y Monje, F. (1989): *En el dial de mi pupitre. Las ondas herramienta educativa*. Barcelona: Gustavo Gili.

Guillamet, J. (1988): *Conocer la prensa. Introducción a su uso en la escuela*. Barcelona: Gustavo Gili.

Lankshear, C. y Knobel, M. (2008): *Nuevos alfabetismos. Su práctica cotidiana y el aprendizaje en el aula*. Madrid: Morata.

Majó, J. y Marqués, P. (2002): *La revolución educativa de la era Internet*. Barcelona: CISS-Praxis.

Ortega, J. A. y Chacón, A. (coords.) (2007): *Nuevas tecnologías para la educación en la era digital*. Madrid: Pirámide.

Salinas, J., Aguaded, J. I. y Cabero, J. (2004): *Tecnologías para la educación. Diseño, producción y evaluación de medios para la formación docente*. Madrid: Alianza Editorial.

— y Ruiz, J. (2010): *El profesor como consumidor-productor de contenidos multimedia*. Sevilla: Mad.

# 11. Las tecnologías de la información y la comunicación como recurso didáctico

Manuel Area Moreira

## 1. ¿Qué son las TIC?

Las tecnologías de la información y la comunicación (TIC) están tan omnipresentes en nuestra vida cotidiana, personal, profesional y social que cualquier individuo, institución u organismo depende, cada vez en mayor medida, de las redes de comunicación digitales para su funcionamiento. Las TIC, en poco más de dos décadas, han provocado tantos y tan profundos cambios en el conocimiento, en las relaciones de comunicación humanas, en la gestión de los servicios administrativos, en el uso de los medios de información, en la producción económica..., que han transformado nuestra civilización. Pero ¿qué son las TIC?

Las tecnologías de la información y la comunicación (ordenadores, dispositivos personales multimedia, telefonía móvil, redes sociales, Internet, TV digital, sistemas de navegación digital, *e-books*...) las podríamos definir como herramientas tecnológicas para la elaboración, almacenamiento y difusión digitalizada de información basadas en la utilización de redes de telecomunicación multimedia. Dicho en pocas palabras, podríamos entender las TIC como la fusión de tres tecnologías que ya existían separadas (las tecnologías audiovisuales, de telecomunicaciones e informáticas), pero que ahora convergen en la producción, almacenamiento y difusión digitalizada de cualquier tipo de dato. Sin embargo, ésta es una definición muy técnica, poco humana. Las TIC son máquinas, pero, como educadores, tenemos que ver y tener en cuenta el impacto que éstas provocan sobre los cambios sociales y culturales. Por ello, deberíamos analizar las TIC en función de las innovaciones que generan en las formas de enseñar y aprender. Los usos didácticos de estas tecnologías son múltiples y variados y se desarrollan en distintos contextos y formatos educativos (*e-learning,* portales educativos web, contenidos digitales, materiales didácticos multimedia, objetos de aprendizaje, *webquest,* e-portafolios, pizarra digital interactiva, redes sociales de aprendizaje, etc.).

La génesis u origen de la era digital comenzó en el siglo pasado. Fue a mediados del XX cuando se construyeron las primeras máquinas procesadoras de información codificada en un sistema binario de datos. La creación del ENIAC en 1946 es considerada el hito que abrió la puerta a la evolución tecnológica de la informática. Era una máquina enorme (ocupaba casi 1.500 $m^2$) que funcionaba con válvulas de vacío. El desarrollo del transistor en la década de los años cincuenta permitió reducir el tamaño de estas máquinas y aumentar la velocidad a la que trabajan. No obstante, hasta la aparición de los circuitos integrados en los años sesenta, que permitieron la miniaturización de los componentes electrónicos, realmente no se logró disponer de máquinas que pudieran ser etiquetadas como computadoras útiles. Los chips actuales de silicio han transformado las computadoras en unos objetos pequeños, poderosos y populares que han penetrado no sólo en las grandes instituciones y organizaciones, sino también en los hogares y en la vida cotidiana de jóvenes y adultos.

Sin embargo, hace casi veinte años se produjo un salto cualitativo —cuasi revolucionario— en el funcionamiento, utilidad y desarrollo de la informática. Ocurrió con la aparición y expansión de las redes telemáticas y de telecomunicaciones cuya máxima expresión es Internet. Aunque esta red de redes mundial empezó a gestarse a finales de los años sesenta en EE UU con el proyecto de origen militar denominado ARPANET, no fue hasta mediados de los años noventa del pasado siglo cuando se produjo su explosión a nivel internacional, sobre todo por la aparición del WWW como sistema de enlace y navegación de unos documentos a otros. Por otra parte, este periodo se ha caracterizado por la aparición de las interfaces gráficas que permiten las formas de representación multimedia, facilitando el uso y haciendo más atractiva la informática a usuarios de todas las edades. Otro ámbito de expansión han sido las telecomunicaciones, que tienen su proyección sobre la telefonía móvil o la televisión por satélite. En definitiva, la principal característica de las tecnologías actuales son la capacidad de interconexión de las máquinas y su movilidad, además de la reducción de su tamaño y el incremento de la potencia de procesamiento

Resumiendo, la digitalización de la información, basada en la utilización de tecnología informática y de las redes de telecomunicaciones, es la gran revolución técnica, económica y sociocultural del inicio del siglo XXI. El uso generalizado de las TIC en las transacciones económicas y comerciales, en el ocio y el tiempo libre, en la gestión interna de empresas e instituciones, en las actividades profesionales, en la comunicación entre las personas..., es un hecho evidente e imparable desde hace casi dos décadas. A finales del siglo XX, Castells (1997, p. 56 y ss.) fue explícito al respecto:

> Las nuevas tecnologías de la información no son simples herramientas para ser aplicadas, sino que son procesos para ser desarrollados... Existe un rasgo adicional que caracteriza a la revolución de la tecnología de la información comparada con sus precedentes históricas. Las revoluciones tecnológicas se dieron en un área geográfica relativamente limitada, viviendo a menudo en un espacio y tiempo aislados con respecto a otras regiones del planeta... En contraste, las nuevas tecnologías de la información se han expandido por todo el mundo a la velocidad del relámpago en menos de dos décadas, entre mediados de los 70 y mediados de los 90, desplegando una lógica que yo propongo como característica de esta revolución tecnológica: la aplicación inmediata para su propio desarrollo de las tecnologías que genera, conectando al mundo a través de tecnología de la información.

## 2. Las TIC como recursos o materiales didácticos

Como estamos apuntando, los tiempos han cambiado y vivimos un periodo o etapa histórica en la que se imponen nuevas formas y contenidos culturales transmitidos a través de medios no impresos. En el siglo XX nació la cultura audiovisual (donde se gestaron inventos como el cine o la televisión). Al combinarse la tecnología informática, con la audiovisual y la de las telecomunicaciones han aparecido nuevas formas expresivas de la comunicación humana. Nos ofrecen nuevas experiencias sobre la codificación de la cultura. Los hipertextos, los gráficos en 3D, los mundos virtuales, los videoclips, las simulaciones, la comunicación en tiempo real y simultánea entre varios sujetos a través de un ordenador, la videoconferencia, los mensajes y correos escritos a través de telefonía móvil o de Internet, la navegación a través de la WWW, la presentación multimedia mediante diapositivas digitales, entre otras muchas formas, representan un caleidoscopio de códigos expresivos y acciones comunicativas bien diferenciadas de lo que es la comunicación a través de la escritura y lectura en documentos de papel.

Estas tecnologías configuran lo que se llama «cultura digital», que implica nuevas formas de organización y procesamiento del conocimiento más flexibles, interactivas y que reclaman, a su vez, nuevos modelos de enseñanza y de materiales didácticos. Todas estas tecnologías digitales presentan una serie de rasgos que las diferencian netamente de las impresas (libros, fichas, enciclopedias, cómics...), como se señala en la tabla 1.

Tabla 1. Características de los materiales digitales

| | |
|---|---|
| *Permiten el acceso a una gran cantidad de información.* | Frente a las limitaciones y dificultades de acceso a la información que imponen los libros o los vídeos — ya que éstos tienen que estar disponibles físicamente en el aula o centro para que puedan ser utilizados por el alumnado en el tiempo escolar—, Internet y los discos digitales son recursos que distribuyen y/o almacenan ingentes cantidades de datos (en formato documento de lectura, en imágenes fija, en esquemas y gráficos, en imágenes en movimiento, en sonidos, etc.) susceptibles de ser empleados en un proceso de aprendizaje que requiera del alumnado las habilidades o capacidades de uso inteligente de la información. |
| *La información se representa de forma multimediada. El formato de organización y manipulación de la información es hipertextual.* | Los materiales digitales integran las modalidades simbólicas de los distintos lenguajes de comunicación: textos, imágenes, sonidos, gráficos. Ello redunda en un aumento de la motivación de los usuarios, ya que este formato de presentación de la información suele ser más atractivo y facilita la comprensión de los mensajes. |
| *Permiten publicar y difundir ideas y trabajos con facilidad.* | Frente a las formas tradicionales de acceso a la información que son secuenciales (por ejemplo, la visualización de una película o la lectura de un libro), las llamadas tecnologías digitales almacenan la información de modo tal que no existe una única secuencia de acceso a la misma, sino que las distintas unidades o segmentos de información están entrelazados a través de nodos similares a una red. Mediante herramientas como los blogs o bitácoras o espacios web gratuitos, cualquier profesor o alumno puede difundir a través de Internet sus textos escritos, presentaciones multimedia, fotografías o videoclips elaborados por ellos mismos. |
| *Hacen posible la comunicación interpersonal tanto en tiempo real como diferido.* | Servicios como el correo electrónico, el chat, la videoconferencia, los foros de debate telemáticos... son instrumentos de comunicación que permiten el trabajo colaborativo y el intercambio de documentos, ficheros o cualquier otro producto entre unos alumnos y otros independientemente del tiempo y del espacio. |

Existen distintos formatos didácticos de materiales digitales educativos que implican un diseño de las situaciones de aprendizaje de naturaleza diversa: materiales que cumplen un papel expositivo, que ofrecen experiencias activas de exploración, materiales en formato de colección de recursos, etc. Una clasificación de los materiales didácticos digitales puede verse en la tabla 2.

Tabla 2. Clasificación de los materiales didácticos digitales

| **Tipo de software o material didáctico digital** | **Características** | **Ejemplos** |
|---|---|---|
| TUTORIALES | Materiales expositivos. Transmisión de información. Aprendizaje por recepción. Pueden adoptar el formato de manuales, de guías interactivas, de multimedia estructurado, etc. El contenido es el eje central, acompañado, en ocasiones, de actividades prácticas. | Enseñanza Asistida por Ordenador (EAO). Sistemas Tutoriales Inteligentes (ITS). Cursos *on line* multimedia. |
| EJERCICIOS INTERACTIVOS | Son programas o materiales en formato de pequeña actividad o ejercicio que el estudiante tiene que cumplimentar exitosamente. El software interactúa con el alumno indicándole sus aciertos y errores. | Juegos *on line*. Microactividades interactivas. |
| ENTORNOS PROBLEMATIZADORES GUIADOS | Es un entorno digital estructurado que plantea problemas o proyectos de investigación para que el estudiante los resuelva a través de Internet. Es un aprendizaje experiencial guiado. | *Webquest*. Cazas del tesoro. Investigaciones *online*. Círculos de aprendizaje. |
| ENTORNOS VIRTUALES PARA LA LIBRE EXPLORACIÓN | Se trata de espacios artificiales de la realidad para la interactuación con los sujetos. Es | Micromundos. Laboratorios de ordenadores. |

Tabla 2. *(Continuación)*

| Tipo de software o material didáctico digital | Características | Ejemplos |
|---|---|---|
| | aprendizaje experiencial, con cierto grado de informalidad, desarrollado en entornos virtuales abiertos. | Programas de simulaciones.<br>Multimedia. |
| SOFTWARE PARA LA PRODUCCIÓN Y DIFUSIÓN DE INFORMACIÓN | Son recursos digitales o programas de propósito general para la realización de actividades como componer, dibujar, elaborar gráficos, bases de datos... Estos pueden estar en la nube *(cloud computing)* u *offline,* en los discos de los dispositivos informáticos usados. | Procesadores de texto.<br>Presentaciones multimedia.<br>Procesadores de imágenes<br>Herramientas de la web 2.0.<br>E-portafolio... |
| RECURSOS PARA LA COMUNICACIÓN Y EL AUTOAPRENDIZAJE | Se trata de plataformas y herramientas *on line* que permiten a grupos de profesores y de alumnos comunicarse socialmente en espacios formales e informales de educación. | Redes sociales.<br>LMS: aulas virtuales.<br>Blogs, wikis.<br>PLE.<br>Videoconferencia... |

En líneas generales, podríamos sugerir que la calidad educativa de los materiales digitales distribuidos *on line* debería responder a una serie de características básicas que se resumen como sigue:

- *Deben adecuarse a las características de sus potenciales usuarios.* Es decir, la selección del contenido y de las formas de presentarlo ha de partir y tener en cuenta los conocimientos, capacidades y habilidades previas que poseen los alumnos a los que se destina.
- *Deben responder a un modelo o proceso constructivista del conocimiento.* El alumno aprende a través de su experiencia y, en función de la

misma, tiene que elaborar dicho conocimiento. Este enfoque se contrapone al aprendizaje por recepción.

- *Deben poseer una interfaz atractiva y fácil de usar.* Los materiales han de cuidar su diseño gráfico, tienen que resultar atractivos para el alumno, y su utilización debe ser intuitiva.
- *Deben ser multimedia e hipertextuales.* Conviene diseñar estos materiales incorporando distintas formas de representación simbólica (textual, gráfica, audiovisual, icónica...) y de organización de la información en formato hipertexto.
- *Deben ser interactivos.* Es decir, solicitan al alumno que realice algún tipo de actividad o tarea y reaccionan, en la medida de lo posible, ante la respuesta del mismo.
- *Deben integrarse y responder a las necesidades de desarrollo del currículum escolar.* Todo material educativo es un recurso o instrumento que responde a las exigencias curriculares de una materia y nivel educativo. Éstas deben ser tenidas en cuenta en su elaboración y uso.
- *Deben facilitar la comunicación e interacción con otros sujetos.* La comunicación e interacción social a través de entornos virtuales es una de las grandes posibilidades abiertas por la red. El aprendizaje colaborativo y la configuración de redes sociales entre estudiantes a través de entornos virtuales deberían ser propósitos ineludibles de estos materiales educativos.

## 3. Algunos principios educativos para la enseñanza con TIC

Hace cuarenta años, cuando empezaron las primeras experiencias de aplicación de los ordenadores a la enseñanza —a través de enfoques conocidos como el EAO (Enseñanza Asistida por Ordenador)—, existían muchas promesas y expectativas de que la tecnología informática innovaría y mejoraría la calidad y cantidad de los procesos de aprendizaje. En este sentido se mantuvo una posición ingenua y mecanicista del potencial pedagógico de la informática con relación al aprendizaje. Es decir, se confió, quizás en exceso, en que las máquinas podrían superar muchas de las limitaciones y deficiencias de los docentes: las máquinas no se equivocan, no se cansan, y pueden atender a un número ilimitado de alumnos. Hace décadas, el acento recaía más sobre la máquina que sobre los seres humanos. Con el paso de los años hemos ido obteniendo un valioso conocimiento, muchas veces fruto más de los errores e ingenuidades cometidas que de los aciertos, que nos señala algunos de los criterios y principios que deben ser tenidos en cuenta a la hora de planificar, desarrollar y evaluar proyectos, actividades o unidades de trabajo en el aula basados en el uso de la tecnología. Hoy en día, el acento se pone más sobre las personas y las formas de interacción entre las mismas, y menos sobre la tecnología.

A veces se comete el error de pensar que la mera presencia de las tecnologías en el aula provoca, de forma casi automática, la mejora de la calidad de la enseñanza y facilita el aprendizaje de los estudiantes. Sin embargo, muchos estudios e informes, sobre todo en el contexto europeo, han puesto de manifiesto el impacto y utilización pedagógica de las TIC en las escuelas y dibujan un panorama más gris de lo deseable, menos ilusionante de lo esperado. Existen evidencias de que, en muchas ocasiones, el uso de las TIC en el aula no supone una alteración o innovación de la práctica educativa. De hecho, una gran mayoría de profesores tiende a emplear la tecnología para hacer las mismas tareas que tradicionalmente han realizado con libros y pizarras: exponer los contenidos de forma magistral o indicar al alumnado que realice ejercicios o actividades repetitivas o de bajo nivel de complejidad cognitiva. La innovación está en la tecnología (se cambia el papel por la pantalla), pero no en la pedagogía. Es decir, se incorporan nuevas tecnologías de la información y comunicación al aula, pero son utilizadas bajo un modelo pedagógico tradicional y obsoleto.

Es evidente que cuando un profesor decide emplear las nuevas tecnologías digitales en su docencia inevitablemente se está planteando nuevos retos y desafíos de su profesionalidad. Este proceso de innovación de la práctica docente no es fácil ni se logra en poco tiempo. Por ello, es necesario destacar la idea básica y central de que la planificación de actividades con tecnologías no puede realizarse de modo espontáneo y azaroso, sino que debe partir de un modelo educativo. Es decir, la actividad cobra sentido pedagógico, no por la mera realización de la misma, sino porque ésta es parte de un proceso más amplio dirigido a lograr las metas de aprendizaje que subyacen a un determinado modelo de educación. En pocas palabras, podríamos decir que todo proyecto o tarea didáctica destinada a que el alumnado aprenda a través de la realización de actividades realizadas con las TIC debería planificarse bajo un *modelo educativo* caracterizado por los siguientes aspectos:

- Se ha de alfabetizar al alumnado en competencias digitales e informacionales: es decir formarlo para que pueda reconstruir y dar significado a la multitud de información que obtiene extraescolarmente en los múltiples medios de comunicación digitales de la sociedad del siglo XXI y desarrollar las competencias a fin de utilizar de forma inteligente, crítica y ética la información.

- La metodología de enseñanza que se desarrolle debe caracterizarse por cuestionar el monopolio del libro de texto como fuente única del conocimiento y estimular en el alumnado la búsqueda de nuevas informaciones a través de variadas fuentes y tecnologías, así como la reflexión y el contraste crítico permanente de los datos.
- Enseñar con ordenadores en una perspectiva constructivista significa plantear problemas para que los propios alumnos articulen planes de trabajo y desarrollen las acciones necesarias con las tecnologías de cara a construir y obtener respuestas satisfactorias a los mismos de forma que aprendan a expresarse y comunicarse a través de las distintas modalidades y recursos tecnológicos.
- Frente al aprendizaje como una experiencia individual, el reto es utilizar la tecnología para generar procesos de aprendizaje colaborativo entre los alumnos de la clase y entre clases geográficamente distantes.
- El papel del docente en el aula, más que el de un transmisor de información elaborada, debe ser el de un organizador y supervisor de actividades de aprendizaje que los alumnos realizan con estas tecnologías. Hay que considerar que la alfabetización es multimodal, es decir, el proceso alfabetizador debe desarrollar las competencias en múltiples lenguajes y medios, y ha de partir de las experiencias culturales que el alumnado adquiere extraescolarmente.
- Es preciso planificar el proceso y las actividades de alfabetización informacional, audiovisual y digital como una tarea integrada y transversal en el desarrollo del currículum de todas las materias. Es decir, el proceso de alfabetización múltiple en el alumnado no debe ser planificado como una acción separada y al margen de los contenidos y objetivos curriculares que se desarrollan en el aula.

De este modelo educativo de referencia general para la utilización de las TIC en los procesos de enseñanza-aprendizaje escolares es posible inferir un conjunto de criterios que, a modo de decálogo, pueden servir para guiar la planificación y el desarrollo de prácticas didácticas con TIC en el aula (véase tabla 3).

## 4. Web 2.0 y enseñanza: blogs, wikis y redes sociales

Internet es un espacio en constante evolución. Hace diez años, la red era un espacio preferentemente para la navegación web y, en menor medida, para la comunicación a través del *e-mail* o del *chat.* Hoy en día, Internet es, además de una red de documentos entrelazados, también una red social.

Tabla 3. Decálogo para el uso de las TIC en el aula

Lo relevante debe ser siempre lo educativo, no lo tecnológico. Un docente cuando planifique el uso de las TIC siempre debe tener en mente qué es lo que van a aprender los alumnos y en qué medida la tecnología sirve para mejorar la calidad del proceso de enseñanza que se desarrolla en el aula.

Un profesor o profesora debe ser consciente de que las TIC no tienen efectos mágicos sobre el aprendizaje ni generan automáticamente innovación educativa. El mero hecho de usar ordenadores en la enseñanza no implica ser mejor ni peor profesor ni que sus alumnos incrementen su motivación, su rendimiento o su interés por el aprendizaje.

Es el método o estrategia didáctica junto con las actividades lo que promueve un tipo u otro de aprendizaje. Con un método de enseñanza expositivo, las TIC refuerzan el aprendizaje por recepción; con un método de enseñanza constructivista, las TIC facilitan un proceso de aprendizaje por descubrimiento.

Se deben utilizar las TIC de forma que el alumnado aprenda «haciendo cosas» con las mismas. Es decir, hay que organizar en el aula experiencias de trabajo para que el alumnado desarrolle tareas con las TIC de naturaleza diversa, como pueden ser el buscar datos, manipular objetos digitales, crear información en distintos formatos, comunicarse con otras personas, oír música, ver vídeos, resolver problemas, realizar debates virtuales, leer documentos, contestar cuestionarios, trabajar en equipo, etc.

Las TIC han de ser utilizadas tanto para el trabajo individual de cada alumno como para el desarrollo de procesos de aprendizaje colaborativo entre grupos de alumnos ya sea presencial o virtualmente.

Cuando se planifica una lección, unidad didáctica, proyecto o actividad con TIC debe hacerse explícito, no sólo el objetivo y contenido de aprendizaje de la materia o asignatura curricular, sino también el tipo de competencia o habilidad de alfabetización tecnológica/informacional que se quiere promover en el alumnado.

Es muy importante tener planificados el tiempo, las tareas o actividades, los agrupamientos de los estudiantes, y el proceso de trabajo que tienen que realizar con las computadoras. Cuando se pongan en práctica actividades con los recursos digitales, debe evitarse la improvisación.

Las actividades de utilización de los ordenadores tienen que estar integradas y ser coherentes con los objetivos y contenidos curriculares que se están enseñando. Es decir, el uso de las TIC no debe considerarse ni planificarse como una acción ajena o separada del proceso de enseñanza habitual.

Tabla 3. *(Continuación)*

| |
|---|
| Ha de desarrollarse un proceso de enseñanza de la multialfabetización dirigido a que el alumnado cultive y desarrolle las habilidades de búsqueda, consulta y elaboración de información y de expresión y difusión de la misma a través de diferentes canales y lenguajes, así como para relacionarse y comunicarse con otras personas. |
| Todo proceso de desarrollo de competencias informacionales y digitales debe cultivar simultáneamente la dimensión instrumental, cognitiva, actitudinal y axiológica del aprendizaje del alumnado con relación a la multialfabetización. |

FUENTE: Área, Gros y Marzal (2008).

Por esta razón se ha acuñado el concepto de Web 2.0 para referirse a los nuevos usos del ciberespacio (véase tabla 4). Hemos pasado de los sitios web estáticos y/o multimedia elaborados con la finalidad de ser consultados y vistos por los navegantes (la web 1.0) a una concepción de los sitios web caracterizada por «compartir» información, recursos, ideas, experiencias, archivos —de texto, audio o vídeo— o cualquier otra iniciativa destinada a la creación de redes sociales o espacios virtuales para la colaboración entre personas (la web 2.0). La web 2.0 es sobre todo un concepto o metáfora de un nuevo software social de Internet que permite convertir al navegante no sólo en un mero consumidor de información elaborada por otros, sino también en un emisor, es decir, en un agente o sujeto productor de información.

Tabla 4. La web 2.0

| **La web 2.0 es una filosofía o concepción de la red caracterizada por:** | **La web 2.0 incorpora muchas herramientas o recursos de software (social media) que permiten:** |
|---|---|
| Acceso libre a la información.<br>Compartir el conocimiento.<br>Fácil publicación y libertad de expresión.<br>El usuario como emisor de información y no sólo consumidor de la misma. | Publicación de archivos audiovisuales (YouTube, Vimeo).<br>Publicación de archivos de imagen (Flickr, Picasa).<br>Publicación de presentaciones multimedia (SlideShare).<br>Publicación de espacios web personales (blogs).<br>Publicación compartida (wikis)... |

Los blogs y las wikis son la expresión más conocida y generalizada de esta nueva concepción de Internet. Pero también lo son la publicación de pequeños videoclips, de presentaciones multimedia, de fotografías, de montajes y animaciones, de mensajes de texto... elaborados por cualquier persona y expuestos a la mirada pública a través de la web en sitios como YouTube, Flirck, Vimeo, Ning, Facebook, Twitter...

Por su extensión y utilidad educativa nos detendremos en desarrollar con mayor detalle tres de las herramientas de la web 2.0 que más utilidad están teniendo en la enseñanza: los blogs, las wikis y las redes sociales.

### 4.1 Los blogs educativos

Los blogs, los portales web educativos, las aulas virtuales, los espacios de intercambio de archivos multimedia (de fotos, vídeos o presentaciones), entre otros recursos de la web 2.0, están expandiéndose y popularizándose entre la comunidad de profesionales docentes. Este tipo particular de blogs educativos se conocen como edublog y podríamos definirlo como un blog cuyo eje temático o contenido central es la educación: por ejemplo, un diario de un profesor en el que éste cuente su experiencia o sus reflexiones sobre su docencia, o un espacio para publicar materiales didácticos, artículos o cualquier otro documento educativo. Puede ser un sitio para la comunicación e intercambio entre docentes, o simplemente un lugar donde los alumnos de una clase publique sus tareas bajo la tutela de un profesor.

Un edublog, en consecuencia, es un sitio web abierto a cualquier persona interesada en la educación. En lengua española existen algunos sitios web —en fomato blog— que recopilan, dan acceso o permiten construir blogs de naturaleza educativa. Un concepto muy relacionado con el que estamos comentando es el de videoblog (es decir, un blog apoyado en la utilización de pequeños vídeos) que, aplicado al mundo educativo, recibe el nombre de eduvlog (véase el proyecto eduvlog).

El éxito de los blogs está siendo muy notorio porque de modo rápido, fácil y económico cualquier centro educativo, grupo docente, profesor o clase pueden tener su propio espacio digital de publicación, a modo de página web propia. Asimismo, muchos docentes lo emplean como una herramienta de comunicación con sus propios estudiantes, convirtiendo el blog de la clase en un entorno en el que los estudiantes encuentran las actividades o recursos *on line* que deben emplear en las tareas académicas para obtener aprendizaje.

### 4.2 Las wikis y su potencial educativo

Una wiki puede definirse, en pocas palabras, como una herramienta *on line* para la escritura colectiva. Frente a los procesadores de texto tradicionales ubicados en los discos duros de los ordenadores y que son una herramienta para el trabajo personal, la wiki es un «procesador de texto» abierto y accesible a cualquier cibernauta —siempre que tenga los privilegios necesarios— para la construcción colaborativa de textos de diversa naturaleza. Esta herramienta se popularizó hace algunos años a través de la creación de la enciclopedia virtual denominada *Wikipedia,* pero actualmente la wiki es un recurso empleado en múltiples sectores sociales para trabajar colaborativamente a través de Internet en un mismo proyecto.

En el ámbito educativo, la wiki es una herramienta digital con amplias posibilidades de uso didáctico tanto en los contextos escolares como de educación superior, ya que:

a) Facilitan el trabajo colaborativo entre estudiantes a través de entornos virtuales.
b) Permiten el desarrollo de la metodología de aprendizaje por proyectos.
c) Estimulan la motivación e implicación de los estudiantes en actividades que requieren procesos de búsqueda, análisis y reconstrucción del conocimiento.
d) Posibilitan la publicación y difusión en Internet de los trabajos elaborados por un grupo o equipo de alumnos.
e) Hacen visible el proceso de elaboración de un documento o proyecto grupal dando información de las aportaciones individuales y de las modificaciones del mismo.

Desde la perspectiva del aprendizaje de los estudiantes, las wikis son recursos útiles para el desarrollo de proyectos de investigación en una perspectiva socioconstructivista del conocimiento. Esta herramienta permite, por una parte, que un equipo de alumnos redacte, escriba y reconstruya la información y conocimiento que va elaborando en torno a un determinado tema, problema o caso planteado de forma colectiva. Por otra parte, las wikis al registrar la «historia» de construcción de un documento, ofrecen a los docentes una información altamente valiosa para realizar el seguimiento del proceso de aprendizaje tanto individual como grupal de los estudiantes. Por ello, la wiki tiene una importante *potencialidad evaluativa,* ya que ofrece información detallada sobre el «proceso» de desarrollo de cualquier tarea o producto solicitado a los estudiantes, así como información sobre las aportaciones individuales de cada alumno dentro de su grupo de trabajo.

La wiki es un instrumento o recurso didáctico útil y altamente versátil para la docencia. Útil porque facilita que los estudiantes puedan materializar en un documento virtual distintos tipos de tareas que les hayan sido solicitadas: construir diccionarios, elaborar informes, comentar o analizar casos, elaborar catálogos, redactar diarios, etc. Versátil porque, además de servir para cualquier tarea intelectual que requiera el empleo del lenguaje escrito, puede ser adaptada tanto para el trabajo colaborativo en grupo, como para el trabajo individual. Asimismo, la wiki tiene una potencialidad evaluativa para los docentes muy relevante, ya que ofrece información detallada sobre el «proceso» de construcción colectiva de un documento, así como sobre las aportaciones individuales de cada alumno al mismo.

### 4.3 Las redes sociales: una nueva forma de colaboración entre docentes y estudiantes

De modo cada vez más acelerado empiezan a florecer y expandirse numerosos tipos de redes sociales o comunidades virtuales que persiguen múltiples fines: recibir de forma continuada noticias sobre una temática concreta, participar en subastas o acciones de compra y venta, inscribirse en un curso y recibir formación a distancia, realizar contactos amorosos y/o sexuales, jugar con videojuegos en formato de red, desarrollar actividades de colaboración profesional, ser miembro de una comunidad de amigos que chatean habitualmente, participar en juegos de rol, compartir aficiones diversas (música, deporte, filatelia...).

El fenómeno de las redes sociales o comunidades virtuales está creciendo en estos dos o tres últimos años de forma paralela al desarrollo de servicios y herramientas de la denominada web 2.0. En líneas generales se pueden identificar tres grandes tipos de redes, aunque el límite que diferencia a unas de otras es a veces difuso. En este sentido podemos hablar de:

- Redes de propósito general o de masas o megacomunidades (por ejemplo, Facebook, MySpace, Twitter).
- Redes abiertas para compartir archivos sean en formato videoclip, presentación, fotografías... (por ejemplo, YouTube, SlideShare, Snips, Flirck, Google Sites, Google Docs, SlideShare...).
- Redes temáticas o microcomunidades con un interés específico (por ejemplo, Ning, Elgg, GROU.PS, Google Groups...).

Este último tipo de comunidades o redes temáticas no se dirige al público en general, sino a grupos o poblaciones pequeñas de potenciales usuarios vinculados por una afinidad temática: la música, el deporte, los automóviles, el sexo, la religión, la literatura, etc. En este tipo de redes lo valioso, interesante y útil no es la «cantidad» de personas unidas a dicha red, sino la «calidad» de la participación y comunicación entre los miembros de la comunidad virtual. Es decir, quienes integran una red pequeña deben estar aportando información, experiencias, comentarios, archivos... que sean percibidas como interesantes por el resto de la comunidad. Si la participación o comunicación social no funciona, la red se vuelve inoperante y poco a poco acaba desapareciendo por inanición.

Una red, grupo o colectivo de docentes podría ser definida como una comunidad profesional creada para la autoformación o el aprendizaje compartido que se caracteriza por ser una iniciativa voluntaria de profesores, democrática en su origen y funcionamiento, con un fuerte compromiso con la innovación, el cambio y la mejora educativa, y con unas metas y unos propósitos compartidos. Por ello, las preguntas que cabe plantearnos son de qué forma las TIC pueden ayudar o ser útiles a una comunidad o grupo social como es el caso de los colectivos docentes, en qué medida estas redes virtuales facilitan la autoformación colaborativa entre el profesorado, y, por último, si las actuales redes virtuales de docentes disponibles en Internet son útiles y generan procesos comunicacionales variados y participativos entre el profesorado. Hemos de considerar las redes sociales como espacios necesarios y complementarios para la colaboración y la autoformación entre profesores, ya que tienen el potencial de intercambiar de modo espontáneo y permanente información, materiales didácticos o debatir sobre problemas comunes de su ámbito profesional. Un fenómeno similar empieza a ocurrir con las redes sociales de los propios estudiantes, como son el caso de Tuenti o Facebook, las cuales tienen un poderoso influyo de apoyo mútuo y aprendizaje informal entre los mismos, pero también pueden ser reguladas por los docentes con fines formales educativos (De Haro, 2010).

En definitiva, Internet y en particular los *social media* de la web 2.0 pueden ser un factor que ayude a construir y desarrollar un modelo de enseñanza más flexible, donde prime más la actividad y la construcción del conocimiento por parte del alumnado a través de una gama variada de recursos que la mera recepción pasiva del conocimiento a través de apuntes y/o libros.

## 5. Enseñar con TIC en el aula: tipos de actividades

Las TIC, al igual que cualquier otro material o recurso didáctico, posibilitan el desarrollo y puesta en práctica de distintas tareas de aprendizaje de naturaleza diversa. En cualquier contexto formativo (en un aula escolar, en un curso de *e-learnig,* en un portal educativo…) podemos realizar actividades como las siguientes (véanse tablas 5 y 6):

1. Buscar, seleccionar y analizar información en Internet con un propósito determinado.
2. Adquirir las competencias y habilidades de manejo de las distintas herramientas y recursos tecnológicos: saber manejar software diverso, gestionar un sistema operativo…
3. Cumplimentar y realizar distintas tareas de aprendizaje como pueden ser:

- Redactar textos escritos a través de computadoras.
- Elaborar presentaciones multimedia.
- Resolver ejercicios y juegos *on line.*
- Desarrollar proyectos de trabajo en WWW.
- Exponer públicamente proyectos o trabajos en el aula mediante pizarras digitales.
- Comunicarse y trabajar colaborativamente a distancia con otros estudiantes y aulas empleando los recursos de Internet: redes sociales, foros, wikis, blogs, correos…

Tabla 5. Posibles actividades y recursos TIC sobre búsqueda y adquisición de información

| Actividad didáctica | Material y/o recurso digital |
| --- | --- |
| Acceder y consultar bases de datos documentales. | Portales web especializados. |
| Acceder y consultar enciclopedias, diccionarios y otras obras de referencia. | Portales web de consulta (wikipedia, diccionario RAE…) y enciclopedias en CD-ROM (Encarta y similares). |
| Visitar y obtener información de instituciones, empresas, asociaciones o personas individuales. | Sitios web oficiales de dichas instituciones, empresas… |
| Realizar búsquedas temáticas sobre un tema específico. | Buscadores y enlaces o links de páginas especializadas temáticamente. |

- Expresarse y difundir sus ideas y trabajos empleando distintas formas y recursos tecnológicos (elaborar montajes audiovisuales, multimedia, páginas web).

Una clasificación de actividades genéricas de aprendizaje que los alumnos podrían realizar empleando los recursos digitales se basa en la naturaleza de la actividad de aprendizaje que persigue la formación compentente de los estudiantes en el uso inteligente, culto y ético de las TIC. Esta clasificación se organiza en torno al uso educativo de las TIC como recurso para la adquisición y comprensión de la información, para la comunicación e interacción social y para la expresión y difusión de información.

Tabla 6. Posibles actividades y recursos TIC sobre comunicación e interacción social

| Actividad didáctica | Material y/o recurso digital |
|---|---|
| Mantener correspondencia escolar entre aulas. | Correo electrónico, foros virtuales, wikis. |
| Crear una red social informal entre los miembros de la clase, del colegio o de otros centros. | Red social (Tuenti, Facebook, Twitter, Ning, Elgg…). |
| Debates, preguntas o intercambio de mensajes telemáticos. | Foro virtual. |
| Comunicación de noticias al alumnado en un aula virtual. | Tablón virtual. |
| Debate e interacción audiovisual entre personas distantes. | Videoconferencia. |
| Envío de trabajos al profesor. | Transferencia de ficheros en aulas virtuales o como fichero adjunto en correo electrónico. |
| Tutorización *on line* entre profesor y alumnado. | Mensajes personales a través de correo electrónico. |
| Publicar y difundir trabajos propios a través de Internet. | Blogs, sitios web personales y/o de portales de una comunidad. |

Tabla 6. *(Continuación)*

| Actividad didáctica | Material y/o recurso digital |
|---|---|
| Publicar en Internet y compartir ficheros digitales. | Sitios web de publicación compartida (YouTube, Flirck, SlideShare, etc.). |
| Exponer públicamente un trabajo, proyecto o contenido. | Pizarra digital, presentación multimedia. |
| Redactar trabajos personales y/o cualquier otro tipo de documento. | Procesadores de texto. |
| Crear documentos o ficheros multimedia. | Software de presentaciones multimedia. |
| Generar videoclips o audiovisuales. | Software de edición audiovisual. |
| Elaborar un texto, un glosario, un proyecto de investigación, un plan de trabajo, una enciclopedia de forma colaborativa a través de la red. | Wikis. |
| Crear una biblioteca con documentos digitales. | Listado de enlaces web. |
| Elaborar un diario de autoaprendizaje por parte del alumnado. | Blog y/o procesador de texto. |
| Elaboración de videoclips y montaje de imágenes. | Software de edición imagen y vídeo (Video Editor, Nero, Muvee Now, Photostory...). |
| Elaboración de presentaciones multimedia. | Software de presentaciones (Power Point y otros similares). |

## 6. TIC y enseñanza: a modo de síntesis final

Cerraremos este capítulo resumiendo las aportaciones más destacables de las TIC, en general, y de Internet en particular a la enseñanza:

- El uso de las tecnologías digitales con fines educativos ha abierto nuevas dimensiones y posibilidades en los procesos de enseñanza-aprendizaje, ya que oferta una gran cantidad de información interconectada para que el usuario la manipule; permite una mayor individualización y flexibilización del proceso instructivo adecuándolo a las necesidades particulares de cada usuario; representa y permite transmitir la información a través de múltiples formas expresivas, provocando la motivación del usuario; hace posible una mayor interacción comunicativa entre las personas, configurando redes sociales, y ayuda a superar las limitaciones temporales y/o distancias geográficas entre docentes y educandos y, de este modo, facilita extender la formación más allá de las formas tradicionales de la enseñanza presencial configurando lo que se conoce como *e-learning*.

- La web 2.0 tiene implicación prácticas para el uso educativo de las TIC. Utilizar pedagógicamente este conjunto de recursos o herramientas supone desarrollar un modelo de *e-learning* o de enseñanza presencial con TIC que vaya más allá de realizar ejercicios en la página web o blog de la asignatura o de un aula virtual dentro de una plataforma estándar de teleformación. Un modelo educativo innovador de enseñanza con las TIC implica que nuestros alumnos escriban, se comuniquen y participen activamente en Internet y no sólo lean, vean o reciban. Esto supone organizar actividades prácticas o experienciales para que nuestros estudiantes elaboren:

  — Wikis para que desarrollen proyectos de trabajo y/o investigación colectiva.
  — Blogs para que escriban sus diarios de clase, divulguen sus propias producciones o comenten noticias relacionadas con los conocimientos de la asignatura.
  — Debates colectivos a través de foros y otras herramientas de comunicación.
  — Objetos digitales tales como vídeos, presentaciones multimedia o cualquier otro fichero vinculado con los contenidos de estudio.

- Las TIC permiten superar las limitaciones provocadas por la separación en el espacio y/o el tiempo del profesor y los alumnos. Se ofrecen más oportunidades de formación a todas las personas que por diversos motivos (lejanía, horario de trabajo, atención al hogar, minusvalías...) no pueden acudir de forma presencial a las aulas de los centros educativos.
- Las TIC ofrecen disponibilidad permanente en cualquier momento de multitud de recursos y materiales educativos que son difundidos y accesibles a través de Internet y que posibilitan un aprendizaje activo de los estudiantes, ya que estos materiales presentan características como la hipertextualidad, la interactividad y la presentación multimedia de la información.

- Las TIC posibilitan el aprendizaje constructivo del conocimiento de forma social. Las redes telemáticas permiten la creación de comunidades virtuales de aprendizaje. De este modo, mediante plataformas como Tuenti, Ning, Facebook, Twitter, Elgg, etc., tanto los docentes como los propios estudiantes pueden desarrollar comunidades o redes sociales de aprendizaje informal caracterizadas por el intercambio comunicativo entre iguales.

## Bibliografía

Area, M. (2007): «Algunos principios para el desarrollo de "buenas prácticas" pedagógicas con las TIC en el aula». *Comunicación y Pedagogía*, 222, pp. 42-47.

— (2008): «La innovación pedagógica con TIC y el desarrollo de las competencias informacionales y digitales». *Investigación en la escuela*, 64, 5-17.

—, Gros, B. y Marzal, M. A. (2008): *Alfabetizaciones y TIC*. Madrid: Síntesis.

Bartolomé, A. (2008): *El profesor cibernauta. ¿Nos ponemos las pilas?* Barcelona: Ariel.

Cabero, J. (2007): *Nuevas tecnologías aplicadas a la educación*. Madrid: McGraw-Hill / Interamericana de España.

Castells, M. (1997): *La era de la información*. Madrid: Alianza Editorial.

Coll, C. (2008): «Aprender y enseñar con las TIC: expectativas, realidad y potencialidades». *Boletín de la Institución Libre de Enseñanza*, 72, 17-40.

De Haro, J. J. (2010): *Redes sociales en la educación*. Madrid: Anaya Multimedia

De Pablos, J. (coord.) (2009): *Tecnología educativa. La formación del profesorado en la era Internet*. Málaga: Aljibe.

—, Area, M., Valverde, J. y Correa, C. (coords.) (2010): *Políticas educativas y buenas prácticas con TIC*. Barcelona: Graó.

Gallego, D. y Alonso, C. (1999): *El ordenador como recurso didáctico*. Madrid: UNED.

Gros, B. (2000): *El ordenador invisible. Hacia la apropiación del ordenador en la enseñanza*. Barcelona: Gedisa.

Gutiérrez Martín, A. (2003): *Alfabetización digital. Algo más que ratones y teclas*. Barcelona: Gedisa.

Marchesi, A. y Martín, E. (2003): *Tecnología y aprendizaje. Investigación sobre el impacto del ordenador en el aula*. Madrid: SM.

Monereo, C. (coord.) y otros (2005): *Internet y competencias básicas. Aprender a colaborar, a comunicarse, a participar, a aprender*. Barcelona: Graó.

OCDE (2010): *¿Están los aprendices del nuevo milenio alcanzando el nivel requerido? Uso de la tecnología y resultados educativos en PISA*. Instituto de Tecnologías Educativas/OCDE. (Consultado el 12/1/2011).

Sancho, J. M.ª (coord.) (2006): *Tecnologías para transformar la educación*. Madrid: Akal.

Sanmartín, A. (2009): *La escuela enredada*. Barcelona: Gedisa

Segura, M., Candioti, C. y Medina, J. (2007): *Las TIC en la educación: panorama internacional y situación española.* CNICE-Fundación Santillana. http://www.fundacionsantillana.org/Contenidos/Spain/SemanaMonografica/XXII/DocumentoBasico.pdf. (Fecha de acceso: 3 de enero de 2008).

Sigalés, C., Mominó, J. M., Meneses, J. y Badía, A. (2009): *La integración de Internet en la educación escolar española: situación actual y perspectivas de futuro.* Barcelona: Planeta.

# 12. La evaluación de los aprendizajes

Margarita Pino-Juste

> No todo lo que se enseña debe convertirse automáticamente en objeto de evaluación. Ni todo lo que se aprende es evaluable; [...] afortunadamente los alumnos aprenden mucho más de lo que el profesor suele evaluar.
>
> Álvarez Méndez, 2001

## 1. Introducción

La evaluación del aprendizaje es una de las mayores dificultades con las que se encuentra el profesor durante el proceso instrucional, sobre todo en lo que respecta a qué evaluar, cómo evaluar y cuándo evaluar.

Sin embargo, normalmente la evaluación escolar se explicita únicamente a través de la nota de los alumnos, que la ven, por su parte, como un acto unilateral que permite la promoción de un curso a otro y no como parte del proceso de enseñanza-aprendizaje. Además, para muchos profesores es una mera obligación con el fin de premiar a los mejores alumnos. De ahí que la evaluación sea vista como un castigo o como medio para demostrar la autoridad del profesor.

Si fuera fácilmente predecible lo que el alumnado aprende en un proceso de enseñanza-aprendizaje, no habría necesidad de evaluar. Bastaría con constatar que los estudiantes asisten a clase. Sin embargo, la experiencia nos indica que los estudiantes aprenden de una particular secuencia de enseñanza y que su aprendizaje puede ser muy diferente de lo que el docente en un principio pretendía. En este contexto la evaluación se convierte en un aspecto central del proceso y en un rasgo que define la instrucción efectiva: la evaluación es la única manera de saber si lo que se ha enseñado fue aprendido (William, 2009).

De ahí que los educadores seamos cada vez más conscientes de la importancia y repercusiones de la evaluación y que exista una mayor preocupación por la validez y fiabilidad de los instrumentos, ya que muchas veces la calificación realizada por los profesores genera perjuicios. De hecho, el profesor rara vez tiene en cuenta los conocimientos previos del alumnado, lo que desmotiva de cara a nuevos aprendizajes. Muchos de los saberes que el alumno construye fuera del contexto escolar y son válidos en su medio pierden su validez en la escuela. Además, por mucho rigor que los profesores queramos dar a la evaluación, los instrumentos de evaluación tienen un componente de subjetividad inevitable desde la selección de las tareas, hasta cómo se presentan, pasando por el lenguaje que utilizamos.

De hecho, la evaluación escolar se ha constituido en una herramienta de exclusión del saber de determinada parte de la población. Estigmatiza a la mayoría del alumnado y determina quién promociona, quién encuentra un mejor trabajo, quién desempeña un papel social destacado, etc. Tengamos en cuenta que la evaluación tiene como objetivo recoger datos respecto de la situación escolar del alumno dadas unas condiciones del proceso de enseñanza concretas, y estos datos influyen en la autoestima del alumnado, en su autoconcepto, en su exclusión escolar y puede impedir el acceso a un conocimiento sistematizado, eliminando así la oportunidad de participar socialmente de forma activa.

Por lo tanto, será importante invertir el papel de la evaluación en el proceso de enseñanza-aprendizaje para que pase de ser un castigo a convertirse en una oportunidad. Ya a finales de la década de los noventa en un estudio realizado por Buendía, González y Carmona (1999) se constataba que los profesores, independientemente de la materia que imparten, atribuyen a la evaluación una función sancionadora.

Para ello, debemos implementar formas de evaluación estandarizadas, cuyos resultados sean constatables, medibles, cuantificables y objetivos y fiables. Es decir, una evaluación que tenga como meta la recogida de información desde una perspectiva formativa donde todas las informaciones recogidas colaboren en la toma de decisiones, en general basada en un juicio de valor que tiene un patrón preestablecido.

En definitiva, la evaluación tiene como finalidad conocer el grado de dominio alcanzado por el alumnado en relación con los objetivos propuestos y determinar si el diseño del proceso de enseñanza ha sido adecuado para alcanzar esos objetivos. Hemos de ver la evaluación como una oportunidad para el aprendizaje donde el educador pasa de ser un mero recolector de datos cuantificables a ser un investigador del aprendizaje del alumnado donde es capaz de realizar una retroalimentación positiva que permita un aprendizaje continuo (Hattie y Timperley, 2007). Es decir, la evaluación formativa permitirá al alumno tomar el control de su propio aprendizaje y que los estudiantes sean vistos como un activo en lugar de tener un papel pasivo. Ello conlleva profundos cambios en la manera en que los profesores deberán organizar las evaluaciones y apoyar el aprendizaje (Nicol y Macfarlane-Dick, 2006).

Desde esta perspectiva la evaluación será útil, ya que se convierte en un instrumento para mejorar globalmente el proceso de enseñanza-aprendizaje.

## 2. Aclaración conceptual

### 2.1 Evaluación

Normalmente entendemos por evaluar el estimar o calcular los conocimientos, aptitudes o rendimiento del alumnado. Podemos también concebir la evaluación como una oportunidad para conocer y adoptar decisiones que conduzcan a la mejora de este rendimiento, ya que esta evaluación puede resultar una oportunidad para el cambio y la mejora del proceso.

Este proceso interrumpido conlleva según Díaz Alcaraz (2002, p. 288) cuatro fases fundamentales: obtención de información, formulación de juicios, toma de decisiones y comunicación de los resultados de la evaluación.

Pero la evaluación no solamente debe referirse al rendimiento académico del alumnado, sino también a otras dimensiones como: políticas educativas, centros, programas, profesorado o la propia evaluación (metaevaluación), lo que obliga a una reflexión sobre cuáles son las funciones de una escuela y cuáles son los indicadores fundamentales, lo que implica a todos los protagonistas del proceso de enseñanza-aprendizaje (Pérez Juste, 2002; Martínez Lobato, 2007).

Se comenzó a hablar de evaluación aplicada a la educación con Tyler (1949), que es considerado el padre de la evaluación educacional. Sin embargo, la eclosión de las propuestas de modelos o diseños de evaluación en educación se produce alrededor de los años setenta y ya no surgen nuevas propuestas, salvo excepciones. Sin embargo, sí se siguen buscando clasificaciones según diversos criterios (Escudero, 2003). El problema es, según este autor, que a la hora de plantearnos una investigación evaluativa no contamos con modelos bien fundamentados, definidos, estructurados o completos que nos permitan un análisis adecuado a nuestra realidad educativa.

En este texto solamente nos vamos a centrar en la evaluación del aprendizaje y de los resultados obtenidos por el alumnado, donde es preciso tener en cuenta las aptitudes cognitivas, socio-afectivas y psicomotoras, aunque podemos seguir a Shepard (2006) para conocer un panorama histórico de la medición educativa en las aulas y a Arnal et al. (1992) para comprobar una clasificación de los diseños de investigación educativa.

Sin embargo, sí nos vamos a detener en los diferentes conceptos que muchas veces se confunden y se utilizan incluso como sinónimos de evaluación.

### 2.2 Medición

La medición se refiere al proceso de obtención, estructuración y organización de datos de la realidad que deseamos evaluar y que permite tomar decisiones adecuadas.

### 2.3 Clasificación

La clasificación tiene como objetivo atribuir un mérito relativo a cada alumno ordenándolos estos según sus competencias. En este caso, la clasificación es un medio sencillo para informar al alumno de su posición respecto al grupo y de su grado de éxito en el aprendizaje.

### 2.4 Calificación

La calificación se refiere a la interpretación de la información de acuerdo con un criterio o escala arbitraria que se interpreta en juicios de valor. En el sistema educativo español esta nota varía entre 1 y 10, donde 1 es la mínima puntuación, y 10, la máxima.

Denuncia López Pastor (2005) que, cuando se confunde evaluar con calificar, los efectos son una menor calidad educativa, peores aprendizajes en el alumnado, un incremento de la mercantilización y el credencialismo y una importante desprofesionalización docente.

Para evitar estos efectos, el proceso de evaluación debe planificarse para obtener una información rigurosa que permita dar validez y fiabilidad a los resultados.

## 3. Tipos y funciones de la evaluación

Para intentar aclarar las diferentes clasificaciones (véase tabla 1) que se realizan de la evaluación, especificaremos las distintas modalidades de evaluación con mayor utilización dentro del sistema educativo.

### 3.1 Según la función de la evaluación: diagnóstica, formativa y sumativa

Son las funciones más conocidas de la evaluación, ya que aparecen en el año 1967 de la mano de Scriven, aunque comenzaron a ser empleadas en la evaluación de los aprendizajes del alumnado por Bloom, Hastings y Madaus (1971).

La evaluación diagnóstica tiene como objetivo conocer las capacidades del alumnado para determinar el punto de partida, el progreso y los resultados alcanzados y diseñar nuevos aprendizajes (Escudero Muñoz, 2007).

La evaluación formativa es aquella que se realiza durante el proceso de enseñanza-aprendizaje para conocer cuáles son los niveles de aprendizaje y comparar el rendimiento con los objetivos propuestos y cómo se podría mejorar el nivel actual de entendimiento y los objetivos mediante una retroalimentación constante. Además, permite al docente reflexionar sobre su enseñanza y a los alumnos sobre su propio proceso de aprendizaje a través de diversos instrumentos (Pérez Gómez, 2002).

Diferentes investigaciones sugieren que los estudiantes con experiencias de evaluación formativa aprenden más. De ahí que Brookhart, Moss y Long (2006) sugieran que es preciso:

- Comunicar claramente los objetivos de aprendizaje a los estudiantes.
- Interpretar correctamente el trabajo de los estudiantes, el comportamiento y el discurso acerca de sus logros.
- Proporcionar información clara, descriptiva y vinculada con los objetivos de aprendizaje y con la progresión en el estudio en función de las necesidades y de la motivación del estudiante.

Además, la retroalimentación debe tener las siguientes características:

- Ser frecuente e interactiva.
- Ser informativa y descriptiva de los trabajos del alumno no de la persona.
- Estar enfocada a un nivel adecuado de abstracción (que será diferente según la tarea y las características psicoevolutivas del alumnado) y a la participación del estudiante en la autoevaluación.

Para conseguir estas premisas es importante crear un buen ambiente de aprendizaje de formación, lo que no resulta una tarea sencilla (Bennett, 2011). Además, no disponemos de descripciones de prácticas específicas de evaluación formativa en temas específicos, y los que se han publicado han sido en su mayoría realizados en el Reino Unido (Wiliam, Lee, Harrison y Negro, 2004).

Sin embargo, sabemos, según Broadfoot, Daugherty, Gardner, Gipps, Harlen, James y Stobart (1999), que la mejora del aprendizaje a través de la evaluación formativa depende de cinco factores claves:

1. La provisión de retroalimentación efectiva a los alumnos por parte del profesor.
2. La involucración activa del alumnado en su propio aprendizaje.
3. El ajuste de la enseñanza teniendo en cuenta los resultados de la evaluación.
4. Un reconocimiento de la profunda influencia que tiene la evaluación sobre la motivación y la autoestima del alumnado, las cuales tienen cruciales influencias en el aprendizaje.
5. La necesidad del alumnado de ser capaz de evaluarse a sí mismo y comprender cómo mejorar.

Estos mismos autores propusieron también el término «evaluación para el aprendizaje» para referirse a la evaluación que se realiza frecuentemente y es planificada al mismo tiempo que la enseñanza. También Hargreaves (2005) ha investigado extensamente este término.

La «evaluación para el aprendizaje» puede ser conceptualizada según Wiliam & Thompson (2007) como aquella constituida por cinco estrategias claves:

1. Clarificar, compartir y comprender las metas de aprendizaje y los criterios de logro.
2. Diseñar discusiones de clase efectivas, preguntas y tareas que permitan obtener evidencias acerca del aprendizaje.
3. Proveer retroalimentación que permita a los alumnos avanzar.
4. Promover a estudiantes como recursos de enseñanza para otros alumnos.
5. Promover a los estudiantes como los dueños de su propio aprendizaje.

Con el fin de ofrecer una definición comprensiva de evaluación formativa, Black y Wiliam (2009, p. 6) propusieron la siguiente:

> La práctica en una clase es formativa en la medida en que la evidencia acerca de los logros de los estudiantes es obtenida, interpretada y usada por docentes, aprendices o sus pares para tomar decisiones acerca de sus próximos pasos en la instrucción que tengan probabilidades de ser mejores, o mejor fundadas, que las decisiones que ellos hubieran tomado en la ausencia de la evidencia que fue obtenida.

De todos modos hay que tener en cuenta como señalan Black, Harrison, Lee, Marshall y Wiliam, (2003) la brecha entre los resultados positivos de la investigación sobre la evaluación formativa y la baja aceptación de estas ideas por parte de los maestros en ejercicio. Por ello sugieren que los maestros necesitan un apoyo estructurado, ya que no se ocuparán de ideas que suenen atractivas, aunque estén basadas en una extensa investigación, si éstas se presentan como principios generales y no se traducen en actividades para la práctica diaria. Lo que necesitan es una variedad de ejemplos y ver casos concretos que puedan mejorar de forma significativa su práctica docente.

Según Shepard (2006), la evaluación formativa, eficazmente implementada, puede hacer tanto o más para mejorar la realización y los logros que cualquiera de las intervenciones más poderosas de la enseñanza.

Por último, la evaluación sumativa se refiere a la evaluación de los productos. Lo que se intenta es determinar el grado en que se han conseguido las intenciones educativas. Pretende la medición de procesos terminados de forma precisa. No se puede modificar, ajustar o mejorar el objeto de la evaluación.

Como ya hemos señalado más arriba, la calificación y la evaluación sumativa según Shepard (2006) constituyen una seria amenaza para los objetivos de aprendizaje de la evaluación formativa. De acuerdo con las últimas investigaciones, las prácticas de las calificaciones pueden minar el proceso de aprendizaje de varias maneras. En primer lugar, las pruebas y las tareas calificadas comunican al alumnado lo que es importante aprender. Si estas mediciones divergen de las metas del aprendizaje que se valoran, entonces los estudiantes concentran su atención y esfuerzo sólo en la porción calificada del currículum. En segundo lugar, el uso de calificaciones como premio o como castigo puede socavar la motivación intrínseca de aprender. En tercer lugar, a aquellos estudiantes a quienes los criterios de las calificaciones les parezcan fuera de su alcance, éstas les pueden hacer reducir su esfuerzo y su ulterior aprendizaje. En cuarto lugar, la naturaleza comparativa de las prácticas tradicionales de calificación puede reducir la buena voluntad de los estudiantes de ayudar a otros o de aprender de los demás.

Santos Guerra (1993) se refiere a alguna de estas amenazas como «los efectos secundarios del sistema» y entre otros señala que se estudia y se aprende para el examen, la vida escolar se convierte en una preparación permanente de exámenes, la evaluación tiende a actuar para muchos alumnos como un sistema que registra el fracaso más que como un sistema que apoya el aprendizaje y mejora el rendimiento, sin olvidar la considerable desprofesionalización docente.

### 3.2 Según se extensión: global o parcial

En la evaluación global se abarcan todos los componentes o dimensiones del proceso de enseñanza-aprendizaje: alumnos, centro educativo, programa, profesorado, etc. En este caso, la modificación de algún componente tiene efectos en los demás.

La evaluación parcial pretende el estudio o valoración de determinados componentes de un centro, de un programa educativo, del rendimiento del alumnado, etc.

### 3.3 Según los agentes de la evaluación: interna o externa

La evaluación interna está promovida por los propios protagonistas del proceso, o sea, es realizada en las escuelas por los profesores o técnicos en ella, y la evaluación externa es la realizada por personas ajenas al proceso; normalmente se denomina «evaluación de expertos», aunque se puede hablar también de evaluación externa a la realizada por los padres o los medios de comunicación social o cuando el profesor que realiza la evaluación no es el mismo que desempeña la labor docente.

### 3.4 Según los protagonistas de la evaluación: autoevaluación, coevaluación y heterovaluación

En la autoevaluación, el alumno es el agente y objeto de la evaluación, mientras que en la heteroevaluación es otra persona la que realiza la evaluación sobre una tarea, actuación o rendimiento.

Desde la perspectiva de coevaluación la evaluación es entendida como una negociación entre los participantes con responsabilidades particulares definidas y, por lo tanto, es resultado de un diálogo entre las partes, normalmente profesores y alumnos.

De hecho, la evaluación no tiene por qué ser una tarea exclusiva del profesor. Esta actividad puede ser compartida por el alumnado, los padres, con servicios de apoyo específico, con profesionales de la comunidad y, normalmente, tiene múltiples ventajas, dado que los alumnos se hacen responsables de su aprendizaje y poseen una visión más positiva y útil de la evaluación.

No debemos olvidar aquí que muchos alumnos tienen la misma idea de la evaluación que los profesores y solamente resaltan lo negativo, lo que puede provocar rechazo entre los miembros de un mismo grupo por lo que será necesario explicar la finalidad de la evaluación.

### 3.5 Según el nivel de explicitación: explícita o implícita

La evaluación puede presentar diferentes niveles de explicitación en función del conocimiento que los sujetos poseen de la situación de evaluación.

La evaluación explícita es una situación de evaluación formal y así reconocida por los sujetos objeto de evaluación donde éstos conocen los criterios de evaluación, mientras que la evaluación implícita es una evaluación de carácter informal, de manera que la situación no está definida como de evaluación y los sujetos no perciben que están siendo evaluados.

### 3.6 Según el momento de la evaluación: inicial, continua y final

La evaluación inicial se realiza al comienzo del curso académico o de la implantación de un programa educativo. Consiste en la recogida de información en los primeros pasos del proceso y resulta imprescindible para iniciar cualquier cambio educativo, para decidir los objetivos que se pueden y deben conseguir y para valorar si al final de un proceso los resultados adquiridos son satisfactorios o insatisfactorios.

La evaluación continua es la que se realiza de forma regular durante el proceso de enseñanza-aprendizaje y permite tomar decisiones de mejora durante el propio proceso.

La evaluación final consiste en la recogida y valoración de los resultados de un proceso de enseñanza-aprendizaje al concluir un periodo de tiempo previsto con el fin de determinar el nivel de consecución de los objetivos.

### 3.7 Según los criterios de comparación: autorreferencia o heterorreferencia

La autorreferencia se considera una evaluación referida al individuo centrada en los aspectos de las ganancias o retrocesos del alumnado, donde la referencia comparativa es el propio sujeto en diferentes momentos del proceso de enseñanza-aprendizaje.

En la heterorreferencia, la referencia no es el propio sujeto, centro o programa. Puede ser criterial o normativa.

Según la evaluación con referencia a un criterio, el alumno es evaluado con respecto a un criterio ya establecido previamente sin que exista necesariamente comparación entre el alumnado. Es el caso en el que comparamos el rendimiento del alumno con los objetivos que debería haber alcanzado en un determinado plazo de tiempo.

Según la evaluación normativa, el referente de comparación es el nivel general de un grupo normativo determinado por el resto del alumnado.

Tabla 1. Tipos de evaluación

| Criterio | Tipo | Definición |
|---|---|---|
| *Finalidad y función* | Diagnóstica | Pretende conocer las capacidades del alumnado para establecer el punto de partida y diseñar nuevos aprendizajes. |
| | Formativa | *Evaluación para el aprendizaje.* Se utiliza como estrategia de mejora y para ajustar el proceso de enseñanza-aprendizaje sobre la marcha, de cara a conseguir las metas u objetivos previstos. |
| | Sumativa | *Evaluación del aprendizaje.* Se refiere a la evaluación de productos. Se determina el grado en que se han conseguido las intenciones educativas. Pretende la medición de procesos terminados de forma precisa. No se puede modificar, ajustar o mejorar el objeto de la evaluación. |
| *Extensión* | Global | Se pretende abarcar todos los componentes o dimensiones del proceso de enseñanza-aprendizaje: alumnos, centro educativo, programa, profesorado, etc. |
| | Parcial | Persigue el estudio o valoración de determinados componentes de un centro, de un programa educativo, de rendimiento de los alumnos, etc. |
| *Agentes evaluadores* | Interna | Es promovida por los propios protagonistas del proceso. |
| | Externa | Se realiza por personas ajenas al proceso; normalmente se denomina «evaluación de expertos». |
| *Protagonista* | Autoevaluación | En ella, el sujeto evalúa sus propias actuaciones. |
| | Coevaluación | Consiste en la evaluación conjunta por alumnos y profesores de las actividades realizadas. |
| | Heteroevaluación | Consiste en la evaluación que realiza una persona sobre otra: normalmente la que el profesor lleva a cabo sobre su alumnado. |

Tabla 1. *(Continuación)*

| Criterio | Tipo | Definición |
|---|---|---|
| *Niveles de explicitación* | Explícita | Los sujetos objeto de evaluación conocen los criterios de evaluación y saben que se les está evaluando. |
| | Implícita | Es una evaluación de carácter informal de modo que los sujetos no perciben que están siendo evaluados. |
| *Momento de aplicación* | Inicial | Pretende informarse de los conocimientos previos del alumnado. |
| | Procesual o continua | Observa los procesos de aprendizaje de los alumnos, ofreciendo el apoyo pedagógico oportuno y, en caso necesario, permite modificar las estrategias a lo largo del proceso. |
| | Final | Posibilita conocer el grado de dominio de objetivos y contenidos y valorar los resultados del aprendizaje y el proceso. |
| *Criterio de comparación* | Autorreferencia | Está referida al propio sujeto. |
| | Heterorreferencia | Se comparan los resultados de un proceso educativo con los objetivos previamente fijados. Puede ser:<br>• Criterial. El alumno es evaluado con respecto a los atributos estándar de desempeño establecidos independientemente de su grupo de referencia.<br>• Normativa. El referente de comparación es el nivel general de un grupo normativo determinado (otros alumnos, centros, programas o profesores). |

## 4. Cómo evaluar

### 4.1 Principales premisas para la elección de instrumentos

Dado que cada alumno tiene características diferentes, no podemos tratarlos a todos por igual. Cada alumno, en función de sus características, tiene más facilidad para demostrar sus conocimientos mediante un tipo de técnica u otra (López Frías y Hinojosa Kleen, 2000).

Consideramos que la selección de técnicas e instrumentos de evaluación debe tener en cuenta:

1. La naturaleza y características del área o materia o componente curricular que se pretenda evaluar.
2. Los objetivos y competencias que se van a evaluar (información, habilidad, actitudes, aplicación de conocimientos, resolución de problemas, etc.).
3. El tiempo del que dispone el profesor tanto para el diseño de técnicas como para su corrección.
4. El número de alumnos.

Por otro lado, los instrumentos de evaluación:

1. Deben estar en consonancia con los métodos didácticos utilizados.
2. Han de reflejar las necesidades del mundo real, aumentando las habilidades de resolución de problemas y de construcción de significado.
3. Deben tener en cuenta cómo los estudiantes resuelven problemas y no solamente atender al producto final de una tarea, ya que el razonamiento determina la habilidad para transferir aprendizaje.
4. Tienen que reflejar los valores de la comunidad intelectual.
5. No deben estar limitados a una ejecución individual, ya que las actividades de la vida diaria requieren la habilidad de trabajo en equipo.
6. Deben permitir variedad de soluciones, ya que las situaciones de la vida real raramente tienen solamente una alternativa correcta.
7. Han de promover la transferencia de aprendizajes de forma que se utilicen adecuadamente las herramientas de aprendizaje.
8. Tienen que exigir de los estudiantes que comprendan el todo, no sólo las partes.
9. Deben permitir a los estudiantes escoger una forma de respuesta con la cual se sientan cómodos.

No existe un instrumento de evaluación perfecto que dé una radiografía completa de la realidad que pretendemos evaluar, de ahí la necesidad de construir instrumentos en función de competencias concretas e indicadores pedagógicos determinados, intentando definir las mejoras en el aprendizaje y detectando los errores lo antes posible para realizar una retroalimentación eficaz.

Hemos de apostar por instrumentos de evaluación rigurosos en lo que se refiere a su fiabilidad y validez. De todos modos, no podemos reducir la evaluación a un único instrumento; cuantos más instrumentos utilicemos mayor será nuestro conocimiento del proceso individualizado de cada alumno y mejor será nuestro apoyo y seguimiento en cada caso.

Desde luego, el hecho de que el proceso de enseñanza-aprendizaje pase a centrarse en el alumno, implica utilizar nuevos métodos y técnicas como los trabajos colaborativos, las técnicas de grupo, el aprendizaje basado en proyectos, etc.

## 4.2 Técnicas e instrumentos

La evaluación tendrá un carácter eminentemente formativo con el fin de detectar las dificultades en el instante en que se produzcan y ofrecer medidas de refuerzo o adaptaciones curriculares en cualquier momento del curso.

Esta conceptualización de la evaluación exige una utilización de técnicas e instrumentos muy variados que permitan valorar el dominio de destrezas de pensamiento superior, de actitudes, de resolución de problemas complejos, etc.

Para ello, y siguiendo fundamentalmente a Moral, Caballero, Rodríguez y Romero (2009, pp. 304 y ss.), utilizaremos diversas técnicas de observación y análisis que resumimos en la tabla 2.

Debemos tener en cuenta que algunos de estos instrumentos son más difíciles de utilizar en el aula que otros. Es el profesor es el que debe determinar cuáles serán más adecuados y utilizar unos u otros en función de los objetivos que pretende evaluar y las tareas desarrolladas.

También debemos saber que no hay un instrumento mejor que otro o que nos ofrezca información más completa, veraz o nítida. Un mismo problema presentado de forma diferente puede conducir a niveles de realización diferentes. Además la misma respuesta leída por diferentes evaluadores tiene distintas interpretaciones que resultan muchas veces divergentes. Y el mismo evaluador en momentos diferentes interpreta de forma distinta las mismas respuestas del alumnado.

Tabla 2. Técnicas e instrumentos de evaluación

| Técnicas | Instrumentos | Objetivo |
|---|---|---|
| *Test* | De respuesta corta.<br>De completar.<br>De verdadero-falso.<br>De asociación.<br>De opción múltiple. | Las pruebas objetivas son un conjunto vertebrado de preguntas claras y precisas que demandan una respuesta breve.<br>Fórmula de puntuación: *A-E* / (n-1) donde:<br>*A* = n.º de respuestas acertadas (puntuación directa).<br>*E* = n.º de respuestas erróneas.<br>*n* = n.º de alternativas de respuesta en cada ítem. |
| *Informes (pruebas escritas)* | De ensayo y composición.<br>De respuesta breve.<br>De texto incompleto.<br>Preguntas de correspondencia o emparejamiento.<br>Preguntas de analogías/diferencias.<br>Preguntas de interpretación y/o elaboración de gráficos, mapas, estadísticas, etc.<br>Solución de proyectos, problemas o casos.<br>Debates.<br>Trabajos monográficos, pequeñas investigaciones, etc. | Se trata de situaciones controladas donde se intenta verificar el grado de rendimiento o aprendizaje logrado por los estudiantes a través de la interpretación de textos escritos o comentarios, figuras, gráficos, tablas, cartas, mapas, etc. |
| *Observación* | Escala de observación.<br>Lista de control.<br>Escalas de producción escolar.<br>Escalas de ordenación o clasificación.<br>Registro de anécdotas o incidentes críticos.<br>Fichas de observación.<br>Rúbricas.<br>Diarios de clase. | Son instrumentos diseñados para identificar la presencia o ausencia de una serie de características durante la ejecución de las tareas por parte del alumnado.<br>Pueden utilizarse para el seguimiento de trabajos individuales o de grupo. |
| *Análisis de contenido* | Revisión de tareas. | Serie de tareas que se realizan en clase con el fin de valorar el nivel de |

Tabla 2. *(Continuación)*

| Técnicas | Instrumentos | Objetivo |
|---|---|---|
| | | comprensión o ejecución por parte del alumnado en el proceso de enseñanza-aprendizaje, normalmente se recogen en un cuaderno o portafolio. |
| *Encuestas* | Entrevistas. | El profesor puede determinar los progresos realizados por el alumno de manera privada sin sufrir las comparaciones con otros. |
| | Cuestionarios. | Es una técnica de recogida de información a través de la cumplimentación de una serie de preguntas, escritas u orales, para recopilar datos. |
| | Técnicas sociométricas.<br>Exámenes orales. | Determinan cómo se sienten los alumnos en clase, cuál es la relación con sus compañeros y con el profesor, o cómo se ven a sí mismos en relación con el resto de la clase.<br>Exposiciones individuales o en grupo. |
| *Metacognitivas o de metaaprendizaje* | Mapas conceptuales de Novak. | Son diagramas que ordenan y jerarquizan las relaciones entre los conceptos interpretados por el alumnado. |
| *Entornos virtuales* | Portfolio. | Es una colección organizada y debidamente planeada de los trabajos producidos por el alumnado a lo largo de un periodo de tiempo determinado, tales como ensayos, análisis de textos, composiciones escritas, problemas matemáticos resueltos, dibujos, proyectos, reflexiones, grabaciones, etc. |
| | Edublogs. | Un weblog, blog, bitácora o edublog en el mundo educativo es un sitio web, formado por artículos *(post)* de uno o varios autores cuyo principal objetivo es apoyar el proceso de enseñanza y aprendizaje en un contexto educativo. |

## 5. Procedimientos y criterios de evaluación

Teniendo en cuenta las premisas anteriores hemos de evaluar el aprendizaje pero también el proceso de enseñanza con el fin de introducir mejoras en el mismo.

Los criterios de evaluación del aprendizaje figuran en los decretos de currículum de cada comunidad autónoma definidos por áreas. Los criterios de evaluación del proceso se recogen en un decreto específico para cada etapa educativa.

Por ejemplo, según la Orden de 23 de noviembre de 2007 por la que se regula la evaluación en la Educación Primaria en la Comunidad Autónoma de Galicia (DOG de 30 de noviembre de 2007), similar en otras comunidades autónomas, se especifica que la evaluación del proceso de aprendizaje del alumnado será continua, global, formativa e integradora y tendrá en cuenta su progreso en el conjunto de todas las áreas del currículum.

La evaluación se llevará a cabo, por lo tanto, teniendo en cuenta los diferentes elementos del currículum y como referente los criterios de evaluación de las áreas para valorar tanto el grado de adquisición de las competencias básicas como de la consecución de los objetivos.

La evaluación continua tendrá un carácter formativo y permitirá incorporar medidas de ampliación y refuerzo para todo el alumnado en cualquier momento del ciclo, y estará dirigida a garantizar la adquisición de los aprendizajes imprescindibles para continuar el proceso educativo.

También se realizará, en sesiones grupales del profesorado, una evaluación de los procesos de enseñanza y de la práctica docente en relación con la adecuación al alumnado, con el logro de los objetivos de la etapa y de las áreas, y con el desarrollo de las competencias básicas, incluyendo, al menos, los siguientes aspectos:

a) La adecuación de los objetivos, contenidos y criterios de evaluación a las características y necesidades del alumnado.
b) Los aprendizajes alcanzados por el alumnado.
c) Las medidas de atención a la diversidad aplicadas.
d) La programación y su desarrollo, la organización del aula, el aprovechamiento de los recursos del centro y los procedimientos de evaluación del alumnado.
e) La coordinación entre el profesorado del ciclo y entre los diferentes ciclos y del profesorado del tercer ciclo con el de Educación Secundaria.

En función de estas premisas, para determinar los procedimientos de evaluación, además de acudir a la bibliografía especializada, hemos hecho un repaso por las páginas web de algunos centros educativos. Enumeramos a continuación algunos de los principios más repetidos:

- Deben ser muy variados, de modo que permitan evaluar los distintos tipos de capacidades, destrezas y contenidos curriculares y contrastar los mismos aprendizajes obtenidos a través de sus distintos instrumentos.
- Han de poder ser aplicados tanto por el profesor como por los alumnos en situaciones de autoevaluación y de coevaluación.
- Tienen que incorporar distintos códigos (verbales, orales, escritos, gráficos, numéricos, audiovisuales, etc.) cuando se trate de pruebas dirigidas al alumno, de modo que se adecuen a las distintas aptitudes y que el código no mediatice el contenido que se pretende evaluar.
- Deben ser aplicables en situaciones más o menos estructuradas de la actividad escolar.
- Han de permitir evaluar la transferencia de los aprendizajes a contextos distintos de aquellos en los que se han adquirido.
- Tienen que utilizar la evaluación formativa como referente principal de la evaluación del aprendizaje. Esta evaluación tendrá en cuenta los conocimientos previos del alumnado. Los progresos realizados en cada evaluación serán recogidos como evaluación sumativa en relación con la evaluación inicial.
- Serán dados a conocer tanto a los alumnos como a las familias los objetivos e información concreta de lo que se pretende evaluar, es decir qué se va a evaluar así como los criterios de evaluación.
- Se evitarán los sesgos o deformaciones en la interpretación de las evidencias.
- Se elaborarán con anticipación las pautas de respuesta y se utilizarán pautas de corrección.
- Se intentará aplicar al mismo sujeto variadas situaciones evaluativas orientadas hacia los mismos aprendizajes para evitar que la calificación sea fruto de la técnica y no del aprendizaje.
- Hay que velar por que el ambiente de aplicación de las situaciones sea similar en cuanto a recursos, espacios y tiempo.
- Las pruebas deberán estar relacionadas con los temas y ejercicios realizados en clase.
- Se ha de construir una comprensión compartida de la importancia de la valoración para conseguir el aprendizaje.

Fullan, Hill y Creola (2006) añaden también que:

- Se deben establecer herramientas de valoración formativa parejas a los objetivos de aprendizaje.

- Las técnicas utilizadas no pueden consumir mucho tiempo y deben facilitar un análisis de datos casi automático que permita tener información válida para la toma de decisiones.
- Hay que utilizar la información de la valoración de cada estudiante para diseñar procesos instructivos personalizados que optimicen la efectividad del proceso de enseñanza-aprendizaje.

## Bibliografía


Álvarez Méndez, J. M. (2001): *Evaluar para conocer, examinar para excluir*. Madrid: Morata.

Arnal, J., Del Rincon, D. y Latorre, A. (1992): *Investigación educativa. Fundamentos y metodología*. Barcelona: Labor.

Bennett, R.E. (2011): «Formative assessment: a critical review». *Assessment in Education: Principles, Policy & Practice*, 18(1), pp. 5-25.

Black, P. J. y Wiliam, D. (2009): «Developing the theory of formative assessment», *Educational Assessment, Evaluation, and Accountability*, 1(1), pp. 5-31.

—, Harrison, C., Lee, C., Marshall, B. y Wiliam, D. (2003): *Assessment for learning: Putting it into practice*. Maidenhead, RU: Open University Press.

Bloom, B., Hastings, J. T. y Madaus, G. (1971): *Handbook on Formative and Sumative Evaluation of Student Learning*. Nueva York: McGraw-Hill Book Company.

Broadfoot, P. M., Daugherty, R., Gardner, J., Gipps, C. V., Harlen,W., James, M., et al. (1999): *Assessment for learning: Beyond the black box*. Cambridge, UK: University of Cambridge School of Education.

Brookhart, S. M., Moss, C. M. y Long, B. A. (2006): *Teacher Inquiry into Formative Assessment Practices in Title 1 Reading Classrooms*. Center for Advancing the Study of Teaching and Learning Department of Foundations and Leadership School of Education Duquesne University. CASTL Technical Report Series No. 2-06. http://www.duq.edu/castl/_pdf/CASTL_Technical_Report_2_06.pdf. (Fecha de acceso: 20 de abril de 2011).

Buendía Eisman, L., González González, D. y Carmona Fernández, M. (1999): «Procedimientos e instrumentos de evaluación en educación secundaria», *RIE. Revista Investigación Educativa*, 17(1), pp. 215-236.

Díaz Alcaraz, F. (2002): *Didáctica y currículum. Un enfoque constructivista*. Cuenca: Universidad de Castilla-La Mancha.

Escudero, T. (2003): «Desde los test hasta la investigación evaluativa actual. Un siglo, el XX, de intenso desarrollo de la evaluación en educación». Revista ELectrónica de Investigación y EValuación Educativa *Relieve*, 9(1). http://www.uv.es/RELIEVE/v9n1/RELIEVEv9n1_1.htm. (Fecha de último acceso: 20 de abril de 2011).

Escudero Muñoz, J. M. (2007): «Evaluación de diagnóstico: integración, comprensión y mejora de la educación». *Organización y Gestión Educativa*, 15(2), pp. 13-16.

Fullan, M., Hill, P. y Creola, C. (2006): *Breakthrough*. Londres: Sage.

Gimeno Sacristán, J. (2002): «La evaluación en la enseñanza», en Gimeno Sacristán J. y Pérez Gómez, A., *Comprender y transformar la enseñanza,* Madrid: Morata, pp. 334-352.

Hargreaves, E. (2005): «Assessment for learning? Thinking outside the (black) box». *Cambridge Journal of Education*, 35(2), pp. 213-224.

Hattie, J. y Timperley, H. (2007): «The power of feedback». *Review of Educational Research*, 77(1), pp. 81-112.

López Frías B. S. y Hinojosa Kleen, E. M. (2000): *Evaluación del aprendizaje. Alternativas y nuevos desarrollos.* México: Editorial Trillas.

López Pastor, V. M. (2005): «La evaluación como sinónimo de calificación. Implicaciones y efectos en la educación y en la formación del profesorado». *REIFOP*, 8(4) http://www.aufop.com/aufop/home/ (Fecha de último acceso: 18 de febrero de 2011).

Martínez Lobato, E. (2007): «La evaluación externa en educación». *Revista Avances en Supervisión Educativa,* 5, http://adide.org/revista/images/stories/revista5/pdf05/ase05m05_martinez.pdf?phpMyAdmin=BJkT-tBEqK-xal12hom7ikt6vVu2. (Fecha de último acceso: 18 de febrero de 2011).

Moral, C., Caballero, K., Rodríguez, M.ª J. y Romero, M.ª A. (2009): «La evaluación en la enseñanza». En Moral Santaella, C. y Pérez García, M. P. (coords.), *Didáctica. Teoría y práctica de la enseñanza.* Madrid: Pirámide, pp. 304-319.

Nicol, D. J. y Macfarlane-Dick, D. (2006): «Formative assessment and self-regulated learning: A model and seven principles of good feedback practice». *Studies in Higher Education*, 31(2), pp. 199-218.

Pérez Gómez, A. (2002): «La función y formación del profesor/a en la enseñanza para la comprensión. Diferentes perspectivas». En Gimeno Sacristán J. y Pérez Gómez, A. *Comprender y transformar la enseñanza*. Madrid: Morata.

Pérez Juste, R. (2002): «La evaluación de programas en el marco de la educación de calidad». *XXI Revista de Educación,* 4, pp. 43-76

Santos Guerra, M. A. (1993): *La evaluación: un proceso de diálogo, comprensión y mejora.* Málaga: Aljibe.

Scriven, M. (1967): «The Methodology of Evaluation», en R. Tyler, R. M. Gagné e M. Scriven (eds.), *Perspectives of Currículum Evaluation,* AERA Monograph Series on Currículum Evaluation (1). Chicago: Rand Mac Nally, pp. 39-83.

Shepard, L. A. (2006): «Classroom assessment», en R. L. Brennan (ed.), *Educational Measurement* (pp. 623-646). Westport, CT: Praeger. Traducción al español en: http://www.oei.es/pdfs/aprendizaje_en_el_aula.pdf

William, D. (2009): «An Integrative Summary of the Research Literature and Implications for a New Theory of Formative Assessment», en Andrade, H. y Cizek, G. J. (eds.), *Handbook of Formative Assessment.* Nueva York y Londres: Routledge.

Wiliam, D. y Thompson M.˙ (2007): «Integrating Assessment with Instruction: What Will It Take to Make It Work?», en Carol A. Dwyer (ed.), *The Future of Assessment: Shaping Teaching and Learning,* Mahwah, N.J.: Lawrence Erlbaum Associates, pp. 53-82.

—, Lee, C., Harrison, C. y Black, P. (2004): «Teachers developing assessment for learning: impact on student achievement». *Assessment in Education,* 11, 49-65.

# 13. Unidades didácticas

# 13.1. Unidad didáctica de Educación Infantil: *¡¡¡Cuántas emociones!!!*

**M.ª Teresa Domínguez Pérez**
**Margarita Pino-Juste**

## 1. Justificación

La unidad didáctica que presentamos corresponde a la etapa de Educación Infantil y 1.er ciclo de Educación Primaria y ha sido desarrollada en un centro rural agrupado donde las aulas están diseminadas por todo el ayuntamiento. Se implementará la primera quincena de octubre. Su diseño se justifica por la necesidad de que el alumnado sea consciente de sus emociones para poder controlarlas con objeto de lograr su autorregulación. También se pretende la empatía, el arte de escuchar, resolver conflictos y colaborar con los demás.

Tiene como base el proyecto educativo de centro en el que se integran el plan lector, plan TIC, plan de convivencia (Decreto 85/2007 de 12 de abril, DOG 8/5) y la igualdad entre sexos. Además, promueve los objetivos y los principios y fines de la educación establecidos en la LOE 2/2006, de 3 de mayo, y en el Decreto 130/2007, de 28 de junio.

Esta unidad didáctica se vincula con el área de conocimiento de sí mismo y autonomía personal (bloque del cuerpo y la propia imagen y bloque de cuidado personal y la salud), también se relaciona con el área de conocimiento del medio (bloque de cultura y vida en sociedad) y con el área de comunicación y representación (expresión de sentimientos y también para comprender las representaciones de la realidad que hacen los seres humanos, bloque de lenguaje verbal, lenguaje audiovisual y lenguaje artístico-musical corporal).

Por lo que respeta a la Educación Primaria, se imbrica con las áreas de conocimiento del medio natural, social y cultural, área de educación artística y área de lengua y literatura.

Esta propuesta didáctica tiene como eje vertebrador el arte (pintura y escultura): *El beso,* de Rodin; *La danza,* de Matisse, y los cuentos: *Gato Guille y los monstruos* y *¿Qué tal vegetal?*

## 2. Competencias básicas

### 2.1 Competencia en comunicación lingüística

Diremos que nuestro alumnado es competente en el ámbito lingüístico si utiliza el lenguaje como instrumento de comunicación oral y escrita, de representación, interpretación y comprensión de la realidad, de construcción y comunicación del conocimiento y de organización y autorregulación del pensamiento, de las emociones y de la conducta.

### 2.2 Competencia matemática

Nuestro alumnado tendrá competencia matemática si emplea y relaciona los números, sus operaciones básicas, los símbolos y las formas de expresión y razonamiento, matemático, tanto para producir como para interpretar distintos tipos de información. También se hace un uso funcional de aspectos cuantitativos y espaciales de la realidad que le permitan resolver problemas relacionados con la vida cotidiana. Asimismo manejará elementos básicos matemáticos como números de diferentes tipos (medidas, símbolos...) en situaciones reales y de la vida diaria, al mismo tiempo que realiza razonamientos matemáticos.

### 2.3 Competencia en el conocimiento y la interacción con el mundo físico

Diremos que el alumnado es competente si tiene habilidad y autonomía para interactuar con el mundo físico comprendiendo sucesos y hechos y previniendo posibles consecuencias. También ha de ser capaz de cuidar del medio ambiente y de proteger la salud individual y la colectiva. Deberá ser consciente de la influencia de las personas en los espacios, en los paisajes, pero siempre que preserven la diversidad natural y realicen un uso correcto, responsable y racional de los recursos.

### 2.4 Tratamiento de la información y competencia digital

Se tendrá desarrollada esta competencia si tiene habilidad para buscar, obtener, procesar y comunicar información, pero también si esa información es capaz de transformarla en conocimiento usando las TIC como elemento esencial para informarse, aprender y comunicarse en soportes orales, impresos, audiovisuales, digitales o multimedia.

### 2.5 Competencia social y ciudadana

Nuestro alumnado tendrá desarrollada esta competencia si tiene habilidad para comprender la realidad social en la que vive, al mismo tiempo que coopera, interacciona, resuelve conflictos, toma decisiones, elige, se responsabiliza, tiene consciencia de las emociones y las autorregula, se conoce, se valora, se expresa en diferentes situaciones, valora la vida comunitaria y comprende su funcionamiento, aprecia las diferencias entre las personas como algo enriquecedor, reconoce la igualdad y emplea la negociación y el consenso para llegar a acuerdos como forma de solucionar conflictos, tanto en el ámbito individual como en el social.

### 2.6 Competencia cultural y artística

Para considerar desarrollada esta competencia, los alumnos y alumnas han de tener habilidad para comprender, conocer, apreciar y valorar diferentes manifestaciones culturales y artísticas, utilizándolas como fuente de enriquecimiento y de gozo y considerándolas como parte del patrimonio de los pueblos. También serán competentes si son capaces de apreciar el hecho cultural en general, y el hecho artístico en particular, para lo cual deberán echar mano de habilidades de pensamiento, perceptivas y comunicativas, sensibilidad y sentido estético a fin de poder comprenderlas, valorarlas, emocionarse y disfrutarlas.

### 2.7 Competencia para aprender a aprender

Nuestro alumnado tendrá desarrollada esta competencia si tiene habilidad para iniciarse en el aprendizaje autónomo, saber buscar información y ser capaz de continuar aprendiendo de manera cada vez más eficaz y autónoma de acuerdo con los propios objetivos y necesidades. También deberá ir tomando conciencia de sus capacidades —intelectuales, emocionales, físicas—, así como conocer el proceso y las estrategias necesarias para desarrollarlas; habrá de ser capaz de interiorizar lo que se puede hacer por sí mismo y lo que se puede hacer con ayuda de otras personas o recursos.

Significa también que debe ser consciente de lo que sabe y de lo que es necesario aprender, de cómo se aprende y de cómo se gestionan y controlan de forma eficaz los procesos de aprendizaje, optimizándolos y orientándolos a satisfacer objetivos personales.

### 2.8 Autonomía e iniciativa personal

Nuestro alumnado tendrá desarrollada esta competencia se tiene adquirida la conciencia y aplicación de un conjunto de valores y actitudes personales interrelacionados como la responsabilidad, la perseverancia, el autoconocimiento y la autoestima, la creatividad, la autocrítica, el control emocional, la capacidad de elegir, de calcular riesgos y de afrontar sus problemas, así como la capacidad de demorar la necesidad de satisfacción inmediata, de aprender de los errores y de asumir riesgos. Por otra parte deberá ser capaz de elegir con criterio propio, de proponer proyectos y de llevar adelante las acciones necesarias para desarrollar las opciones y planes personales —en el marco de proyectos individuales o colectivos— responsabilizándose de ellos tanto en el ámbito personal como en el social.

## 3. Objetivos

### 3.1 Objetivos generales por áreas

| Conocimiento de sí mismo y autonomía personal: el cuerpo la propia imagen / juego y movimiento / actividad diaria / el cuidado personal y la salud | CC.BB. | | | | | | | |
|---|---|---|---|---|---|---|---|---|
| | 1 | 2 | 3 | 4 | 5 | 6 | 7 | 8 |
| Avanzar en la construcción de una imagen real y positiva de sí mismo, identificando características y cualidades personales. | X | | | | X | X | X | X |
| Conocer y representar el propio cuerpo, identificando sus partes y función y descubriendo las posibilidades de acción y expresión. | X | | | | X | | X | X |
| Emplear el juego y el movimiento para la coordinación corporal, control corporal y aceptación de reglas. | X | X | | | | X | X | X |
| Identificar los propios sentimientos, emociones, necesidades y preferencias y ser capaz de expresarlos y comunicarlos. | X | | | | X | | X | X |

| | | | | | | | | |
|---|---|---|---|---|---|---|---|---|
| Realizar de manera cada vez más autónoma, actividades y tareas sencillas para resolver problemas de la vida cotidiana. | | | | | X | | X | X |
| Respetar las características de los demás sin discriminar por razones de sexo u otra característica. | | | | | X | | X | X |
| Progresar en la adquisición de hábitos y actitudes relacionadas con la seguridad, la higiene y el fortalecimiento de la salud. | | | | | X | | X | X |
| **Conocimiento del entorno: medio físico: elementos, relaciones y medida / acercamiento a la naturaleza / cultura y vida en sociedad** | **CC.BB.** | | | | | | | |
| | **1** | **2** | **3** | **4** | **5** | **6** | **7** | **8** |
| Descubrir y comprender el entorno físico y social donde se desarrolla. | | | X | | X | | X | X |
| Tener gusto por conocer normas y modos de comportamiento de los grupos sociales. | | | | | X | | X | X |
| Orientarse y actuar autónomamente en los espacios cotidianos. | | | | | X | | X | X |
| Valorar la importancia del medio natural y de su calidad para la vida. | | | X | | X | | X | X |
| Participar en los diversos grupos en los que se relaciona tomando progresivamente en consideración a los otros. | | | | | X | | X | X |
| Utilizar la representación matemática para describir objetos, sus características y propiedades, situaciones, resolver problemas… | | X | X | | | | X | X |
| **Lenguajes (comunicación y representación): lenguaje / verbal / Lenguaje artístico: plástica, musical y corporal / lenguaje audiovisual** | **CC.BB.** | | | | | | | |
| | **1** | **2** | **3** | **4** | **5** | **6** | **7** | **8** |
| Comunicar deseos, emociones e informaciones de manera oral y escrita. | X | | | X | X | | X | X |
| Comprender las intenciones y mensajes de otros niños y adultos, adoptando una actitud positiva hacia las lenguas. | X | | | X | | X | X | X |
| Valorar la tradición cultural gallega, comprendiendo, reproduciendo y recreando algunos de sus textos. | X | | | X | X | X | X | |

| | | | | | | | | |
|---|---|---|---|---|---|---|---|---|
| Progresar en el conocimiento y manejo de materiales audiovisuales y de las TIC. | x | | | x | | | x | x |
| Hacer uso de la biblioteca, valorándola como fuente de información y placer. | x | | | x | | x | x | x |
| Descubrir y emplear diversos lenguajes, técnicas y soportes, acercándose al conocimiento de creaciones musicales. | x | | | x | | x | x | x |
| Iniciarse en el uso oral de una lengua extranjera para comunicarse en actividades dentro del aula. | x | | | x | | | x | x |

## 3.2 Objetivos didácticos

| Objetivos Didácticos | C1 | C2 | C3 | C4 | C5 | C6 | C7 | C8 |
|---|---|---|---|---|---|---|---|---|
| Describir los rasgos y características de identidad propios de hombres y mujeres. | | | * | | * | | * | * |
| Diferenciar, describir y expresar sentimientos positivos y negativos, agradables y desagradables. | | | | | | | | |
| Apreciar la importancia de respetar los sentimientos de los demás. | | | * | * | | | * | * |
| Reconocer que todas las personas tienen los mismos derechos aunque sean diferentes. | | | * | | | | | * |
| Emplear comprensivamente distintos tipos de textos y lenguajes: periodísticos, poéticos, orales, verbales, plásticos… | | | * | | * | | * | * |
| Aplicar la conducta más apropiada en una situación con reta. | | | | | * | | * | * |
| Debatir sobre la importancia de aceptar a las personas sin distinción. | * | | * | | | | * | * |
| Explicar las razones de las decisiones propias tras una reflexión. | * | | | | | | * | * |
| Emplear las series numéricas, formas, tamaños, colores… para seriar, clasificar, cuantificar, contar, agrupar… | | * | | | | | * | * |
| Desarrollar las capacidades de expresión oral, escrita, corporal, musical… | * | | | | | * | * | * |

| | | | | | | | | |
|---|---|---|---|---|---|---|---|---|
| Discriminar y emplear constructivamente el vocabulario de la unidad. | * | | | | | | * | * |
| Emplear las tecnologías de la información y la comunicación para la búsqueda y creación de información. | * | | | * | | | * | * |
| Identificar y emplear diferentes tipos de lenguajes: plástico, corporal-musical... | * | | | | | | * | * |

## 4. Contenidos educativos

Los contenidos educativos están organizados en función de las áreas ya descritas en la justificación de la unidad. No pueden verse como independientes, sino que deben visualizarse de forma inclusiva y relacional, ya que su interconexión es muy significativa y deben entenderse como ámbitos de actuación, como espacios de aprendizaje de actitudes, procedimientos y conceptos.

| Contenidos educativos | C1 | C2 | C3 | C4 | C5 | C6 | C7 | C8 |
|---|---|---|---|---|---|---|---|---|
| Reconocimiento de diferentes sentimientos y emociones. | | | + | | | | | |
| Toma de decisiones relacionadas con problemas de la vida diaria. | | | | | + | | + | + |
| Utilización comprensiva de diferentes tipos de textos y lenguajes en varios idiomas. | + | | | + | | | + | + |
| Empleo de la lectura e interpretación de imágenes de sentimientos. | + | | | | + | | + | + |
| Aprecio por los sentimientos propios y ajenos. | | | | | | | + | + |
| Respeto por la diversidad emocional, cultural, social, cognitiva. | | | | | + | + | + | + |
| Identificación de los derechos humanos de todos. | | | | | + | | + | + |
| Empleo de conceptos matemáticos aplicados a la vida iaria y al tema. | | + | | | | | + | + |
| Clasificación de los objetos atendiendo a las propiedades (color, tamaño, forma...). | | + | + | | | | + | + |
| Utilización del vocabulario básico relacionado con el centro de interés en frases coherentes, rimas y pareados. | + | | | | | | + | + |

| | | | | | | | | |
|---|---|---|---|---|---|---|---|---|
| Coordinación y control en habilidades manipulativas de carácter grueso y fino. | + | + | + | | | | + | + |
| Participación y colaboración en las diferentes actividades desarrolladas en los distintos espacios escolares. | | | + | | | | + | + |
| Experimentación con las TIC, PDI, para conseguir un acercamiento a este medio. | + | | | + | | | + | + |
| Actitud autónoma y de agrado por utilizar y compartir espacios escolares con los demás. | | | | | + | | + | + |
| Aceptación de las normas y reglas de convivencia armónica y respetuosa. | | | | | + | | + | + |
| Gusto e interés por las actividades de expresión y comunicación y por descubrir las partes principales de los recursos literarios: versos, portadas, contraportada, autores, ilustradores, editoriales… | + | | | | | + | + | + |
| Actitud abierta a la participación y colaboración entre iguales. | | | | | + | | + | + |
| Curiosidad por manipular, crear e explorar en TIC, libros, arte. | + | + | + | | + | | + | + |
| Identificación y empleo del vocabulario del tema para crear pequeñas frases o textos en los tres idiomas. | + | | | | | | + | + |
| Identificación y empleo del arte para reconocimiento de características físicas y emocionales de las personas. | + | | | | | | + | + |

## 5. Metodología

### 5.1 Planteamientos metodológicos

La exigencia de orientar y dar sentido educativo a la educación infantil hace necesario explicitar unos principios metodológicos que enmarquen la acción pedagógica sustentada en el trabajo en equipo y la toma de decisiones consensuadas, en una propuesta diversificada, que permita adaptarse las individualidades del alumnado.

Tres son los parámetros que van a definir nuestra metodología: el constructivismo (Piaget), el aprendizaje significativo (Ausubel) y la zona de desarrollo próximo (Vigotsky). Según el constructivismo, se concibe el conocimiento como una construcción que realiza el alumno en su interacción con el medio. La actividad constructiva del alumnado parte de los esquemas previos que éste posee; debemos tener en cuenta que nuestro conocimiento se modifica y acrecienta en la medida en que incorporamos nuevos elementos al esquema o que coordinamos varios esquemas entre sí a través del proceso de adaptación sin olvidarnos de la consistencia evolutiva.

El aprendizaje significativo se entiende como un proceso de relación con sentido entre las nuevas ideas y las que posee el alumno. Aquí, el profesor es el mediador que facilita esa relación.

Si la conexión del nuevo material de aprendizaje es arbitraria o no se integra mediante la comprensión, se producirá tan sólo la memorización de un aprendizaje condenado al olvido. Por tanto, todo aprendizaje significativo supone, por un lado, memorizar de forma comprensiva y, por otro lado, asegurar la funcionalidad de lo aprendido, de modo que se adapte a nuevas situaciones futuras.

Sin embargo, para que se produzca, exige las siguientes condiciones:

- El contenido tiene que ser potencialmente significativo, tanto desde el punto de vista de la estructura lógica del área como de la estructura psicológica del alumno.
- El proceso de enseñanza-aprendizaje debe conectar con las necesidades, la experiencia y la vida cotidiana del alumnado, sobre todo a estas edades tan tempranas.
- Ha de haber voluntad o disposición favorable para aprender por parte del alumno: éste debe estar motivado, para que se despierte en él el interés, la curiosidad y el gusto por la observación.

La zona de desarrollo próximo se refiere a las condiciones en que se produce el aprendizaje. Si definimos la zona de desarrollo próximo como el espacio entre la capacidad autónoma del alumno y lo que puede realizar mediante apoyos específicos, el tránsito por esta zona deberá contar con la ayuda del profesor y los compañeros.

Por tanto, al comienzo de cada bloque temático será necesario prever una actividad de prospección de las ideas o concepciones previas relativas a esos temas para contribuir a la propia autoconciencia del alumno.

Los principios que darán vida a esta perspectiva didáctica serán, entre otros:

- *Individualización.* Tiene en cuenta las diferencias personales que influyen en el rendimiento escolar.

- *Constructivismo*. Concibe el proceso de enseñanza-aprendizaje como la construcción de estructuras cognitivas que se inician en la acción.
- *Autonomía*. Se enseña al alumno a trabajar de forma independiente y a tomar decisiones por sí mismo.
- *Globalización*. Establecen relaciones entre los contenidos de aprendizaje del alumno.
- *Descubrimiento*. El alumno consigue información y produce nueva formación con la orientación del profesor.
- *Significación*. Se establecen relaciones sustantivas entre el nuevo conocimiento y las estructuras cognitivas.
- *Cooperación*. El ser humano debe ser educado para la sociedad, de ahí la importancia de la interacción con los iguales.
- *Actividad*. Se trata de aprender por medio de la acción, la observación, la exploración y la experimentación, de aprender jugando y jugar aprendiendo.
- *Socialización-interacción*: relación con el grupo de iguales y adultos.

## 5.2 Estrategias metodológicas

Esta unidad está concebida como un proyecto de investigación (¿qué sabemos?, ¿qué queremos saber?, ¿dónde buscamos?, ¿qué aprendemos?) que promueve la investigación, la experimentación, la búsqueda de información y parte de los intereses del alumnado y de sus demandas. Se organizan los contenidos en torno al análisis y resolución de los problemas de la vida real.

Se dispone de un guión de trabajo y mapa conceptual que aparece en la página web y blog del centro a fin de que las familias puedan conocer qué y cómo estamos trabajando para poder implicarse en el proceso de enseñanza-aprendizaje. También se diseñarán propuestas de aprendizaje para su implementación en el entorno familiar y que se produzca así el desarrollo de CC.BB. dentro del currículum informal.

Se tendrán como estrategias metodológicas básicas las siguientes:

- Partir de los conocimientos previos del alumnado.
- Tener en cuenta los intereses y motivaciones de los estudiantes, para adecuar la enseñanza a aquellos.
- Relacionar los contenidos de las materias con situaciones reales del medio rural en el que se desarrolla que conozca el alumnado o con conocimientos anteriormente adquiridos, a fin de suscitar aprendizajes significativos.
- Favorecer la búsqueda de información, el análisis de las fuentes y la contrastación de los datos obtenidos.
- Reforzar positivamente al alumnado, alabando su esfuerzo, sus logros, sus actitudes positivas, su manera de proceder…

- Conceder mayor importancia al proceso que al resultado, enseñando a los estudiantes a aprender tanto de los aciertos como de los errores.
- Establecer un clima de confianza, seguridad, aceptación, apertura, diálogo, cooperación...
- Favorecer la autonomía e independencia del alumnado.
- Compartir con el alumnado pensamientos, sentimientos y acciones.
- Aplicar diversas técnicas de atención a la diversidad.
- Favorecer la educación intercultural, enseñando al alumnado a valorar todas las culturas, compartiendo aspectos universales.
- Desarrollar en el alumnado valores que van a determinar las relaciones interpersonales: respeto, aceptación, cooperación...
- Evitar y eliminar la discriminación en el trato.
- Proponer distintos tipos de agrupamiento y de dinámica de grupos en el aula.
- Utilizar las nuevas tecnologías (pizarra digital, correo electrónico, aulas virtuales...) junto a los viejos recursos.

Como no todos los alumnos pueden seguir el mismo ritmo de aprendizaje, tanto por su propio desarrollo psicológico como por diversas circunstancias personales y sociales, la atención a la diversidad del alumnado y de las situaciones escolares se convierte en un elemento fundamental. Para eso, diseñamos las actividades de refuerzo y ampliación que nos servirán como medidas de refuerzo. Otras cuestiones que hay que tener en cuenta son el ambiente de aprendizaje (espacios, tiempos y recursos), los agrupamientos y la apertura al entorno social y cultural.

### 5.3 Medidas de atención a la diversidad

Una de las funciones que debe cumplir el sistema educativo en la actualidad es la de formar a un alumnado sumamente heterogéneo. A la hora de tratar los contenidos, hemos de tener en cuenta aquellos que respondan mejor a las diferentes capacidades, necesidades, intereses y motivaciones del alumnado.

En lo que se refiere a las medidas de atención a la diversidad tendremos en cuenta las tres opciones básicas mediante los siguientes principios:

1. Metodológicas: aprendizaje cooperativo.
2. Organizativas: agrupamientos flexibles.
3. Curriculares: colaboración entre el tutor y los diferentes profesores del curso, así como el resto de la comunidad educativa.

Para ello, intentaremos conocer personalmente a cada alumno, buscar la cohesión del grupo, y en los objetivos y contenidos priorizaremos aquellos que tengan que ver con la integración social. Sobre todo, se tendrá en cuenta promover pequeñas tareas que favorezcan la autonomía y responsabilidad, seguir rutinas como la entrada, la asamblea diaria, el trabajo individual, la merienda, el recreo, los momentos de descanso, el juego por rincones, el trabajo en grupo, etc.; suscitar actividades lúdicas, emplear diferentes técnicas de evaluación, flexibilizar los tiempos, combinar los tiempos de actividad, descanso y juego, crear un clima de aceptación y de respeto mutuo, fortalecer la autoestima, potenciar la reflexión sobre sus propios progresos, etc.

## 6. Actividades de aprendizaje

Las actividades que se van a describir estarán organizadas sobre la base de la siguiente clasificación: motivación, desarrollo o consolidación, refuerzo, ampliación y evaluación.

### 6.1 Actividades de motivación

*Actividad 1:* identificamos emociones.

Tarea 1: leemos y comentamos de los libros *¿Qué tal vegetal?, Gato Guille y los monstruos* para advertir las similitudes y las diferencias de emociones existentes en las diferentes páginas.

Tarea 2: conversamos con el alumnado sobre la importancia de expresar emociones y sentimientos, respetarlos, aprender a convivir con personas que sienten de diferente forma a como sentimos nosotros.

Tarea 3: leemos y analizamos imágenes que expresan sentimientos.

Tarea 4: creamos nuestra mascota alegre.

Tarea 5: creamos con las familias en un taller semanal nuestro muñeco o muñeca *Sacapenas,* que estará con nosotros todo el curso en un lugar mágico de la clase o también podrá llevarse a casa.

### 6.2 Actividades de introducción

*Actividad 1:* asamblea

Tarea 1: dialogamos y consensuamos en asamblea el diseño de propuestas de trabajo de cada jornada: ¿con esta ficha de figuras y tamaños qué podemos hacer?, ¿con estas etiquetas de emociones qué se puede formar?, etc.

Tarea 2: continuamos creando la mascota que nos ayudará con canciones, poesías, refranes, adivinanzas, juegos, expresión corporal. Se trata de vivenciar los estados de ánimo (tristeza, alegría, miedo...). Se trabajarán estos recursos en función del idioma oficial en que se hayan recogido.

### 6.3 Actividades de desarrollo

*Actividad 1:* realizamos un maratón fotográfico.

Tarea 1: fotografiamos caras de compañeros y compañeras, las descargamos en el ordenador y creamos diversas carpetas de emociones: enfado, tristeza, alegría, sorpresa...

Tarea 2: realizamos etiquetas de sentimientos a partir de nuestras fotos y le escribimos su correspondiente sentimiento. Esta etiqueta se coloca todas las mañanas al comenzar la clase para conocer si están alegres, enfadados... y las colocaremos al lado o encima de la foto, del nombre... La etiquetas deberán estar escritas en un idioma oficial y en inglés.

Tarea 3: elegimos y pegamos una foto nuestra y escribimos adjetivos que nos definen: alegre, divertido, guapo... Esta tarea también se realiza en dos idiomas: uno oficial e inglés.

*Actividad 2:* en busca de las causas.

Tarea 1: analizamos acciones que pueden ponernos tristes, alegres, aburridos, enfadados, etc., registramos nuestras emociones en el calendario de emociones al llegar a la escuela y al salir realizamos nuestro calendario mensual de las emociones empleando los números. Al final de mes deberemos cuantificar cuántos días estuvimos tristes, cuántos alegres, cuántos enfadados...

*Actividad 3:* una historia colectiva.

Tarea 1: inventamos una historia en la que se narre, describa y exprese lo que nos hace feliz y lo que nos pone tristes, enfadados, angustiados, etc.

*Actividad 4:* resolvemos conflictos.

Tarea 1: realizamos sesiones de mediación para resolver conflictos: el encargado del día será el mediador de la jornada y resolverá con los implicados los conflictos surgidos: no me deja el balón, me empujó, no me prestó la pintura, etc.

Tarea 2: registramos los conflictos y su solución: en el libro de registro, el mediador anota los implicados, el conflicto y la solución consensuada.

*Actividad 5:* valoramos las emociones y sentimientos.

Tarea 1: analizamos y valoramos el calendario y registro de nuestras emociones diarias en la asamblea.
Tarea 2: expresamos corporalmente diferentes emociones.

*Actividad 6:* buscamos caras en Google, en obras de arte, en revistas…, clasificamos y confeccionamos un mural de emociones en un taller familiar.

*Actividad 7:* las emociones en el arte.

Tarea 1: buscamos e imprimimos *El beso* de Rodin y *La danza* de Matisse y realizamos una descripción de las emociones que aparecen.
Tarea 2: realizamos coreografías y hacemos danzas a partir de la obra analizada.
Tarea 3: traemos nuestra propia danza y nuestra propia escultura del beso.
Tarea 4: creamos una historia colectiva sobre ¿a qué saben los besos? Por ejemplo: el beso de mamá sabe a chocolate…

*Actividad 8:* leemos.

Tarea 1: lectura individual: 15 minutos diarios en diferentes soportes.
Tarea 2: interpretación de canciones, poesías, retahílas, adivinanzas, trabalenguas… sobre la temática de la unidad y que los niños inventen alguna sencilla.

En la mayoría de las actividades se emplean los dos idiomas oficiales a nivel oral y escrito. Las palabras clave de la unidad se trabajan también en inglés oral y escrito.

### 6.4 Actividades de refuerzo

*Actividad 1:* relacionamos sentimientos con imágenes de los cuentos y láminas de arte trabajadas.

Tarea 1: completamos la ficha de sentimientos en la que se asocian alimentos que tienen sentimientos con las etiquetas de sus nombres correspondientes.

*Actividad 2:* hacemos descripciones.

Tarea 1: describe a una compañera y a un compañero atribuyéndole sentimientos y emociones.

Tarea 2: creamos rimas y pareados con los nombres de niñas y niños y sus cualidades.

Tarea 3: material impreso para la realización de trazos y grafías en soportes diversos: trazo horizontal y vertical, decorar, recortar, adornar, punzar y escribir las letras de su nombre (para los de primaria serán textos más complejos).

### 6.5 Actividades de ampliación

*Actividad 1:* emociones en familia.

Tarea1: cogemos la máquina fotográfica y retratamos rostros de la familia que expresen sentimientos de alegría, enfado, tristeza, aburrimiento y realizamos un montaje digital.

*Actividad 2:* leemos más.

Tarea 1: lectura colectiva en diferentes soportes. Iniciación a actividades de lectura individual en diferentes soportes.

Tarea 2: leemos imágenes, identificando su nombre, los nombres de algún amigo, familiar, nombre de emociones, identificando vocales y palabras en revistas, periódicos, escribir palabras sobre los temas tratados... bingo de sonidos, fonemas, palabras, sílabas, lotos (según edades) en diferentes soportes.

### 6.6 Actividades de evaluación

*Actividad 1:* resolución de enigmas y *memory.*

Tarea 1: en un taller familiar realizamos el registro digital de los libros *¿Qué tal vegetal?* y *Gato guille y los monstruos* y resolvemos enigmas en el libro: ¿cuántos pimientos están tristes?, ¿cuántas veces aparece el gato Guille?, ¿cuántas naranjas alegres grandes hay?

Tarea 2: elegimos tres páginas de cada cuento, las escaneamos e imprimimos. Hacemos lo mismo con las portadas y contraportadas. Elaboramos un *memory* que se juntará a otras etiquetas de otros cuentos trabajados.

Tarea 3: componemos y creamos un fotomontaje nuevo de niños y niñas a partir de los ojos de una, de la nariz de otra...

Tarea 4: hacemos puzles con las caras de nuestros amigos, amigas, papás, mamás...

## 7. Recursos

Se cuentan con estos recursos:

- Recursos del propio centro: nueve bibliotecas de aula e itinerantes abiertas a la comunidad.
- Recursos humanos: profesorado, familias trabajadores que colaboran en la unidad.
- Recursos materiales: material fungible, recursos fotográficos y videográficos, informáticos, telemáticos, bibliográficos.

## 8. Evaluación

### 8.1 Tipos de evaluación

Los tipos de evaluación llevados a cabo durante la unidad se resumen en la tabla:

| Tipos | Momento | Fines |
|---|---|---|
| Diagnóstica | Inicial | Informarse de los conocimientos previos del alumnado.<br>Conocer las capacidades del alumnado para determinar el punto de partida y diseñar nuevos aprendizajes. |
| Formativa | Continua o procesual | Observar los procesos de aprendizaje de los alumnos, ofreciendo el apoyo pedagógico oportuno y en caso necesario modificar las estrategias metodológicas a lo largo del proceso. |
| Sumativa | Final o de producto | Conocer el grado de dominio de objetivos y contenidos. Valorar los resultados del aprendizaje y del proceso. |

## 8.2 Técnicas e instrumentos

Resumimos de la tabla y se numera: las técnicas utilizadas en esta unidad didáctica y su finalidad.

| Técnicas | Instrumento | Finalidad |
|---|---|---|
| *Observación* | Registro de anécdotas | Se anotarán aquellos acontecimientos que nos permitan realizar un seguimiento del alumnado, identificando la presencia o ausencia de los criterios de evaluación durante la ejecución de las tareas. |
| | Fichas de observación | Se registrará a nivel individual la evolución en la consolidación de los diferentes criterios de evaluación. |
| *Análisis de contenido* | Revisión de tareas | Se recogen en un portafolio grupal todas las tareas realizadas en clase con el fin de valorar el nivel de comprensión o ejecución por parte del alumnado. |
| *Encuesta* | Entrevista colectiva | Se utilizarán las asambleas para verificar el grado de aprendizaje logrado por el alumnado y las dificultades que presentan a través de sus preguntas, de sus dudas, sugerencias, etc. |

## 8.3 Criterios y procedimientos de evaluación

### 8.3.1 Del proceso de aprendizaje

*Criterio 1:* identificar y manifestar los propios sentimientos, vivencias, emociones y comprender los de los demás.

- Indicadores:

  — Expresa e identifica diferentes emociones.
  — Identifica estados de ánimo y emociones en los demás.

— Discrimina emociones positivas y negativas.
— Controla progresivamente las diferentes emociones y sentimientos.
— Hace uso del calendario de las emociones.

*Criterio 2:* resolver conflictos de forma creativa.

• Indicadores:

— Respeta las normas de convivencia.
— Emplea los saludos de bienvenida y de despedida.
— Utiliza la mediación como fórmula de resolución de conflictos.

*Criterio 3:* emplear los diferentes lenguajes para producir y obtener información.

• Indicadores:

— Se expresa y comunica empleando diferentes medios, soportes, materiales y técnicas propios de los lenguajes artísticos y audiovisuales.
— Participa en diferentes actividades de la asamblea, expresión corporal, expresión musical, inglés, juegos...
— Reconoce palabras trabajadas y emplea palabras en textos.
— Busca información a través de la web.
— Avanza en la coordinación óculo-manual, en la motricidad gruesa.
— Avanza en el control óculo-manual a través de diferentes lenguajes.

*Criterio 4:* emplear los números para identificar, contar, clasificar, ordenar elementos de la realidad, aproximándose a su valor notacional y conceptual.

• Indicadores:

— Usa y comprende nociones temporales y conceptos geométricos básicos.
— Conoce y usa la serie numérica cardinal y ordinal.
— Emplea, discrimina y aplica cuantificadores, formas, tamaños, series numéricas...
— Discrimina las nociones espacio-temporales.
— Identifica las propiedades, formas y colores de los objetos.

*Criterio 5:* expresarse y comunicarse utilizando medios, materiales y técnicas propias de los diferentes lenguajes orales, artísticos y audiovisuales.

- Indicadores:

  — Comprende y emite mensajes orales diversos.
  — Adopta una actitud positiva hacia todas las lenguas.
  — Muestra interés por los textos escritos y orales, como rimas y pareados.
  — Comprende las órdenes verbales.
  — Explora las posibilidades de la voz y del cuerpo.
  — Emplea y mezcla colores.
  — Realiza valoraciones estéticas.
  — Crea producciones plásticas originales y creativas.
  — Explora las posibilidades plásticas y creativas de distintos soportes: pantalla de ordenador, pizarra digital... como recursos y medio de expresión.

### 8.3.2 Del proceso de enseñanza

*1. Ambiente de aprendizaje*

- Indicadores:

  — Se percibe un clima de afecto y seguridad.
  — Respetan el turno de palabra.
  — Sus actitudes son positivas ante cualquier actividad desarrollada.
  — Son participativos, investigan, buscan información, tienen pensamiento crítico.

*2. Espacios*

- Indicadores:

  — La organización es adecuada, de modo que permiten el desplazamiento y autonomía de los alumnos.
  — Los rincones de clase permiten optimizar los espacios disponibles.
  — Favorecen el intercambio de ideas y el espíritu de orden.

*3. Tiempos*

- Indicadores:

  — La organización es flexible y funcional.
  — Se respetan los ritmos generales y particulares.
  — La duración de la unidad o proyecto es adecuada.

4. *Recursos*

- Indicadores:

— Son cuidados y empleados de forma correcta.
— Están al alcance de todos y se localizan visualmente con facilidad.
— Son educativos, motivadores, no sexistas, atractivos, suficientes, seguros.

5. *Agrupamientos*

- Indicadores:

— Los agrupamientos fueron adecuados y suficientes.

6. *Perspectiva didáctica y apertura al entorno*

- Indicadores:

— Las interacciones docentes/alumnado son correctas, respetuosas.
— Las interacciones y las relaciones entre el alumnado son adecuadas.
— Existe un canal de comunicación adecuado familia/escuela para las incidencias diarias.
— Los familiares asisten periódicamente a las tutorías.
— Se diseñan actuaciones para trabajar conjuntamente con las familias.
— Los contenidos se organizan con un enfoque globalizador.
— Se promueven aprendizajes significativos.
— Se le ofrece al alumnado situaciones de aprendizaje en las que se puedan hacer propuestas, negociar, consensuar, tomar decisiones, resolver conflictos.
— Se emplea el juego como actividad de manipulación, creación, transformación y manifestaciones de vivencias.
— La afectividad es el hilo conductor de las diferentes situaciones.
— Se desarrollan equitativamente las ocho CC.BB. a través de las actividades.

7. *Principios metodológicos*

- Indicadores:

— Las actividades tienen en cuenta el principio de globalización, de consistencia evolutiva y son autoestructurantes.
— El proceso de enseñanza promueve la actividad.
— Las actividades dinamizan el principio de actividad lúdica.

— Las actividades dinamizan el principio de socialización-interacción.
— Se tiene en cuenta el principio de individualización.
— Las actividades dinamizan el principio de aprendizaje significativo.
— Las actividades tienen en cuenta los principios de libertad, responsabilidad, compromiso, creatividad, afectividad, motivación, aprender a aprender, prevención y compensación.

## Bibliografía

Arias, A., Navaza, V. y Rial, D. (2009): *O traballo por proxectos en infantil, primaria e secundaria.* Santiago de Compostela: Xunta de Galicia.

Arnau, L. y Zabala, A. (2007): *Once ideas clave. Cómo aprender y enseñar competencias.* Barcelona: Graó.

Ballester Vila, M. G. y Sánchez Santamaría, J. (2010): *Programar y evaluar por competencias en Educación Infantil.* Cuenca: Ediciones de la Universidad de Castilla-La Mancha.

Bandez Ángel, J. (2000): *Programación de unidades didácticas según ambientes de aprendizaje.* Barcelona: Inde.

Díez Navarro, M. C. (2007): *La oreja verde de la escuela. Trabajo por proyectos y vida cotidiana en educación infantil.* Madrid: La Torre.

— (2007): *Mi escuela sabe a naranja.* Barcelona: Graó.

Domínguez Pérez, M. T. y Pino-Juste, M. R. (2009): «La participación de las familias en la escuela». *Educación y Futuro*, 20, 197-224.

Pino-Juste, M. R.; Domínguez Pérez, M. T. y López Torres, Cl. M.ª (2001): *Os Contidos transversais: O valor da práctica.* Tui: Asociación de Renovación Pedagóxica «Ponte Internacional de Tui».

Zabalza Beraza, M. A. (2002): *Didáctica de la educación infantil.* Madrid: Narcea.

# 13.2. Unidad didáctica de Educación Primaria: *¿Malas pulgas?*

## Área de Lengua castellana y Literatura

**José Luis Vázquez Fernández**
**Isabel Cantón Mayo**

## 1. Introducción

La unidad didáctica que se presenta a continuación está incluida en la programación didáctica de 4.º curso de Educación Primaria y lleva por título *¿Malas pulgas?*

| Unidad didáctica | Temporalización | N.º de sesiones |
|---|---|---|
| *¿Malas pulgas?* | 2.ª y 3.ª semana de enero | 5 |

## 2. Nivel educativo

- *A nivel cognitivo.* Estos alumnos se encuentran en la etapa que se denomina de las operaciones concretas. Se caracteriza por la utilización de la lógica para la resolución de problemas, llegando a usar de la misma manera los símbolos.
- *A nivel físico.* Destaca la adquisición de una mayor coordinación de los músculos y el aumento de las destrezas.
- *En el ámbito social.* Comienzan a disentir de las ideas e intereses de los padres; su principal grupo de referencia son los amigos.

## 3. Contextualización

El colegio al que hace referencia esta unidad didáctica es un colegio de Educación Infantil y Primaria, que está situado en un contexto sociocultural y familiar medio, de tipo urbano.

La clase está compuesta por un grupo de 23 alumnos de 4.° curso de Educación Primaria. Cabe destacar la presencia de un alumno francés, uno marroquí y uno ecuatoriano. Por otra parte, hay un alumno con déficit de atención por trastorno de TDAH.

## 4. Justificación

La unidad didáctica que se expone a continuación entra dentro del planteamiento del segundo trimestre y tiene una duración de cinco sesiones.

El punto de partida será la lectura que da título a la unidad didáctica *¿Malas pulgas?,* que abordaremos desde diversos planteamientos: lectura individual, lectura colectiva en la pizarra digital interactiva, lectura del cuento con la técnica del Kamishibai (forma de contar cuentos que se originó en los templos budistas de Japón).

## 5. Objetivos de área

Los objetivos de esta unidad didáctica están relacionados con los Objetivos Generales de Etapa (OGE) seleccionados de entre todos los objetivos generales del área de Legua castellana y Literatura recogidos en el Decreto de Currículum por el que se establecen las enseñanzas correspondientes a la Educación Primaria (2007). Se encuentran íntimamente relacionados con el centro de interés elegido los objetivos número 2, 5, 7, 9 y 11:

2. Expresarse oralmente y por escrito de forma adecuada a los diferentes contextos de la actividad escolar, social y cultural, para satisfacer las necesidades de comunicación, y explorando cauces que desarrollen la sensibilidad y la estética.
5. Participar en diversas situaciones de comunicación, aplicando las reglas básicas de los intercambios comunicativos, tomando conciencia de los propios sentimientos, ideas, opiniones y conocimientos, y respetando los de los demás.
7. Usar los medios de comunicación social, las tecnologías de la información y la comunicación, y los diferentes recursos bibliográficos, para obtener, interpretar y valorar informaciones y opiniones
9. Leer con fluidez y entonación adecuadas, comprendiendo distintos tipos de textos adaptados a la edad, y utilizando la lectura como medio para ampliar el vocabulario y fijar la ortografía correcta.

11. Elaborar textos escritos y orales aplicando las normas básicas de la lengua (léxicas).

Igualmente están directamente relacionados con la Programación Didáctica de Centro Educativo (PGA) en el que se desarrolla esta unidad didáctica:

2.1. Expresar oralmente y por escrito sus necesidades de comunicación.
5.1. Participar en situaciones de comunicación, expresando sentimientos, ideas y opiniones con respeto.
7.1. Usar medios de comunicación y tecnologías de la información.
7.2. Interpretar y valorar opiniones e informaciones de forma crítica.
9.1. Leer con fluidez y entonación ampliando el vocabulario y analizando los componentes de la oración, adjetivos.
11.1. Conocer y elaborar textos literarios prestando especial atención a aquellos que puedan tener un valor y presencia más destacados en Castilla y León.
11.2. Utilizar de forma guiada la biblioteca y las tecnologías de la información y la comunicación para obtener, seleccionar y elaborar la información que se quiere transmitir.

## 6. Objetivos didácticos

2.1.1. Completar los textos de un cómic a partir de las ilustraciones.
5.1.1. Desarrollar la capacidad crítica en los alumnos para emitir opiniones personales sobre una noticia.
7.1.1. Utilizar las tecnologías para buscar, seleccionar o escribir textos.
7.1.2. Identificar el título y el contenido de una noticia.
7.2.1. Reconocer los elementos principales de un cómic.
7.2.2. Valorar la narración y la noticia en orden a su calidad.
9.1.1. Leer el texto *¿Malas pulgas?* con la entonación, fluidez y ritmo adecuados.
9.1.2. Comprender el texto leído, respondiendo oralmente y por escrito a las preguntas planteadas.
11.1.1. Señalar la sílaba tónica en las palabras marcadas en el texto.
11.1.2. Diferenciar en el texto las palabras esdrújulas.
11.1.3. Reconocer adjetivos del texto. Conocer las reglas de concordancia del adjetivo con el nombre, así como su género y número.
11.2.1. Elaborar textos escritos comunicando una noticia.

## 7. Competencias básicas

*1. Competencia en comunicación lingüística*

Se refiere al uso del lenguaje como instrumento de comunicación, de representación, comprensión, interpretación, creación y autorregulación. El uso correcto de los adjetivos y su concordancia en género y número.

En la unidad se busca la interpretación de un texto literario o narración, así como la creación de situaciones narrativas.

*4. Tratamiento de la información y competencia digital*

Se pretende utilizar normalmente los recursos tecnológicos para resolver problemas reales. La unidad didáctica plantea actividades que los alumnos tienen que realizar sobre la pizarra digital interactiva, lo que implica el conocimiento y uso de los recursos tecnológicos.

*6. Competencia cultural y artística*

Comprender y valorar manifestaciones culturales. La lectura de romances y el reconocimiento de estos textos como parte de la cultura de nuestros antepasados contribuirán al desarrollo de esta competencia.

*7. Competencia para aprender a aprender*

Manejar de forma eficiente recursos y técnicas de trabajo individual. Las actividades planteadas a lo largo de la unidad didáctica, tanto en el ámbito de la expresión escrita como en el de la expresión oral, permitirán a los alumnos acceder a nuevos conocimientos en los distintos ámbitos del aprendizaje.

*8. Autonomía e iniciativa personal*

Las lecturas de los textos, las actividades de expresión oral convierten el lenguaje en el medio de comunicación que los alumnos pueden utilizar para expresar sus emociones, sus sentimientos y que les permite expresar iniciativas que servirán para mejorar el cuidado de los animales.

# 8. Contenidos

## 8.1 Mapa de procesos de contenidos

| **Unidad didáctica *¿Malas pulgas?*** | | | | | |
|---|---|---|---|---|---|
| Conocimiento de la lengua | Ortografía | Expresión escrita | Expresión oral | Literatura | Rincón de la creatividad |
| El adjetivo | Separación de las palabras en sílabas | Partes de una noticia | Lectura del cuento *¿Malas pulgas?* | Los romances | El cómic |
| Género y número en los adjetivos | Repaso de la acentuación de las palabras agudas y llanas | Análisis de una noticia | Recitado de romances | Lectura comprensiva de romances | Elementos del cómic |
| Concordancia del adjetivo con el sustantivo | Acentuación de las palabras esdrújulas | Comentario de noticias aparecidas en prensa | Intercambios comunicativos | Medida de versos en los romances | Creación de nuestros propios cómics |

Los contenidos se presentan de forma coherente con los objetivos didácticos (OD) citados anteriormente.

| **CONTENIDOS** | |
|---|---|
| BLOQUE 1:<br>Escuchar, hablar y conversar | 1. Debates y comentarios de noticias aparecidas en la prensa sobre el cuidado de los animales.<br>2. Participación en diálogos orales usando las normas del intercambio comunicativo (respetar los turnos, utilizar un tono adecuado, no levantar la voz, gestos adecuados…).<br>3. Comprensión de textos aparecidos en los medios de comunicación sobre noticias relacionadas con los animales. |

| | |
|---|---|
| BLOQUE 2:<br>Leer y escribir | 4. Lectura expresiva y comprensiva de los textos de la unidad.<br>5. Comentario de noticias sobre animales.<br>6. Análisis de las partes de una noticia.<br>7. Los elementos característicos del cómic: textos, dibujos, bocadillos y aplicación de estos elementos a la elaboración de cómics propios.<br>8. Estrategias para búsqueda de información contenida en soporte informático: consulta de noticias de animales en prensa digital. |
| BLOQUE 3:<br>Educación literaria | 9. Lectura de textos de tradición oral: los romances: *Romance del prisionero*.<br>10. Reproducción de textos literarios: entonación y vocalización en la parte recitada.<br>11. Comprensión, memorización y recitado del *Romance del prisionero*. |
| BLOQUE 4:<br>Conocimiento de la lengua | 12. Vocabulario relativo a los animales.<br>13. Sílaba tónica: palabras agudas, llanas y esdrújulas en el texto DOG.<br>14. Clasificación de palabras según su sílaba tónica en el mismo texto.<br>15. Aplicación de las reglas de concordancia entre el nombre y el adjetivo, en el texto.<br>16. El adjetivo: género y número en el texto. |

## 9. Temas transversales

El trabajo de esta unidad didáctica está íntimamente relacionado con la educación medioambiental:

- Las lecturas, actividades y situaciones educativas planteadas nos permiten trabajar la educación ambiental a través del conocimiento de los animales y los romances, su entorno y sus problemas.
- En concreto, se plantea un diálogo sobre las mascotas y la responsabilidad que sus dueños contraen con ellas.
- Al ser éste un asunto particularmente cercano a su universo afectivo, los alumnos pueden reflexionar sobre él para, a partir de este problema cercano, desarrollar actitudes de respeto hacia los animales, y por ende a la naturaleza.

## 10. Metodología y organización

### 10.1 Planteamientos metodológicos

*Condiciones*

- Realizamos un primer acercamiento a los contenidos de la unidad didáctica lanzando una serie de preguntas sobre los temas que se trabajan en la unidad: si tienen mascotas, qué tipo de mascotas es y qué cuidados les ofrecen.
- Recabamos información sobre el nivel de conocimientos previos que los alumnos tienen y que son la base para el trabajo de la unidad: separación de palabras en sílabas, sílaba sobre que se pronuncia con mayor entonación, combinación de palabras para formar oraciones sencillas...
- Para ello proponemos una serie de cuestiones en un formulario que los alumnos cumplimentarán de forma anónima.
- Corrección colectiva del formulario.

*Desarrollo*

- Despertamos la motivación de los alumnos partiendo de imágenes, presentaciones y vídeos (multimedia) de animales en su entorno.
- Relacionar la lectura con el título de la unidad. Les preguntamos por qué la unidad se titula *¿Malas pulgas?*
- Mejoramos la comprensión de la lectura mediante el uso de diversos recursos metodológicos: lectura individual de los textos citados, lectura colectiva, elaboración de un videocuento con el texto, lectura del cuento utilizando la técnica del Kamishibai.
- Recordamos el concepto sílaba trabajado en la unidad anterior.
- Pedimos a los alumnos que separen su nombre en sílabas y que marquen la sílaba tónica dando una palmada de mayor intensidad.
- Usamos recursos lúdicos para el trabajo del vocabulario: sopa de letras, crucigramas, que inviten a los alumnos a buscar nombres de animales.
- En los contenidos relacionados con el conocimiento de la lengua, partimos de ejercicios prácticos, que permitan que los alumnos observen de una forma sencilla la concordancia de género y número entre el sustantivo y el adjetivo.
- A partir de esas observaciones los alumnos enuncian la conclusión, la norma de concordancia.

- Consolidan los aprendizajes adquiridos escribiendo en sus cuadernos dicha norma de concordancia.
- Realizamos ejercicios de aplicación con la ayuda de la pizarra digital interactiva en los ejercicios que se citan más adelante.
- Analizamos las noticias aparecidas en la prensa relacionadas con los animales.
- Aprovechamos las inmensas posibilidades que nos ofrece el taller de radio para reforzar contenidos trabajados en la unidad didáctica.

## 11. Actividades de aprendizaje

Están divididas en 5 bloques:

1. Actividades de motivación inicial.
2. Actividades de conocimientos previos.
3. Actividades de desarrollo.
4. Actividades de síntesis y consolidación.
5. Actividades de refuerzo y ampliación.

### 11.1 Actividades de motivación inicial

- Visionado del vídeo de los animales en peligro de extinción.
- Hablamos con nuestros alumnos acerca de lo que harían para salvar a estos animales.
- Comentamos el título de la unidad didáctica, ¿Por qué se titula así la unidad didáctica? ¿Qué significa tener malas pulgas?...

### 11.2 Actividades de conocimientos previos

- Prueba inicial. Les pasaremos a los alumnos un cuestionario con cinco preguntas.
- Servirá para tener una idea de los conocimientos previos que el conjunto de la clase tiene sobre los contenidos que vamos a tratar en la unidad didáctica.

## 11.3 Actividades de desarrollo

- SESIÓN 1

| TAREA 1: INTRODUCCIÓN Y MOTIVACIÓN DE LA UNIDAD | | | |
|---|---|---|---|
| *N.º de actividad* | *Explicación de la actividad* | *Tiempo* | *Agrupamiento* |
| Act. 1 | Visionado del vídeo *Animales en peligro de extinción.*<br>http://www.youtube.com/watch?v=wr51GvxRZA8&feature=related | 4 minutos | Grupo clase |
| Act. 2 | Comentario del vídeo *Animales en peligro de extinción.* | 3 minutos | Grupo clase |
| Act. 3 | Comentamos el título de la unidad didáctica. ¿Por qué se titula así la unidad didáctica? ¿Qué significa tener malas pulgas?... | 2 minutos | Grupo clase |
| Act. 4 | Trabajo individual. Los alumnos contestan en sus cuadernos:<br>• ¿Tienes una mascota?<br>• ¿Qué cuidados le prestas?<br>• ¿Cómo se llama? | 4 minutos | Individual |

| TAREA 2: PRUEBA INICIAL DE CONOCIMIENTOS PREVIOS | | | |
|---|---|---|---|
| *N.º de actividad* | *Explicación de la actividad* | *Tiempo* | *Agrupamiento* |
| Act. 5 | Realización del cuestionario con 5 preguntas. Los alumnos responden a las cuestiones planteadas. | 8 minutos | Individual |
| Act. 6 | Corrección colectiva de la prueba inicial.<br>La corrección de esta prueba nos servirá para conocer el nivel inicial de la clase con respecto a los conocimientos iniciales que los alumnos tienen sobre los contenidos que vamos a desarrollar en la unidad didáctica. | 4 minutos | Grupo clase |

| TAREA 3: LECTURA DEL TEXTO ¿MALAS PULGAS? | | | |
|---|---|---|---|
| *N.º de actividad* | *Explicación de la actividad* | *Tiempo* | *Agrupamiento* |
| Act. 7 | Lectura individual del texto de la lectura. Ver texto de la lectura en la página. | 5 minutos | Individual |
| Act. 8 | Lectura colectiva del texto en la pizarra digital interactiva. | 5 minutos | Grupo clase |
| Act. 9 | Expresión oral. Hablamos de la lectura. Los alumnos van respondiendo a las preguntas de la lectura:<br>• ¿Cómo se llama el perro?<br>• ¿Qué significado tiene esa palabra en inglés? | 4 minutos | Grupo clase |
| Act. 10 | Expresión escrita. Cada alumno contesta en su cuaderno a las preguntas:<br>• ¿Qué le pedía la familia a Juan?<br>• ¿Qué hizo el hijo de Juan para deshacerse de Dog? | 5 minutos | Individual |

| TAREA 4: VOCABULARIO | | | |
|---|---|---|---|
| *N.º de actividad* | *Explicación de la actividad* | *Tiempo* | *Agrupamiento* |
| Act. 11 | Trabajamos las palabras nuevas que aparecen en la lectura.<br>Buscar en el diccionario de clase el significado de las palabras nuevas:<br>• Perruna.<br>• Caricatura.<br>• Hocico.<br>• Cabriolas.<br>• Paramera.<br>• Solazaba.<br>• Fugacidad. | 4 minutos | Individual |

| | | | |
|---|---|---|---|
| Act.12 | Buscar en Internet, en el diccionario electrónico de la Real Academia de la Lengua (www.rae.es), el significado de esas palabras.<br>Copiar el significado de las mismas en el cuaderno. | 4 minutos | Por parejas |
| Act.13 | Trabajamos las expresiones nuevas. «ancianidad perruna»<br>Con la ayuda de la pizarra digital interactiva los alumnos van indicando la respuesta que crean correcta.<br>Un mensaje sonoro les servirá para comprobar si han acertado o no. | 3 minutos | Por parejas |

- SESIÓN 2

| TAREA 5: LECTURA DEL CUENTO | | | |
|---|---|---|---|
| *N.º de actividad* | *Explicación de la actividad* | *Tiempo* | *Agrupamiento* |
| Act. 14 | Lectura del cuento utilizando la técnica del Kamishibai.<br>Podemos hacer que cada alumno haga la lectura de una parte del cuento.<br>Trabajamos la entonación, pronunciación, dicción... | 10 minutos | Grupo clase |

**LECTURA KAMISHIBAI**

Un labrador del Páramo de León tenía un perro ya muy viejo y con pulgas. El perro se llamaba Dog y su ancianidad perruna lo había convertido en una caricatura de lo que había sido. Era entonces un perro de largo y brillante pelo blanco con unas manchas negras en el hocico, en las orejas y en el lomo, que le hacían parecer vestido para ir a un baile.

Dog había vivido muchos años al lado de Juan, ayudándole en sus tareas diarias: iba con su amo en las largas caminatas hacia los campos, siempre saltando, explorando el camino delante y detrás de él, haciéndole cabriolas, lamiendo sus manos o acariciando sus pantalones.

En la soledad de la paramera seca, Dog buscaba regueros de agua, sacaba de su nido a las somnolientas perdices y espantaba los espíritus en el Valle de los Muertos, una zona desolada que a Juan le daba siempre cierto reparo atravesar. También era Dog fiel colega y colaborador infatigable cuando Juan debía sacar a pastar a sus vacas.

La inmensidad del valle florido en tonos verdes y blancos del mes de mayo se antojaba inabarcable a la vista del pastor, cegada por los rayos del tibio sol de primavera.

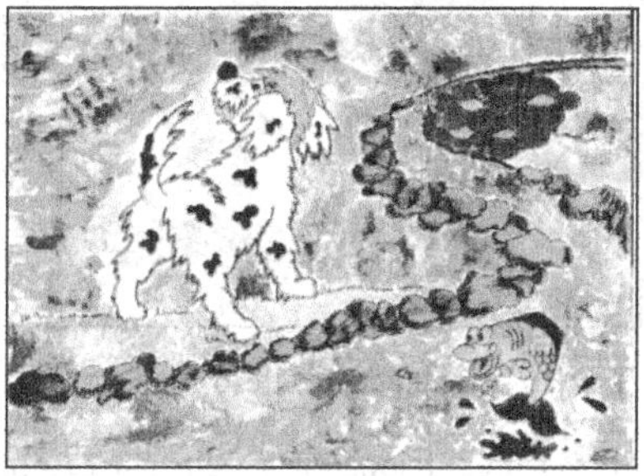

Entonces Dog miraba a Juan y, entendiendo a su amo sin palabras, hacía una ronda y acercaba al ganado para que no se dispersase en la inmensidad de aquel valle cuyas cantarinas aguas hacían cascadas y regatos donde el ganado se solazaba.

Pero ahora Dog ya era viejo y estaba muy enfermo; además, tenía pulgas. La familia le pedía a Juan deshacerse del chucho, y éste miraba dolorido al amo, que se compadecía de él y reflexionaba sobre la fugacidad de la vida, ahora que su fiel compañero estaba a punto de perderla.

Juan sufría la presión de sus hijos y su esposa para que evitara que Dog sufriera. Un día, el hijo mayor de Juan, un chico de doce años, decidió por su cuenta acabar con el perro: lo tiró a un pozo y comenzó a echar tierra para enterrarlo.

El chico había vaciado dos espuertas de tierra en el pozo y se asomó para ver si ya no estaba, pero Dog estaba aún allí en el fondo, mirándolo con ojos lastimeros. Volvió a verter en el pozo otras dos cestas de tierra y a asomarse.

Dog, un poco más cerca, le reprochaba su mala acción con ojos tristes. Entonces el chico, abrumado por el remordimiento, comenzó a echar cestas y cestas de tierra en el pozo sin mirar. El perro subía encima de la tierra de cada cesta hasta llegar al brocal y salir cojeando a refugiarse en los brazos de Juan.

El chico asombrado, confesó a su padre la culpa y se arrepintió de su mala acción. Ambos proporcionaron a Dog una caseta caliente y comida para terminar plácidamente sus días en la casa como un miembro más de la familia.

| TAREA 6: PALABRAS ESDRÚJULAS | | | |
|---|---|---|---|
| *N.º de actividad* | *Explicación de la actividad* | *Tiempo* | *Agrupamiento* |
| Act. 15 | Motivación y repaso. Visionado del vídeo sobre las palabras agudas, llanas y esdrújulas. http://www.youtube.com/watch?v=jiu4w5XP7ZQ&feature=related | 5 minutos | Grupo clase |
| Act. 16 | Indicar la sílaba tónica en las palabras destacadas en un texto. | 3 minutos | Individual |
| Act. 17 | A partir de un texto en el que se encuentran destacadas las palabras esdrújulas, los alumnos tienen que escribirlas en su cuaderno. | 3 minutos | Individual |
| Act. 18 | Separar las sílabas de las palabras seleccionadas y enmarcarlas. La sílaba tónica va enmarcada en otro color o en un recuadro más grande. Comprobar cómo son los esquemas de esas palabras. | 4 minutos | Individual |

| | | | |
|---|---|---|---|
| | Les preguntamos ¿por qué creen que se repiten?<br>¿Todas llevan tilde? | | |
| Act. 19 | Con las respuestas dadas los alumnos escriben una conclusión en sus cuadernos.<br>«Las palabras esdrújulas llevan siempre tilde.» | 5 minutos | Individual |

| TAREA 7: TRABAJAMOS LA ORTOGRAFÍA | | | |
|---|---|---|---|
| *N.º de actividad* | *Explicación de la actividad* | *Tiempo* | *Agrupamiento* |
| Act. 20 | Lectura del cuento y escritura de todas las palabras esdrújulas que aparecen en el texto. | 7 minutos | Individual |
| Act. 21 | Con la ayuda de la pizarra digital interactiva, iremos discriminando las palabras que son esdrújulas de entre las escondidas en el recuadro. | 5 minutos | Grupo clase |

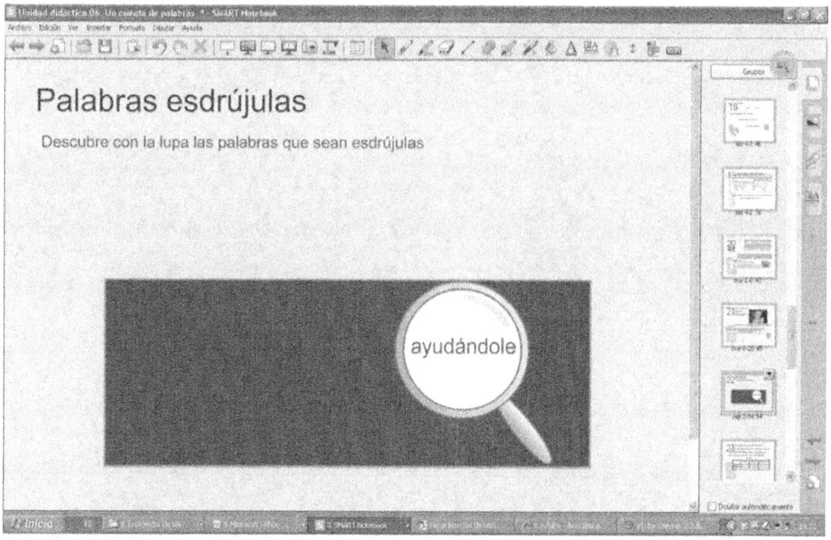


Los alumnos irán descubriendo y seleccionando las palabras que sean esdrújulas y las «arrastrarán» fuera de la caja. Corrección de la actividad en la pizarra digital interactiva.

<table>
<tr><td>Act. 22</td><td>Dictado.<br>Los alumnos van escribiendo al dictado en su cuaderno frases del cuento que previamente hemos leído.<br>Uno de los alumnos realiza el dictado sobre la pizarra digital interactiva.</td><td>7 minutos</td><td>Individual</td></tr>
<tr><td colspan="4">Dictado<br>Pero ahora Dog ya era viejo y estaba muy enfermo; además, tenía pulgas. La familia le pedía a Juan deshacerse del chucho, y éste miraba dolorido al amo, que se compadecía de él y reflexionaba sobre la fugacidad de la vida, ahora que su fiel compañero estaba a punto de perderla. Juan sufría la presión de sus hijos y su esposa para que evitara que Dog sufriera. Un día, el hijo mayor de Juan, un chico de doce años, decidió por su cuenta acabar con el perro: lo tiró a un pozo y comenzó a echar tierra para enterrarlo.</td></tr>
<tr><td>Act. 23</td><td>Corrección del dictado sobre el realizado por el alumno en la pizarra digital interactiva.</td><td>5 minutos</td><td>Grupo clase</td></tr>
</table>

- SESIÓN 3

| TAREA 8: VOCABULARIO | | | |
|---|---|---|---|
| *N.º de actividad* | *Explicación de la actividad* | *Tiempo* | *Agrupamiento* |
| Act. 24 | Sopa de letras. Buscar en la sopa de letras el nombre de 10 animales. | 5 minutos | Parejas |

| | | | | | | | | | |
|---|---|---|---|---|---|---|---|---|---|
| P | E | R | R | O | A | B | C | D | U |
| E | S | R | Q | O | Ñ | A | N | D | Ú |
| L | N | Ó | E | L | E | C | U | A | Z |
| I | W | V | O | I | A | I | O | N | U |
| C | N | T | O | R | T | U | G | A | R |
| A | L | M | E | D | I | N | A | R | T |
| N | C | V | B | O | P | Q | T | D | S |
| O | A | I | K | C | Y | S | O | P | E |
| B | C | J | L | O | Z | D | G | T | V |
| F | H | G | M | C | I | S | N | E | A |

| TAREA 9: EL ADJETIVO | | | |
|---|---|---|---|
| *N.º de actividad* | *Explicación de la actividad* | *Tiempo* | *Agrupamiento* |
| Act. 25 | Presentamos a los alumnos imágenes de personas, animales, cosas y lugares.<br>De cada una de esas imágenes les preguntamos cómo son y cómo están. | 5 minutos | Grupo clase |
| Act. 26 | Copiar en el cuaderno la conclusión a la que hemos llegado:<br><br>«Los adjetivos son las palabras que expresan cómo son o cómo están las personas, los animales, las cosas o los lugares a los que se refieren.» | 5 minutos | Individual |

| | | | |
|---|---|---|---|
| Act. 27 | *Concordancia en género y número* de los adjetivos con los sustantivos. Completar oraciones con uno de los dos adjetivos que les proponemos. Una vez completadas las oraciones les pedimos que nos indiquen género y número del adjetivo y del sustantivo. | 5 minutos | Individual |
| Act. 28 | Copiar en el cuaderno la conclusión a la que hemos llegado:<br>«Los adjetivos acompañan a un nombre. Siempre tienen el mismo género y número que el nombre al que se refieren.» | 5 minutos | Individual |
| Act. 29 | *Formas del adjetivo*<br>En la pizarra digital colocamos la imagen de una niña y un niño. Ponemos una serie de adjetivos para que los califiquen. Algunos de ellos sirven para calificar a los dos, y otros tienen un género específico. En la actividad siguiente les pedimos que escriban los adjetivos que sirven para calificar a la niña y al niño. | 5 minutos | Individual |
| Act. 30 | Copiar en el cuaderno la conclusión a la que hemos llegado:<br>«Algunos adjetivos tienen una forma masculina y otra femenina. Otros adjetivos tienen la misma forma para el femenino y para el masculino.» | 5 minutos | Individual |

<table>
<tr><th colspan="4">TAREA 10: TRABAJAMOS LA NOTICIA</th></tr>
<tr><th>N.º de actividad</th><th>Explicación de la actividad</th><th>Tiempo</th><th>Agrupamiento</th></tr>
<tr><td>Act. 31</td><td>Con la ayuda de la pizarra digital analizamos las partes de una noticia: título, entradilla y cuerpo.</td><td>3 minutos</td><td>Colectiva</td></tr>
<tr><td colspan="4">
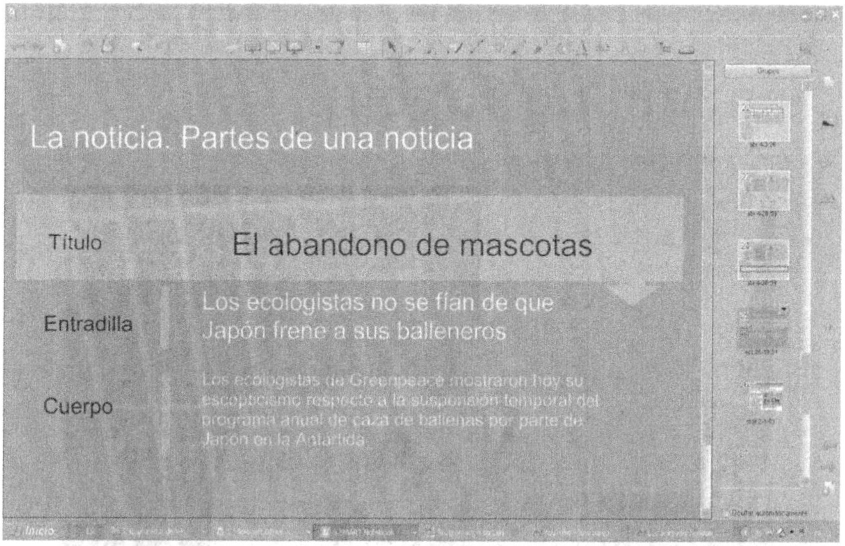


Al mismo tiempo que van bajando el cursor van descubriendo las tres partes principales de la noticia que estamos analizando.
</td></tr>
<tr><td>Act. 32</td><td>Los alumnos escriben en sus cuadernos las tres partes de la noticia: título, entradilla y cuerpo.</td><td>3 minutos</td><td>Colectiva</td></tr>
<tr><td>Act. 33</td><td>Analizamos una noticia<br>Trabajamos una noticia reciente aparecida en la prensa digital.<br>Esa noticia nos servirá para trabajar la noticia:<br>• Datos del medio de comunicación.<br>• Información que nos trasmite.</td><td>14 minutos</td><td>Individual</td></tr>
</table>

EL MUNDO.es

España | Mundo | Europa | Op-Blogs | Deportes | Economía | Vivienda | Cultura | Toros | Ciencia | Sa

Internacional | Terremoto en Japón | Última hora | Fukushima | Gráficos | Fotos y vídeos | Des

TERREMOTO | Muchos han sido expuestos a altas dosis de radiactividad

# Los animales heridos tras el tsunami de Japón

[illegible] | Foto: [illegible] Internacional.

Tras pasar tres semanas encaramada a un tejado que flotaba en el mar, la perrita Ban era rescatada a dos kilómetros de la costa de Kesennuma. El feliz reencuentro con su dueña, que fue retransmitido por televisión, conmovió a la sociedad japonesa y copó los titulares de los medios de comunicación, ansiosos por dar buenas noticias a una población que intenta salir adelante tras el devastador tsunami que asoló el noreste del país el pasado día 11 y que ha causado la muerte de alrededor de 30.000 personas.

Ban fue afortunada y consiguió reunirse con su dueña en buen estado. Muchas otras mascotas no han tenido la misma suerte y, aunque aún no existe una estimación fiable, *miles de animales han muerto o han resultado heridos* tras el paso del tsunami. *La mayor parte de los afectados son perros y gatos.*

1. DATOS DEL MEDIO (Periódico o revista)

- Título de la información
- Periódico:
- Fecha:
- Ciudad:
- Sección:

2. LA INFORMACIÓN: ¿Qué nos trasmite?

3. BUSCAR EL SIGNIFICADO DE PALABRAS DESCONOCIDAS

| Palabras | Significado |
|---|---|
| | |
| | |
| | |

4. INTERÉS DE LA NOTICIA:

- Mundial:
- Continental.
- Nacional:
- Regional:
- Provincial:
- Local:

5. ANOTAR LOS NOMBRES PROPIOS QUE APAREZCAN EN LA INFORMACIÓN SEÑALANDO SU REPERCUSIÓN EN EL LUGAR EN QUE SE DESARROLLA LA NOTICIA.

| Nombres propios | Repercusión |
|---|---|
| | |
| | |
| | |

<table>
<tr><th colspan="4">TAREA 11: CONOCER LA LITERATURA</th></tr>
<tr><th>N.º de actividad</th><th>Explicación de la actividad</th><th>Tiempo</th><th>Agrupamiento</th></tr>
<tr><td>Act. 34</td><td>Lectura del romance anónimo.</td><td>5 minutos</td><td>Colectiva</td></tr>
<tr><td colspan="4">Romance del prisionero<br><br>Que por mayo era, por mayo,<br>cuando hace la calor,<br>cuando los trigos encañan<br>y están los campos en flor,<br>cuando canta la calandria<br>y responde el ruiseñor,<br>cuando los enamorados<br>van a servir al amor;<br>sino yo, triste, cuitado,<br>que vivo en esta prisión;<br>que ni sé cuándo es de día<br>ni cuándo las noches son,<br>sino por una avecilla<br>que me cantaba el albor.<br>Matómela un ballestero;<br>dele Dios mal galardón.<br><br>Anónimo</td></tr>
<tr><td>Act. 35</td><td>Buscamos en el diccionario el significado de la palabra «anónimo».</td><td>5 minutos</td><td>Individual</td></tr>
<tr><td>Act. 36</td><td>Trabajamos la dicción y la entonación en la lectura del romance.<br>Grabamos (grabadora mp3) la recitación del romance de cada alumno, la guardamos y se la hacemos escuchar para que comprueben su dicción, entonación…<br>Realizamos una lectura colectiva sobre la pizarra digital interactiva.</td><td>20 minutos</td><td>Individual</td></tr>
<tr><td>Act. 37</td><td>Trabajamos la comprensión del romance.<br>Responder a las preguntas:<br>• ¿Quién cuenta la historia del romance?<br>• ¿Quién es el protagonista del romance.<br>• ¿Por qué no sabe el protagonista si es de día o de noche?</td><td>12 minutos</td><td>Individual</td></tr>
<tr><td>Act. 38</td><td>Medimos los versos del romance. Indicar el número de sílabas de cada verso del romance.</td><td>12 minutos</td><td>Individual</td></tr>
</table>

## SESIÓN 5

| TAREA 12: RINCÓN DE CREATIVIDAD: EL CÓMIC | | | |
|---|---|---|---|
| *N.º de actividad* | *Explicación de la actividad* | *Tiempo* | *Agrupamiento* |
| Act. 39 | Lectura de cómics. Selección de cómics de la biblioteca de aula. | 5 minutos | Grupo clase |
| Act. 40 | Actividades de comprensión de los cómics.<br>Los alumnos cuentan los cómics que han leído.<br>Comentamos las lecturas y los alumnos las valoran.<br> | 5 minutos | Individual |
| Act. 41 | El cómic.<br>Bocadillos de diálogo y pensamiento.<br>Uso de los bocadillos en el cómic. | 10 minutos | Individual |
| Act. 42 | Elaboración de sus propios cómics. | 10 minutos | Individual |

## 11.4 Actividades de síntesis y consolidación

| TAREA 13: RECORDAMOS | | | |
|---|---|---|---|
| *N.º de actividad* | *Explicación de la actividad* | *Tiempo* | *Agrupamiento* |
| Act. 43 | Señala la sílaba tónica en las siguientes palabras:<br>• Pulgas.<br>• Pantalones.<br>• Paramera.<br>• Ayudándoles.<br>• Hacían.<br>• Presión. | 4 minutos | Individual |
| Act. 44 | Busca en la lectura tres palabras llanas, tres agudas y tres esdrújulas. | 5 minutos | Individual |
| Act. 45 | Escribe el significado de estas palabas:<br>• Caricatura.<br>• Regueros.<br>• Chucho. | 8 minutos | Individual |
| Act. 46 | Copia en tu cuaderno estos adjetivos y cámbiales el género:<br>• Viejo.<br>• Largo.<br>• Brillante.<br>• Seca.<br>• Florido. | 3 minutos | Individual |
| Act. 47 | Señala en la siguiente oración los adjetivos:<br>«Era entonces un perro de largo y brillante pelo blanco con unas manchas negras en el hocico, en las orejas y en el lomo, que le hacían parecer vestido para ir a un baile.» | 5 minutos | Individual |

## 11.5 Actividades de refuerzo y ampliación

| TAREA 14: REALIZACIÓN DE LA PRUEBA ESCRITA | | | |
|---|---|---|---|
| *N.º de actividad* | *Explicación de la actividad* | *Tiempo* | *Agrupamiento* |
| Act. 48 | Prueba escrita para comprobar el grado de adquisición de los contenidos trabajados en la unidad didáctica. | 30 minutos | Individual |

ACTIVIDADES DE REFUERZO

**Taller de radio**

*Materiales necesarios*

Equipo informático.
Software de grabación en mp3 (Audacity).
Micrófono.

*Justificación*

El taller de radio es una herramienta que nos va a permitir trabajar de forma individualizada dando a cada alumno la posibilidad de trabajar distintos niveles y contenidos.
Nos permite abordar contenidos propios del área de lengua y concretamente los elaborados en esta unidad didáctica.

*Actividades*

Lectura de los textos trabajados en la unidad didáctica.
Narración de romances.
Grabación de dictados que luego se realizarán en el aula.
Audición de las grabaciones de cada alumno.
Trabajar la entonación, la pronunciación y la dicción de cada uno de los alumnos.
Trabajar estos aspectos después de que los alumnos se oigan.

ACTIVIDADES DE AMPLIACIÓN

- Sílabas móviles. Los alumnos escriben palabras esdrújulas en tarjetas de cartulinas. Luego separan las sílabas de esas palabras y cortan cada sílaba. Con esas sílabas jugamos a formar nuevas palabras.

| a | yu | dán | do | le |
|---|---|---|---|---|
| | la | bra | dor | |

Formamos palabras nuevas | lado |

- Escribe 3 adjetivos para definir a Juan.
- Realización de nuevos dictados.
- Analizamos la información de una noticia de prensa escrita: *Diario de León*, 27 de febrero de 2011.

## 12. Evaluación

### 12.1. Criterios de evaluación

1. Es capaz de realizar una lectura correcta del texto.
2. Responde correctamente a las preguntas realizadas sobre la comprensión del cuento.
3. Separa correctamente las sílabas de las palabras.
4. Señala correctamente la sílaba tónica de las palabras.
5. Clasifica correctamente las palabras propuestas en agudas, llanas y esdrújulas.
6. Identifica adjetivos y relacionarlos con el sustantivo correspondiente.
7. Aplica la regla de concordancia con el sustantivo y de formación de plural y femenino.
8. Redacta noticias reflejando los datos necesarios para una información completa.
9. Expresa adecuadamente una opinión.
10. Participa con corrección y respetando el turno de palabra en los comentarios de las noticias propuestas.
11. Es capaz de completar las viñetas de un cómic, dando sentido y coherencia a las ilustraciones propuestas.

## 12.2 Instrumentos de evaluación

### 12.2.1 Evaluación del proceso de aprendizaje

LISTA DE CONTROL

Centro Educativo:
Unidad didáctica: 6

Nombre: *¿Malas Pulgas?*

Educación Primaria
Ciclo: 2.º Ciclo
Curso: 4.º

| | Alumno 1 | | | Alumno 2 | | |
|---|---|---|---|---|---|---|
| | Sí | AV | No | Sí | AV | No |
| Realiza una lectura correcta de los textos trabajados en la unidad didáctica. | | | | | | |
| Utiliza correctamente el vocabulario relativo a los animales. | | | | | | |
| Separa correctamente las palabras en sílabas. | | | | | | |
| Señala correctamente la sílaba tónica en al menos 8 de las 10 palabras propuestas. | | | | | | |
| Identifica los adjetivos en una oración. | | | | | | |
| Cambia el género y número de los adjetivos. | | | | | | |
| Realiza correctamente las concordancias entre el sustantivo y el adjetivo. | | | | | | |
| Recita con entonación y dicción adecuadas los romances de la unidad didáctica. | | | | | | |
| Es capaz de extraer el titular de una noticia. | | | | | | |
| A partir de un comentario es capaz de escribir una noticia. | | | | | | |

CUADERNO DE TRABAJO

Revisión del cuaderno de trabajo, valorando los siguientes criterios:

| Alumno: | Sí | No |
|---|---|---|
| Presenta una portada ilustrada. | | |
| Respeta los márgenes en el cuaderno. | | |
| Escribe las preguntas y respuestas con un color diferente. | | |
| Corrige los fallos en otro color. | | |
| Usa la regla para subrayar. | | |
| Numera los ejercicios y las actividades. | | |
| Rotula el título del tema o apartado que va a trabajar. | | |
| Completa con dibujos e ilustraciones. | | |
| Deja un renglón entre ejercicios. | | |
| Consigue que su letra sea legible, clara y limpia. | | |
| Pone cuidado para no cometer faltas de ortografía. | | |
| No olvida las tildes. | | |
| Evita ensuciar el cuaderno (borrones, raspaduras, manchas…). | | |
| No usa corrector. | | |

PRUEBA OBJETIVA

Los alumnos cumplimentarán una prueba objetiva con siete preguntas relacionadas con los contenidos trabajados en la unidad didáctica.

### 12.2.2 Evaluación del proceso de enseñanza

EVALUACIÓN DE LA PRÁCTICA DOCENTE

| | Sí | No |
|---|---|---|
| 1. ¿Se consiguen los objetivos didácticos fijados en la mayoría de alumnos/as? | | |
| 2. ¿Cuál no se logra?<br>—<br>—<br>— | | |
| 3. ¿Se consigue un buen clima en el aula? | | |
| 4. Las explicaciones ofrecidas son...<br>• Incomprensibles sólo para unos pocos.<br>• Comprendidas por la mayoría de la clase.<br>• Comprendidas por unos pocos.<br>• Tan confusas que nadie las comprende. | | |

| | Sí | No | A veces |
|---|---|---|---|
| ¿Actúas como animador en tus clases motivando a los alumnos/as? | | | |

| Valoración del uso de los recursos | Bueno | Regular | Malo |
|---|---|---|---|
| Tiempo<br>Espacio<br>Agrupaciones<br>Material | | | |

## 13. Atención a la diversidad

- Separar las palabras y escribir oraciones:

  Enlasoledaddelaparameraseca

- Separar palabras sencillas en sílabas:

  colega - pastor - nido

- Rodear la sílaba tónica (apoyarse en palmadas):

  sacaba - vida - asomó

- A partir de la propuesta inicial de un enunciado afirmativo, convertirlo en negativo, exclamativo e interrogativo:

  Dog había vivido muchos años al lado de Juan

## 14. Índice de coherencia

| Objetivos generales (Decreto 40/2007) | Objetivos de la programación de centro (PGA) | Objetivos didácticos de la unidad didáctica | Competencias | Contenidos | Actividades | Evaluación |
|---|---|---|---|---|---|---|
| 2 | 2.1 | 2.1.1 | 1-6 | 4-7 | 39-42 | 11 |
| 5 | 5.1 | 5.1.1 | 1-8 | 1, 5, 6, 8 | 31-33 | 9, 10 |
| 7 | 7.1 | 7.1.1 | 1-4 | 1-8 | 1, 5, 6, 8, 12, 13, 15, 21-23, 25, 31 | 8 |
| | 7.2 | 7.1.2 | 1-7 | 1, 5-8 | 31-33 | 1, 8-10 |
| | | 7.2.1 | 1, 6, 7 | 7 | 39-42 | 11 |
| | | 7.2.2 | 1-8 | 1, 5, 6 | 31-33 | 1, 8-10 |
| 9 | 9.1 | 9.1.1 | 1-7 | 4, 9-11 | 3, 4, 7, 8 | 1 |
| | | 9.1.2 | 1-8 | 4, 9-11 | 9-13 | 2 |
| 11 | 9.1 | 11.1.1 | 1-7 | 13, 14 | 15, 16 | 3-5 |
| | | 11.1.2 | 1 | 14 | 17-23 | 5 |
| | 11.1 | 11.1.3 | 1-7 | 15, 16 | 25-30 | 6, 7 |
| | 11.2 | 11.2.1 | 1-4 | 6-8 | 31-33 | 8 |

# 13.3. Unidad didáctica de Educación Secundaria: *Energías renovables / no renovables.*

## *Su transformación y aprovechamiento*

**J. Ricardo Gago Conde**
**Isabel Cantón Mayo**

## 1. Justificación y ubicación

La presente unidad didáctica se enmarca dentro de la programación general del área de Tecnologías, correspondiente al curso de 3.º de la ESO, y pertenece al bloque denominado *Energía y su transformación,* según establece el Decreto (52/2007 currículum CyL)

Su ubicación dentro de la programación, la sitúa antes de la unidad denominada *Electricidad y electrónica* y después de la denominada *Materiales plásticos pétreos y cerámicos.* Su duración total es de 5 sesiones (una sesión equivalente a 50 minutos).

## 2. Aspectos interdisciplinares de la unidad

El valor interdisciplinar de la unidad viene determinado por la complementariedad de los contenidos con otras áreas y materias. Nuestra unidad se relaciona con el área de Ciencias Naturales, a través de alguno de los contenidos del bloque *La actividad humana y el medio ambiente,* perteneciente al área de Biología y Geología; con el bloque *Energía y electricidad,* correspondiente al área de Física y Química, y con el área de Ciencias Sociales, Geografía e Historia, a través del bloque de contenidos *Actividad económica y espacio geográfico* en lo que atañe fundamentalmente a las fuentes de energía y la importancia de las energías renovables.

## 3. Objetivos. ¿Para qué enseñar?

La LOE (2/2006) en el art. 22 establece los fines para la ESO y desarrolla estos principios generales a través de los objetivos generales de etapa (art. 23). El Decreto (52/2007-Currículum CyL) establece los objetivos de área (Tecnología) a través de los cuáles se consigue la contribución del área a los objetivos de etapa. Su concreción curricular, a través de los objetivos didácticos de la unidad, y su vinculación con los objetivos de área y las competencias básicas, otorgan coherencia didáctica a la programación de aula (véase tabla 1).

### 3.1 Objetivos generales del área

Indicamos solamente los objetivos de área que se desarrollarán en la unidad didáctica; hemos conservado la indicación tal y como aparecen en el Decreto 52/2007 CyL (véase tabla 1).

### 3.2 Objetivos didácticos

Concretan las intenciones educativas para nuestra unidad didáctica (véase tabla 1).

## 4. Competencias básicas

Las competencias básicas (RD 1631/2006) se describen como un conjunto de destrezas, conocimientos y actitudes que los alumnos ponen en práctica para resolver problemas o situaciones que se les plantean. Las competencias constituyen capacidades que, al igual que los objetivos de etapa, deben alcanzar los alumnos al finalizar la ESO.

Para integrarlas dentro de la unidad didáctica, se han elaborado subcompetencias asociadas a las competencias básicas (véase tabla 1), tomadas del RD 52/2007 CyL.

Tabla 1. Competencias básicas / subcompetencias asociadas al área de Tecnología

| *Competencia básica* | *Subcompetencia (contribución de la Tecnología a la CC.BB.)* |
|---|---|
| Competencia en comunicación lingüística | *Subcompetencia 1*<br>Adquirir y utilizar correctamente vocabulario técnico diverso. |
| | *Subcompetencia 2*<br>Leer, redactar e interpretar informes y documentos técnicos. |
| Competencia matemática | *Subcompetencia 3*<br>Utilizar herramientas matemáticas para la resolución de problemas |
| Competencia en el conocimiento y la interacción con el mundo físico | *Subcompetencia 4*<br>Conocer y comprender objetos, sistemas y entornos tecnológicos. |
| | *Subcompetencia 5*<br>Desarrollar destrezas para manipular objetos tecnológicos con precisión y seguridad. |
| | *Subcompetencia 6*<br>Aplicar el método de problemas para resolver necesidades, evaluando sus consecuencias. |
| | *Subcompetencia 7*<br>Utilizar el análisis de objetos para comprender el funcionamiento de los objetos y sistemas tecnológicos. |
| | *Subcompetencia 8*<br>Analizar y conocer desde un punto de vista crítico las repercusiones medioambientales de los sistemas tecnológicos. |
| Tratamiento de la información y competencia digital | *Subcompetencia 9*<br>Conocer y utilizar con autonomía y seguridad los sistemas informáticos. |

Tabla 1. *(Continuación)*

| *Competencia básica* | *Subcompetencia (contribución de la Tecnología a la CC.BB.)* |
|---|---|
| | *Subcompetencia 10*<br>Buscar, seleccionar, elaborar, almacenar y presentar información utilizando las TIC. |
| | *Subcompetencia 11*<br>Valorar y seleccionar información teniendo en cuenta su procedencia y la importancia científica y técnica de las fuentes. |
| Competencia social y ciudadana | *Subcompetencia 12*<br>Debatir ideas y razonamientos desde una actitud de escucha y respeto a la diversidad de opiniones. |
| | *Subcompetencia 13*<br>Abordar los conflictos utilizando el diálogo y la negociación, desde el respeto y la tolerancia. |
| | *Subcompetencia 14*<br>Analizar y comprender los cambios sociales y económicos asociados al desarrollo tecnológico en la historia de la humanidad. |
| Competencia para aprender a aprender | *Subcompetencia 15*<br>Utilizar la obtención, análisis y selección de la información como estrategia para la resolución de problemas. |
| | *Subcompetencia 16*<br>Desarrollar, a través del estudio de objetos y sistemas tecnológicos, estrategias cognitivas utilizables en cualquier campo del aprendizaje. |
| Autonomía e iniciativa personal | *Subcompetencia 17*<br>Abordar los problemas desde la creatividad y la autonomía personal, analizar las diferentes soluciones y valorar sus repercusiones. |

## 5. Contenidos

### 5.1 Conocimientos previos de los alumnos

En Cantón (2010) se dice:

> En los procesos educativos centrales, referidos a la enseñanza-aprendizaje, el currículum debe ser organizado de forma que el aprendizaje obtenido sea significativo para que el aprendiz construya nuevos conocimientos con base en los que ya adquirió anteriormente.

Por tanto, es necesario determinar qué saben nuestros alumnos del contenido que queremos desarrollar; esto nos permitirá situar los nuevos aprendizajes en una perspectiva de proximidad a los conocimientos de los que ya disponen.

La evaluación de conocimientos previos o iniciales puede realizarse utilizando diversos instrumentos (véase tabla 3).

### 5.2. Contenidos de la unidad didáctica

Aunque el Decreto 52/2007, CyL, no lo contempla de una forma explícita, los contenidos desarrollados en la unidad abarcan aspectos conceptuales, procedimentales y actitudinales.

- Energía: tipos de energía, clasificación de las fuentes de energía, energías renovables y no renovables.
- Energías renovables: solar térmica, solar fotovoltaica, biomasa, eólica, mareomotriz, geotérmica, hidráulica.
- Energías no renovables: centrales térmicas, centrales nucleares, centrales eléctricas.
- Elaboración e interpretación de esquemas del funcionamiento de los sistemas de producción de energías renovables/no renovables.
- Descripción y valoración de los problemas medioambientales asociados a la utilización de energías no renovables.
- Energía y desarrollo sostenible. Ahorro y eficiencia energética. Identificación de medidas personales y colectivas para una eficiencia energética.
- Utilización de herramientas informáticas para la búsqueda, selección, almacenamiento, edición y presentación de la información.
- Analizar y conocer desde un punto de vista crítico las repercusiones medioambientales de los sistemas tecnológicos.

## 5.3. Mapa conceptual de la unidad (véanse figura y tabla 2)

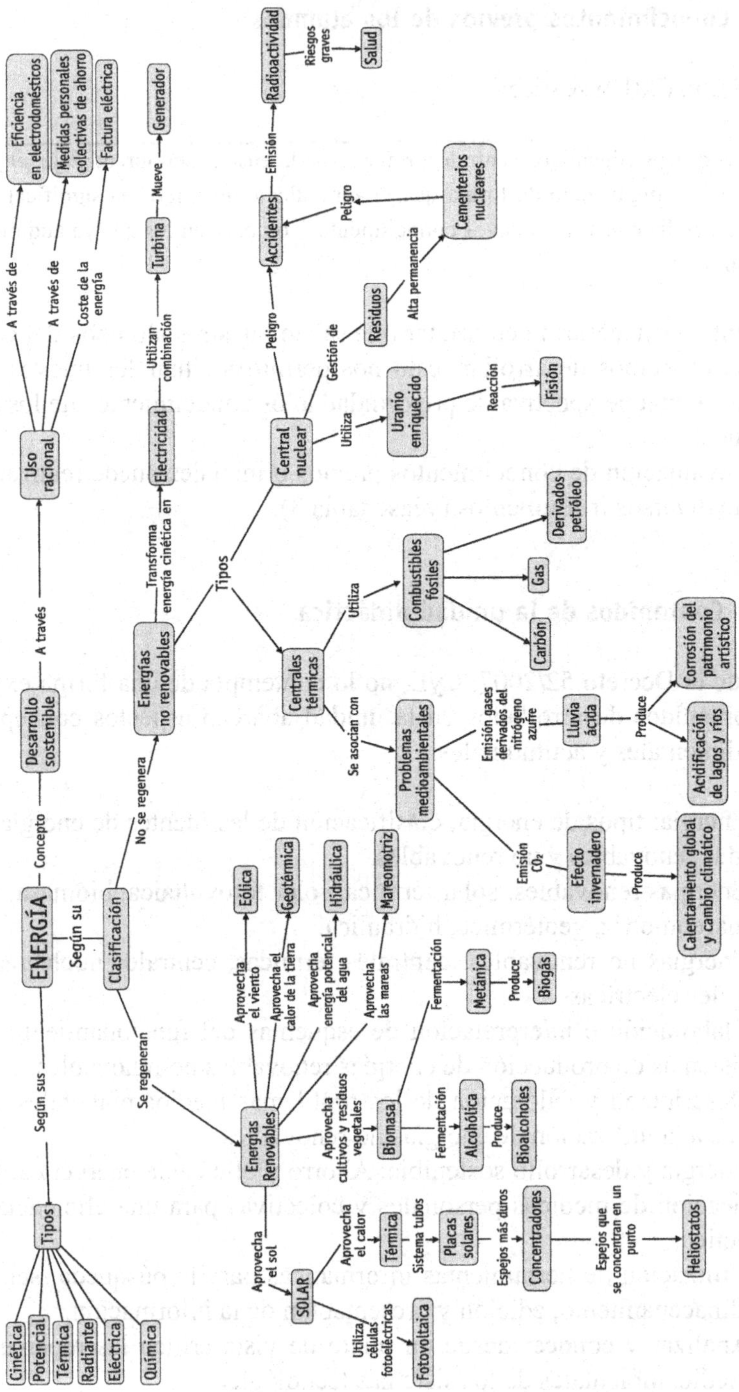

Tabla 2 Correspondencia entre objetivos y competencias

| *Objetivos de área (Decreto 52/2007, CyL)* | *Objetivos didácticos* | *Competencias básicas* | *Subcompentencias* |
|---|---|---|---|
| 3. Analizar los objetos y sistemas técnicos para comprender su funcionamiento, conocer sus elementos y las funciones que realizan, aprender la mejor forma de usarlos y controlarlos y entender las condiciones fundamentales que han intervenido en su diseño y en su construcción. | • Analizar y comprender el funcionamiento de los sistemas de producción de energía.<br>• Describir los elementos que componen dichos sistemas, comprender su funcionamiento y las consecuencias que se derivan de su uso. | Comunicación lingüística | 1, 2 |
| | | Conocimiento e interacción con el mundo físico | 4, 7, 8 |
| | | Aprender a aprender | 16 |
| | | Competencia social y ciudadana | 14 |
| 4. Expresar y comunicar ideas y soluciones técnicas, así como explorar su viabilidad y alcance utilizando los medios tecnológicos, los recursos gráficos, la simbología y el vocabulario adecuados. | • Resolver las cuestiones y problemas planteados, relativos a los sistemas de aprovechamiento energéticos, y comunicar las soluciones utilizando los recursos gráficos, la simbología y el vocabulario adecuados. | Conocimiento e interacción con el mundo físico | 4, 7 |
| | | Comunicación lingüística | 1 |
| | | Aprender a aprender | 15, 16 |
| | | Autonomía e iniciativa personal | 17 |

Tabla 2 *(Continuación)*

| *Objetivos de área (Decreto 52/2007, CyL)* | *Objetivos didácticos* | *Competencias básicas* | *Subcompentencias* |
|---|---|---|---|
| 5. Adoptar actitudes favorables a la resolución de problemas técnicos, desarrollando interés y curiosidad por la actividad tecnológica, analizando y valorando críticamente la investigación. | • Mantener actitudes favorables hacia la actividad tecnológica en el ámbito de la producción de energía como un elemento clave para la resolución de determinados problemas medioambientales. | Conocimiento e interacción con el mundo físico | 4, 8 |
| | | Competencia social y ciudadana | 14 |
| | | Aprender a aprender | 15, 16 |
| 6. Comprender las funciones de los componentes físicos de un ordenador, así como su funcionamiento y forma de conectarlos. Manejar con soltura aplicaciones informáticas que permitan buscar, almacenar, organizar manipular, recuperar y presentar información, empleando de forma habitual las redes de comunicación. | • Utilizar de forma adecuada las diferentes herramientas informáticas para la búsqueda, selección, almacenamiento y presentación de la información en la resolución de las diferentes actividades planteadas. | Comunicación lingüística | 1, 2 |
| | | Aprender a aprender | 15, 16 |
| | | Autonomía e iniciativa personal | 17 |
| | | Tratamiento de la información y competencia digital | 12-14 |

Tabla 2 *(Continuación)*

| *Objetivos de área (Decreto 52/2007, CyL)* | *Objetivos didácticos* | *Competencias básicas* | *Subcompentencias* |
|---|---|---|---|
| 7. Asumir de forma crítica y activa el avance y la aparición de nuevas tecnologías incorporándolas al quehacer cotidiano. | • Valorar los aspectos positivos de las formas de aprovechamiento energético, criticar sus aspectos negativos e indicar sus posibles soluciones. | Autonomía e iniciativa personal | 17 |
| | | Conocimiento e interacción con el mundo físico | 4, 8 |
| | | Competencia social y ciudadana | 12 |
| | | Aprender a aprender | 16 |
| 8. Actuar de forma dialogante, flexible y responsable en el trabajo en equipo, en la búsqueda de soluciones, en la toma de decisiones y en la ejecución de las tareas encomendadas con actitud de respeto, cooperación, tolerancia y solidaridad. | • Comportarse de forma participativa y dialogante y mantener en todo momento una actitud de respeto; asumir de manera responsable las tareas y colaborar en su resolución. | Autonomía e iniciativa personal | 12, 13, 17, 18 |
| | | Competencia social y ciudadana | 12, 13 |

Tabla 2 *(Continuación)*

| *Objetivos de área (Decreto 52/2007, CyL)* | *Objetivos didácticos* | *Competencias básicas* | *Subcompentencias* |
|---|---|---|---|
| 6. Comprender las funciones de los componentes físicos de un ordenador, así como su funcionamiento y forma de conectarlos. Manejar con soltura aplicaciones informáticas que permitan buscar, almacenar, organizar manipular, recuperar y presentar información, empleando de forma habitual las redes de comunicación. | • Utilizar de forma adecuada las diferentes herramientas informáticas para la búsqueda, selección, almacenamiento y presentación de la información en la resolución de las diferentes actividades planteadas. | Comunicación lingüística | 1, 2 |
| | | Aprender a aprender | 15, 16 |
| | | Autonomía e iniciativa personal | 17 |
| | | Tratamiento de la información y competencia digital | 12-14 |
| 7. Asumir de forma crítica y activa el avance y la aparición de nuevas tecnologías, incorporándolas al quehacer cotidiano. | • Valorar los aspectos positivos de las formas de aprovechamiento energético, criticar sus aspectos negativos e indicar sus posibles soluciones. | Autonomía e iniciativa personal | 17 |
| | | Conocimiento e interacción con el mundo físico | 4, 8 |
| | | Competencia social y ciudadana | 12 |
| | | Aprender a aprender | 16 |

Tabla 2 *(Continuación)*

| *Objetivos de área (Decreto 52/2007, CyL)* | *Objetivos didácticos* | *Competencias básicas* | *Subcompentencias* |
|---|---|---|---|
| 8. Actuar de forma dialogante, flexible y responsable en el trabajo en equipo, en la búsqueda de soluciones, en la toma de decisiones y en la ejecución de las tareas encomendadas, con actitud de respeto, cooperación, tolerancia y solidaridad. | • Comportarse de forma participativa y dialogante y mantener en todo momento una actitud de respeto; asumir de manera responsable las tareas y colaborar en su resolución. | Autonomía e iniciativa personal<br>Competencia social y ciudadana | 12, 13, 17, 18 |

## 6. Metodología

El área de Tecnología ofrece, por la diversidad de usos en espacios y recursos, un ámbito ideal para la aplicación de diferentes estrategias metodológicas que combinan la acción y el conocimiento en las diferentes actividades a desarrollar. La aplicación de métodos activos de aprendizaje (método de proyectos, método de aprendizaje por descubrimiento, análisis de objetos, etc.) es una de las principales características que define la metodología que se va a utilizar en esta asignatura.

En el caso de nuestra unidad didáctica, dada la limitación de tiempo en el desarrollo de la programación, se opta por el método de aprendizaje por problemas, como estrategia para la resolución de la mayoría de las cuestiones (actividades ADC 2 y 3).

En cuanto a los agrupamientos, la utilización de parejas, grupos de trabajo de 3 o 4 alumnos, constituye una forma de potenciar el aprendizaje colaborativo; al mimo tiempo permite trabajar aspectos de las competencias (sobre todo social y ciudadana e iniciativa personal) que de otra forma serian más difíciles de desarrollar (véase tabla 3).

La organización del aula y la utilización de diferentes espacios (clase, taller, aula de informática) también contribuyen a generar condiciones apropiadas para que se desarrolle el proceso de enseñanza-aprendizaje (véase tabla 3).

Una adecuada secuenciación de los contenidos (temporalización) contribuye como estrategia a mejorar los resultados que pretendemos obtener con nuestros alumnos (véase tabla 3).

## 7. Actividades

A través de las actividades, desarrollamos los objetivos de la unidad y de área, además de contribuir a los objetivos de etapa y las competencias básicas.

En Cantón (I, 2001) se dice:

> Las personas actuales, de mente formada en el mundo analógico, basan su comunicación, su aprendizaje y su historia en los recuerdos, la memoria, el aprendizaje y la escritura. Las personas en el mundo futuro, formadas en el mundo digital, no necesitan estas funciones para desenvolverse y crecer, dado que pueden almacenar y recuperar la información con velocidad y rapidez.

De ahí, la importancia de concebir las actividades como instrumentos para el desarrollo de nuevas capacidades cognitivas, y no como tareas mecánicas basados en la repetición de habilidades ya superadas o centradas en la memorización.

Las actividades que desarrollamos se pueden clasificar en función de su intencionalidad educativa en:

## 7.1 Actividades de presentación-motivación (APM)

Permiten situar el alumno en el contexto de la unidad didáctica que queremos desarrollar; actúan como elemento motivador de la tarea.

Proponemos dos actividades, de forma que podemos elegir la que mejor se adapte a nuestro contexto:

- Vídeo motivación que relaciona energías renovables, creatividad y utilidad del desarrollo tecnológico:
  http://www.ted.com/talks/william_kamkwamba_how harnessed_the_wind.html
- Vídeo motivación sobre las consecuencias del uso indiscriminado de los recursos del planeta:
  http://www.youtube.com/watch?v=jyK8aT2ojVc

## 7.2 Actividades de evaluación de conocimientos previos (AECP)

El objetivo de estas actividades es conocer qué saben nuestros alumnos sobre los contenidos que se van a desarrollar. Como en el apartado anterior, hacemos varias propuestas:

1. Análisis de una factura de la luz. Contribución de los diferentes tipos de energía a la producción energética en España. A través de un *brainstorming,* determinamos qué saben los alumnos sobre los contenidos de la unidad:
   http://www.flickr.com/photos/23379863@N03/2303566527/
2. *Brainstorming* sobre la página web:
   https://demanda.ree.es/demanda.html
   En esta página se puede ver el consumo de energía *on line,* clasificado por fuentes energéticas así como la cantidad de $CO_2$ generada. A través de un *brainstorming* se determina qué saben los alumnos sobre la unidad.
3. Cuestionario de evaluación de conocimientos previos disponible en el blog del profesor (http://tecnotecno2009.wordpress.com).

## 7.3 Actividades de desarrollo de los contenidos (ADC)

Desarrollan los diferentes contenidos que nos permiten alcanzar los objetivos didácticos:

ADC 1. Exposición de los contenidos principales de la unidad. Apoyo con presentación en PowerPoint:
http://www.mmach.arrakis.es/ENERGIA_Y_SU_GENERACION.swf

ADC 2. Visitar la página web de UNESA: http://www.unesa.es/ en el apartado Funcionamiento centrales eléctricas; utilizando las animaciones interactivas y los esquemas, realizar un diagrama de bloques con un procesador de textos o el programa Paint de los diferentes elementos que intervienen en la producción de energía en cada uno de los sistemas. Agrupamiento: (2 alumnos/ordenador). Enviar el documento al correo electrónico del profesor.

ADC 3. Elaborar, utilizando herramientas digitales (procesador de textos, imágenes, hipervínculos), una serie de propuestas que permitan reducir el consumo energético en el hogar, en el centro educativo y en la ciudad. Valorar las repercusiones de estas medidas para el medio ambiente. El documento generado debe publicarse en www.scribd.com, después de enviarlo al correo electrónico del profesor.

Utilizar como página web de apoyo *La ruta de la energía:*
http://www.larutadelaenergia.org/distribucion/v7_home.asp?v=6&b=100
Existe otra serie de enlaces disponibles en el blog del profesor:
http://tecnotecno2009.wordpress.com

## 7.4 Actividades de ampliación o consolidación (AAC)

Pretenden consolidar los aprendizajes desarrollados, permitiendo que desde la iniciativa personal y desde la competencia para aprender a aprender se desarrollen nuevas capacidades (véase tabla 3).

AAC 1. Elaborar una presentación en PowerPoint, de acuerdo con el guion de cuestiones establecido por el profesor y las listas de enlace disponibles en el blog:
http://tecnotecno2009.wordpress.com

AAC 2. Utilizando la herramienta CmapsTools, instalada en el aula de informática, elaborar un mapa conceptual de los principales contenidos de la unidad. Realizar para cada bloque hipervínculos a vídeos e imágenes que complementen la explicación de dichos conceptos. Enviar al correo electrónico del profesor.

### 7.5 Actividades de recuperación o refuerzo (ARR)

Atienden la diversidad de los ritmos de aprendizaje (motivación, interés, capacidades) y permiten compensar las dificultades encontradas en el desarrollo de los contenidos.

ARR 1. Utilizando la siguiente página interactiva: http://www.librosvivos.net/smtc/homeTC.asp?Temaclave=1080, contestar al cuestionario disponible en el blog del profesor:
http://tecnotecno2009.wordpress.com

ARR 2. Utilizando las unidades didácticas relativas a energías renovables y centrales de producción eléctrica, disponibles en la página web www.tecno12-18.com, contestar los diferentes cuestionarios. Enviar al correo electrónico del profesor.

## 8. Temporalización

La unidad didáctica está pensada para ser desarrollada en cinco sesiones de 50 minutos. Es necesario añadir una sesión de 50 minutos para la realización de una prueba escrita.

## 9. Recursos

La elección de los recursos y su diversidad constituyen un factor determinante del rendimiento del proceso de enseñanza-aprendizaje y deben ser objeto de revisión en la práctica docente.

La utilización de recursos audiovisuales refuerza la efectividad y la atención en las clases expositivas. Recursos audiovisuales utilizados (vídeos de Youtube, imágenes de la red, etc.) en las actividades señaladas: APM, AECP, ADC 1.

La utilización de la red para la búsqueda de información (siempre que ésta se haga de una forma guiada) y la publicación de contenidos constituyen otra herramienta básica en la mejora de los procesos de aprendizaje: actividades ADC 3, AAC 1.

Tabla 3. Actividades

| *Tipo* | *Tiempo* | *Actividad* | *Agrupamiento* | *Recursos* | *Espacio* |
|---|---|---|---|---|---|
| APM | 10′ | Cualquiera de los vídeos de motivación del tema. | Grupo clase | Proyector LCD, ordenador con acceso a Internet | Aula de Informática |
| AECP | 10′ | Propuesta 1: Factura de la luz.<br>Propuesta 2: Consumo en la red eléctrica.<br>Propuesta 3: Cuestionario. | Grupo clase / individual / en parejas | Material escolar, sin libro | Aula de clase |
| ADC 1 | 50′ | Expositiva de los contenidos. Presentación PowerPoint. | Grupo clase | Proyector LCD, ordenador, libro de texto | Aula de clase |
| ADC 2 | 50′ + trabajo comple-mentario | Trabajo web de UNESA. Envío de trabajo al profesor. | En parejas | Ordenador, conexión a la red | Aula de informática |
| ADC 3 | 40′ + trabajo comple-mentario | Trabajo sobre reducción del consumo energético: *La ruta de la energía*. Enviar por correo electrónico. Publicar en www.scribd.com | Grupo 3 / 4 alumnos/as | Ordenador, material escolar | Aula de informática / trabajo en casa |
| AAC 1 | 45′ + trabajo comple-mentario | Elaborar una presentación PowerPoint. Enviar por correo electrónico | En parejas | Ordenador, material escolar | Aula de Informática / Trabajo en casa |

Tabla 3. *(Continuación)*

| *Tipo* | *Tiempo* | *Actividad* | *Agrupamiento* | *Recursos* | *Espacio* |
|---|---|---|---|---|---|
| AAC 2 | 45′ + trabajo comple-mentario | Utilizando la herramienta CmapsTools, elaborar un mapa conceptual de los diferentes contenidos del tema. Vincular cada forma de energía con un enlace a vídeos, imágenes en el que se explique su forma de aprovechamiento y las repercusiones de su utilización. Enviar al profesor por correo electrónico. | En parejas | Ordenador | Aula de Informática / Trabajo en casa |
| ARR 1 | 45′ + trabajo comple-mentario | Página interactiva. Libros vivos. Cuestionario del profesor. | Individual | Ordenador, material escolar | Aula clase, trabajo en casa |
| ARR 2 | 45′ + trabajo comple-mentario | Unidades interactivas, www.tecno12-18.com. Enviar por correo electrónico. | Individual | Ordenador, material escolar | Trabajo en casa. |

Tabla 4. Correspondencia entre objetivos y criterios de evaluación

| *Objetivos didácticos* | *Criterios de evaluación didácticos propuestos* | *Criterios de evaluación de área (R.D. 52/2007 CyL)* |
|---|---|---|
| Analizar y comprender el funcionamiento de los sistemas de producción de energía (1, 2). | 1. Distinguir las diferentes formas de energía en función de su carácter renovable o no. | Conocer los distintos medios de producción, transformación y transporte de la energía eléctrica. |
| Describir los elementos que componen dichos sistemas, comprender su funcionamiento y las consecuencias que se derivan de su uso (1, 2). | 2. Interpretar y elaborar esquemas sencillos del funcionamiento de los diversos sistemas de producción de la energía | Describir esquemáticamente los sistemas técnicos para el aprovechamiento de las energías renovables. |
| Resolver las cuestiones y problemas planteados relativos a los sistemas de aprovechamiento energéticos, comunicar las soluciones utilizando recursos gráficos, simbología y vocabulario adecuados (1, 2, 3, 4, 5, 6, 7). | 3. Valorar los aspectos positivos y negativos asociados al uso de las energías, señalar su origen y posibles soluciones. | Conocer y valorar el impacto medioambiental de la generación, transporte y distribución y uso de la energía fomentando una mayor eficiencia y ahorro energético. |
| Mantener actitudes favorables hacia la actividad tecnológica en el ámbito de la producción de energía como un elemento clave para la resolución de determinados problemas medioambientales (4). | 4. Mostrar interés por los problemas relacionados con el medio ambiente y el desarrollo sostenible, en los ámbitos ligados a la utilización de la energía<br>5. Confeccionar una lista de propuestas de carácter individual y colectivo para un uso eficiente de la energía y como forma de garantizar un desarrollo sostenible. | Reconocer el impacto que sobre el medio produce la actividad tecnológica y comprobar los beneficios y la necesidad de la aplicación de tecnologías correctoras para conseguir un desarrollo sostenible. |

Tabla 4. *(Continuación)*

| *Objetivos didácticos* | *Criterios de evaluación didácticos propuestos* | *Criterios de evaluación de área (R.D. 52/2007 CyL)* |
|---|---|---|
| Valorar los aspectos positivos de las formas de aprovechamiento energético, criticar sus aspectos negativos e indicar sus posibles soluciones (3).<br><br>Utilizar de forma adecuada las diferentes herramientas informáticas para la búsqueda, selección, almacenamiento y presentación de la información en la resolución de las diferentes actividades planteadas (6). | 6. Utilizar herramientas informáticas para la búsqueda, selección, almacenamiento y presentación de información en formatos digitales procedentes y valorar la relevancia de la información de acuerdo a criterios científicos y técnicos | Emplear Internet como medio activo de comunicación intergrupal y publicación de información. |
| Comportarse de forma participativa y dialogante y mantener en todo momento una actitud de respeto; asumir de forma responsable las tareas y colaborar en su resolución (7). | 7. Participar en las diferentes tareas y mantener una actitud de colaboración y respecto a las opiniones de los demás, sobre todo en el trabajo en grupo. | (Criterio didáctico de la unidad, sin referencia en los criterios de área). |

La utilización de simuladores facilita la compresión de sistemas tecnológicos complejos, potenciando la adquisición y compresión de los contenidos asociados. La utilización de software para la elaboración de mapas conceptuales y presentaciones permite elaborar y procesar la información que los alumnos deben de interiorizar (ADC 2, ADC 3; AAC 1, AAC 2, ARR 1, ARR 2).

La utilización de diversos espacios (el aula de clase, el aula taller, el aula de informática) permite una adecuada distribución de las distintas actividades a los diferentes agrupamientos (trabajo individual, parejas, grupo de 2 o 3 personas, grupo clase), favoreciendo, de esta forma, el aprendizaje colaborativo (véase tabla 3).

## 10. Evaluación

### 10.1 Criterios de evaluación

El Real Decreto 52/2007 establece los criterios de evaluación para 3.º de la ESO (criterios de evaluación de área). En nuestra unidad didáctica, concretamos los criterios de evaluación didácticos.

En la tabla 4 hemos relacionado los objetivos didácticos de nuestra unidad con los criterios de evaluación didácticos y los criterios de evaluación de área, de forma que se garantice la coherencia en la evaluación.

### 10.2 Procedimientos, instrumentos de evaluación y criterios de calificación

Responden a la pregunta ¿cómo evaluar? En nuestra unidad hemos utilizado diversos procedimientos teniendo presente la mayor o menor adecuación de unos u otros en función del objeto de la evaluación (véase tabla 5).

#### Observación sistemática

Consiste en el registro a través de una lista de control de determinados aspectos para valorar. Para las actividades (APM, AECP), registramos los siguientes aspectos: mantiene una actitud positiva hacia los contenidos de la materia; participa de forma activa en los debates y discusiones; utiliza un vocabulario técnico adecuado; conoce los principios y fundamento básicos de la materia. Cada uno de los ítems se valora de 1 a 4. (Ver modelos en la unidad de Educación Primaria).

Tabla 5. Correspondencia entre actividades y evaluación

| *Actividad* | *Procedimiento de evaluación* | *Instrumento de evaluación* | *Agrupamiento* | *Criterio de calificación* |
|---|---|---|---|---|
| Presentación motivación (APM) | Observación sistemática | Lista de registro | Grupo clase | 15% |
| Evaluación conocimientos previos (AECP) | | Lista de control | | |
| Desarrollo de contenidos (ADC 1) | Exámenes Revisión de tareas | Prueba escrita | Individual | 40% |
| Desarrollo de contenidos (ADC 2) | | Trabajo esquema | Individual | 10% |
| Desarrollo de contenidos (ADC 3) | | Documento propuesta | Grupo 3/4 alumnos | 20% |
| Ampliación o consolidación (AAC 1) | | Presentación | En parejas | 10% |
| Refuerzo o recuperación (AAC 2) | | Mapa conceptual | | |
| Autoevaluación | Cuestionario | Cuestionario | Individual | 5% |
| Refuerzo o recuperación (ARR 1) | Revisión de tareas | Documento | Individual | Actividad de refuerzo; se incorpora su porcentaje al de las actividades de desarrollo |
| Refuerzo o recuperación (ARR 2) | Revisión de tareas | | | |

### Revisión de tareas

Se realiza de acuerdo a los siguientes criterios evaluables: grado de consecución de los objetivos, puntualidad en la entrega, claridad de contenidos, presentación, corrección sintáctica y ortográfica, utilización adecuada del vocabulario técnico. Actividades: ADC 1, 2 y 3; AAC 1 y 2; ARR 1 y 2.

### Pruebas (escritas, orales)

A través de cuestionarios y exámenes, permiten obtener al profesor una medida del progreso del proceso de enseñanza-aprendizaje.

### Evaluación del proceso de enseñanza-aprendizaje

(Véanse modelos en la unidad de Educación Primaria).

### Índice de coherencia

Ver las tablas 1-5 de correspondencia anteriores entre objetivos de etapa, de área, de unidad, competencias, contenidos, actividades y evaluación.

## 11. Recuperación

Los resultados obtenidos en la evaluación de la unidad sirven para reorientar la práctica educativa a través del diagnóstico de las dificultades encontradas.

Los alumnos con una evaluación negativa, realizarán las siguientes tareas:

1. Completar, si fuera necesario, la realización de todas las actividades como paso previo, prestando especial atención a aquellas con calificación más baja.
2. Actividades de recuperación: ARR 1 y AAR 2.
3. Al finalizar el conjunto de unidades que componen la evaluación trimestral, una prueba escrita de contenidos permitirá medir el grado de aprovechamiento del proceso.

## 12. Educación en valores

La educación en valores de esta unidad se vincula a las repercusiones que tienen el uso de las energías y el cuidado del medio ambiente, elementos que se trabajan en las actividades (APM, AECP y ADC 3). El esfuerzo, la tolerancia y el respeto a los demás son valores que van implícitos también en el desarrollo de las diferentes actividades.

## 13. Tratamiento de las tecnologías de la información y la comunicación

Las TIC derivan en transformaciones sociales y económicas a las que la escuela no puede ser ajena. En M. I. Cantón (2001) se pone de manifiesto que una de las características básicas de la nueva sociedad del conocimiento es la necesidad de proporcionar herramientas que permitan seleccionar, evaluar y aprovechar la información en un mundo en el que esta información se manifiesta en sobreabundancia. Y esto último es la mejor definición de los objetivos que nos planteamos en el desarrollo de las TIC en la presente unidad didáctica.

En la unidad, el tratamiento de las TIC se realiza a través de la utilización de herramientas para la búsqueda, el almacenamiento, la edición y la presentación de la información (actividades ADC 1, ADC 3, AAC 1, AAC 2), la utilización de elementos multimedia interactivos (ADC 2, ARR 1, ARR 2), la utilización de herramientas de comunicación blog, correo electrónico (ADC 2; AAC 1) y la publicación de contenidos en la red (www.scribd.com) (A.D.C.-3).

## 14. Atención a la diversidad

Una realidad de nuestras aulas es la diferencia de motivaciones, capacidades e intereses, que determinan de una u otra manera los resultados obtenidos en los procesos de enseñanza-aprendizaje.

Entre las medidas que se pueden tomar, señalamos las siguientes:

*Actividades diversas, que abarquen diferentes tipos de contenidos.* Esto permite un mejor tratamiento de las dificultades de aprendizaje.

En nuestra unidad didáctica se combinan diferentes tipos de actividades, desde las más conceptuales (ADC 1) o procedimentales (ADC 2, ADC 3) hasta las actitudinales (APM), pasando por otras de carácter mixto, de forma que proporcionan a los alumnos una forma variada de acercarse a los contenidos.

*Agrupamientos flexibles* (véase tabla 3).

*Gradación de las dificultades y mayor o menor intervención del profesor.* La gradación de las dificultades como estrategia se centraría en partir de los conocimientos previos de los alumnos (APM) a continuación de una adecuada secuenciación de los contenidos, de forma que progresemos de lo próximo y conocido por el alumno hasta los contenidos que queremos desarrollar.

En la unidad didáctica concretamos este apartado a través de las actividades de desarrollo de contenidos (ADC 1, 2 y 3), que nos permitirán evaluar en un primer momento el grado de consecución de los objetivos. Además, proponemos actividades de consolidación y ampliación (AAC 1 y 2), de forma que permitan una progresión en el aprendizaje de los alumnos. Los alumnos con dificultades en el desarrollo de la unidad realizarán, en lugar de las actividades de ampliación, la actividad de refuerzo (AAR 1).

La mayor o menor intervención del profesor también constituye una estrategia metodológica para conseguir una adecuada progresión del proceso de aprendizaje.

## Bibliografía

Ausubel, D. P., Novak, J. D. y Hanesian, H. (1983): *Psicología educativa: un punto de vista cognitivo.* México: Trillas.

Baelo, A., Cantón, M. I. (2009): «Las tecnologías de la información y la comunicación en la educación superior. Estudio descriptivo y de revisión». *Revista Iberoamericana de Educación,* 7(50).

Cantón Mayo, I. (2010): «Detección y priorización de necesidades para la elaboración de planes de mejora», en AA. VV., *La evaluación como proceso sistemático para la mejora educativa.* Madrid: Secretaría General y Técnica del Ministerio de Educación, pp. 69-90.

— (2010): «Introducción a los procesos de calidad». *Revista Iberoamericana sobre Calidad, Eficacia y Cambio en la Educación,* 8(5).

— (2011): «Evaluación de la calidad de los procesos educativos», en Marcelo, C. (coord.): *Evaluación del desarrollo profesional docente.* Barcelona: Davinci, pp. 151-171.

— y Baelo Álvarez, R. (2011): «El profesorado universitario y las tecnologías de la información y la comunicación (TIC): disponibilidad y formación», en *Educatio S. XXI,* vol. 29.1, pp. 263-302.

Martínez, S. (1994): «Investigación y Nuevas tecnologías de la comunicación en la Enseñanza: el futuro inmediato». *Pixel Bit, Revista de Medios y Educación* (2):3-17.

# 13.4. Unidad didáctica de la Escuela Oficial de Idiomas: *I have a dream!*

**Elena Martín Monje**
**Beatriz Rodríguez López**

## 1. Introducción

La unidad didáctica que se detalla a continuación ha tomado como documentos de referencia el Marco Común Europeo de Referencia para las Lenguas (MCERL), así como la Ley Orgánica 2/2006 de Educación (LOE), el Real Decreto 1629/2006, por el que se fijan los aspectos básicos del currículum de las enseñanzas de idiomas, y el Decreto 31/2007, aplicable a la Comunidad de Madrid.

El MCERL tiene una gran relevancia en la actual enseñanza de idiomas, encaminada al desarrollo de la competencia comunicativa del sujeto con un enfoque orientado a la acción. Ésta fomenta, por un lado, la responsabilidad y autonomía del alumno en el aprendizaje y, por otro, la competencia plurilingüe y pluricultural, que redundarán en un aprendizaje más efectivo (Pino y Rodríguez, 2010)..

La unidad *I have a dream* se impartirá en el 2.º trimestre en tres sesiones de 120 minutos y corresponde al nivel B1.2 de lengua inglesa, dentro del nivel Intermedio 2 establecido por las EE.OO.II., de acuerdo con el MCERL. Este nivel supone:

> Utilizar el idioma con cierta seguridad, receptiva y productivamente, tanto en forma hablada como escrita, así como para mediar entre hablantes de distintas lenguas, en situaciones cotidianas y menos corrientes que requieran comprender y producir textos en una

variedad de lengua estándar, con estructuras habituales y un repertorio léxico común no muy idiomático, y que versen sobre temas generales, cotidianos o en los que se tiene un interés personal.

Real Decreto 1629/2006: 467

El tema elegido es el de la discriminación racial en EE UU, pues se trata de un importante aspecto sociocultural que supone el acercamiento a la historia reciente de uno de los más importantes países anglosajones. Incide, además, en la educación en valores tales como la convivencia, la igualdad, los derechos humanos, añadiendo de este modo una dimensión más profunda al aprendizaje de la lengua extranjera.

## 2. Competencias

### 2.1 Competencias generales

Las competencias generales de la persona pueden resumirse en saber, saber ser, saber hacer y saber aprender, y están relacionadas con el aprendizaje a lo largo de la vida. En esta unidad didáctica se concretan en:

- Capacidad de conocer el mundo derivada de la experiencia con personas, acontecimientos e intervenciones en diferentes ámbitos.
- Dominio de valores, creencias y actitudes respecto a factores de clase social, raza, identidad nacional y minorías étnicas y religiosas.

### 2.2 Competencias comunicativas

#### 2.2.1 Competencias lingüísticas

- Capacidad para describir situaciones impredecibles, explicar los puntos principales de una idea con precisión razonable y expresar pensamientos sobre temas sociales.
- Capacidad para desenvolverse y expresarse con algunas dudas y circunloquios (limitaciones léxicas y algunas dificultades de formulación) sobre temas sociales.

#### 2.2.2 Competencias sociolingüísticas

- Conciencia de las diferencias más significativas que existen entre las costumbres, usos, actitudes, valores y creencias de la comunidad y las propias y capacidad para identificar esas diferencias.

#### 2.2.3 Competencias pragmáticas

- Capacidad para usar gran diversidad de elementos lingüísticos sencillos con flexibilidad para expresar lo que se desea, pudiendo conversar el tema de la discriminación racial y cuestiones sociales relacionadas de forma cohesionada.
- Capacidad para expresarse con relativa facilidad y razonable precisión pudiendo corregirse ante la necesidad de expresar la idea que quiere comunicar.

## 3. Objetivos

### 3.1 Objetivos generales por destrezas

Esta unidad didáctica se basa en los objetivos generales establecidos por el Real Decreto mencionado anteriormente para el nivel intermedio en su página 467 en los cuatro bloques especificados: comprensión oral, expresión e interacción oral, comprensión de lectura y expresión e interacción escrita, que por motivos de espacio no detallamos.

### 3.2 Objetivos didácticos

1. Comprender información global y específica de textos orales y escritos sobre la discriminación racial.
2. Anticipar e inferir información del contexto (discriminación racial / derechos civiles).
3. Producir textos sencillos y cohesionados con su opinión sobre el tema de la discriminación a diferentes niveles.
4. Participar en conversaciones sobre el tema de la unidad con corrección, fluidez y espontaneidad.
5. Practicar la correcta pronunciación de las agrupaciones vocálicas en inglés.
6. Analizar retóricamente los elementos que forman un discurso político efectivo.
7. Desarrollar la competencia digital mediante la realización de una *web task*.

# 4. Contenidos por competencias

## 4.1 Competencias generales

### 4.1.1 Contenidos nocionales

1. Propiedades: existencia (*there is/there was*), cantidad (*some/any/no*) y valoración (adjetivos calificativos).
2. Relaciones temporales: presente y pasado.
3. Relaciones de estados, procesos y actividades (aspecto, modalidad, participantes).
4. Relaciones lógicas: conjunción (*and*), oposición (*but, however*), causa (*because*), finalidad (*to, in order to*), resultado (*as a consequence*).

### 4.1.2 Contenidos socioculturales

1. Condiciones de vida (evolución desde el periodo esclavista a la actualidad).
2. Relaciones personales (estructura social).
3. Valores, creencias y actitudes (tradiciones anglosajonas, supersticiones africanas, etc.).
4. Convenciones sociales (colonialismo, esclavitud, segregación racial).

## 4.2 Competencias comunicativas

### 4.2.1 Competencias lingüísticas

*Contenidos léxico-semánticos*

1. Relaciones humanas y sociales (*slave, freeman, master*).
2. Vida cotidiana (*plantation, North vs South, Civil Rights Movement*).
3. Condiciones de vida (*slavery, manpower, abolish, uprisings, equal rights,* etc.).

*Contenidos gramaticales*

1. Revisión de los tiempos de pasado, con especial atención al pasado simple y presente perfecto.
2. Revisión de la voz pasiva.
3. Oración compuesta: expresión de relaciones lógicas (*since, even though, because,* etc.) y temporales (*first, over the years, finally,* etc.).

*Contenidos ortográficos*

1. Representación gráfica de fonemas y sonidos vocálicos (*a; ea; ai/ay; e/ie/ee; i; o; ou*).
2. Signos ortográficos (comas y puntos en textos escritos).

*Contenidos fonéticos*

1. Sonidos y fonemas vocálicos y sus combinaciones (/æ/, /ɑ:/, /eɪ/, /i:/, /aɪ/, /əʊ/, /ɒ/, /ʌ/, /aʊ/).
2. Patrones tonales en la oración (afirmación, negación, interrogación, exclamación).

### 4.2.2 Competencia sociolingüística

*Contenidos sociolingüísticos*

1. Diferencias entre inglés británico y americano (ortografía y vocabulario específico).
2. Eufemismos (diferentes formas de referirse a la gente de color).
3. Estereotipos y dialectos sureños (zona esclavista EE UU).

### 4.2.3 Competencias pragmáticas

*Contenidos funcionales*

1. Actos de habla asertivos: informar, describir, expresar acuerdo y desacuerdo.
2. Actos de habla compromisivos: expresión de ofrecimiento, intención, voluntad y decisión.
3. Actos de habla directivos: consejos y advertencias.
4. Actos de habla expresivos: expresión de admiración, preferencia, aprobación y desaprobación.

*Contenidos discursivos*

1. Coherencia textual: adecuación del texto (discurso) al contexto comunicativo.
2. Cohesión textual: organización interna de textos (inicio, desarrollo y conclusión) y uso correcto de la puntuación.

3. Conclusión del discurso: resumen y/o reformulación de textos orales y escritos trabajados en la unidad.
4. Mantenimiento y seguimiento del discurso oral: toma y cesión del turno de palabra en las actividades orales.

## 5. Metodología

Partiendo del enfoque comunicativo, centrado en el desarrollo de la competencia comunicativa del alumno y que propone un aprendizaje integrado de todas las destrezas lingüísticas aceptando el error como parte de dicho aprendizaje, que tendrá lugar siempre en situaciones reales y significativas para el alumno, y como una evolución natural, nos centraremos en la enseñanza por tareas: trabajos o proyectos en que los alumnos utilizarán la lengua extranjera, con el foco de atención más en el contenido que en la forma. El concepto de tareas se extiende hacia las tareas lingüísticas y no lingüísticas que se desarrollan más allá de la clase de idiomas, dentro del enfoque orientado a la acción propuesto por el MCERL. Un ejemplo de este enfoque metodológico es la *Web Task* sobre figuras relevantes de raza negra, dentro de esta unidad didáctica. Esta tarea se puede incluir en el Portfolio Europeo de las Lenguas, documento que se desprende del MCERL, en el que el alumno deja constancia de su progreso dentro del aprendizaje de la lengua extranjera (Martín y Varela, 2010).

Por último, es importante mencionar que en el desarrollo de la unidad partimos de la premisa de que los alumnos construyen su propio conocimiento mediante la interpretación de su experiencia personal de aprendizaje y sus creencias y conocimientos previos y mediante esta interacción multisensorial se consigue un aprendizaje significativo, además de una mayor capacidad de retentiva de los nuevos conocimientos y se desarrollan destrezas de aprendizaje que potencian la autonomía del alumno (Blanco, Pino y Rodríguez, 2010, 2009).

## 6. Descripción en detalle de las actividades secuenciadas y ordenadas

La unidad didáctica se compone de tres sesiones de 120 minutos. Cada una de las sesiones está dividida en dos partes, de 60 minutos de duración cada una. Se desarrollará en el mes de febrero, para hacerla coincidir con la celebración del *Black History Month* en EE UU.

SESIÓN 1, parte 1 (60 min.)

### 1.a. Warm-up (10 min.)

Discusión sobre el título de la unidad *I have a dream* y lluvia de ideas relativa a los conocimientos de los alumnos sobre los problemas raciales en EE UU y su propio país (se usa una imagen tomada de http://www.flickr.com/photos/97328886@N00/1182295583) (gran grupo).

### 1.b. Listening comprehension (15 min.)

1. Listen to the following recording about slavery and tick the sentences true or false (actividad adaptada de http://library.thinkquest.org/03oct/00394/life.htm y http://www.pbs.org/wnet/slavery/experience/living/history.html) (individual):

| | True | False |
|---|---|---|
| a) The first sources of American economic wealth were tobacco, rice and cotton | ☐ | ☐ |
| b) Around 17 million slaves had been brought to America by 1867 | ☐ | ☐ |
| c) At harvest time slaves worked 18 hours every day | ☐ | ☐ |
| d) Field slaves lived more comfortably than house slaves | ☐ | ☐ |
| e) Slave children started working at the age of 4. | ☐ | ☐ |

2. Complete the following timeline of slavery (individual):

| TIMELINE OF SLAVERY |
|---|
| 1600s |
| 1867 |
| 1862 (Information in Text 1.c) |
| 1865 (Information in Text 1.c) |

## 1.c. Listening and reading comprehension (15 min.)

Read the continuation of the recording and answer the questions (actividad adaptada de http://library.thinkquest.org/03oct/00394/life.htm y http://www.pbs.org/wnet/slavery/experience/living/history.html) (Individual):

> As mentioned before, slaves were not allowed to receive education. This also limited their access to Christianity since they couldn't read the Bible. Africans brought to America initially resisted giving up the religions of their forefathers, but over the years, and with the birth of new generations on American soil, accepting Christianity became part of accepting America as home.
> [...]
> The American Civil War, started in 1862, was fought initially for economic, political and social reasons separating the southern farming colonies from the northern industrial colonies. Slavery was officially ended by the Thirteenth Amendment to the United States Constitution in December 1865.

a) What was one of the effects of having no education for slaves?
b) Explain in your own words the sentence «With the birth of new generations on American soil, accepting Christianity became part of accepting America as home.
c) Name four important figures in the abolition of slavery.
d) What were the initial reasons for the American Civil War?
e) Why is the American Civil War important in the history of slavery in the US?

## 1.d. Key vocabulary (5 min.)

Match the following words or expressions to their definition (individual):

| *Word/ Expression* |
|---|
| slave trade |
| plantation |
| crop |
| harvest |
| abolish |

| *Definition* |
|---|
| to get rid of a law, practice, etc. |
| the activity of collecting a crop |
| a large farm where crops such as tea, coffee, cotton, and sugar are grown |
| a plant grown for food, usually on a farm |
| the business of buying and selling people as slaves |

d) King's speech has helped Americans to understand ____________ better.

e) After his famous march in Washington, King continued to organise _____________ and _____________.

2. What happened to Martin Luther King on the following dates? (3 points):

| IMPORTANT DATES IN THE LIFE OF MARTIN LUTHER KING |
|---|
| 1929 Mr. Luther King, Jr. was born. |
| 1963 |
| 1964 |
| 1968 |

**3.b. Speaking task (45 min. en total para toda la clase) (Individual)**

Esta actividad se realizará en el aula de informática, con el programa gratuito Audacity, y los alumnos enviarán su grabación en formato mp3 al profesor.

Compare and contrast the following 2 pictures. Aim to talk for 1 minute. Look at these pictures that show the status of African-Americans in the US and how it has changed in the last 50 years. Describe both pictures and compare them.

You may refer to all that has happened since the 1950s until the present day, and use the knowledge that you have gained in this unit to describe this historical process.

Enlace a las dos fotos:

Segregation http://www.flickr.com/photos/64493310@N00/4519560794,
Barack Obama http://www.flickr.com/photos/24192350@N03/2383864178

Try to use 20 minutes to prepare your speech, 15 minutes to rehearse and to solve technical problems and 10 minutes to record yourselves and send to the teacher.

SESIÓN 3, parte 2

### 3.c. Reading comprehension (20 min.) (Individual)

Actividad de comprensión lectora, adaptada de http://www.africultures.com/anglais/articles_anglais/41cremieux.htm.

*Americans of African Descent: Names and Identities*

by Anne Crémieux

African, Colored, Negro, Black, Afro-American, African American... The terms used to refer to Black Americans have changed with time and show a complex search for a cultural and racial identity.

During slavery, Blacks arriving from Africa naturally chose to call themselves «Africans», whereas colonists often used the adjectives slave or free, or else the Portuguese word «negro». However Blacks soon lost touch with the traditions of their homeland as a result of a policy that often separated children from their families at birth and the term «African» stopped being used.

While «negro» was used by all, the word «colored» (often spelled Coloured) soon became prevalent in the Black community. Widely used until the beginning of the 20th century, the term «colored» allowed America to create a category for all non-Whites. Colored could include Blacks, Native Americans, Mexicans, Asians and Latinos. In the Sixties, however «colored» took on racist connotations.

The evolution of the use of «negro» is linked to that of «colored», which was the preferred term in the 19th century. But with the Jim Crow laws and the «separate but equal» ruling in 1896, the word appeared on every public entrance, every fountain, every restroom: White / Colored. Signs saying «No Dogs, No Colored» were common. The Black community then chose an alternative word, **«negro»**, which was capitalized in the 1930s and used by newspapers as a mark of respect for the Black community. Like «colored», «negro» refers to race (rather than the ethnic origin or culture as the term «African» does). Functioning as a neutral term until the 1950s, «negro» disappeared along with «colored» in the 1960s and today only older Americans use the two terms.

The 1960s were years of revolution. In a time of collective awareness when Afros were in vogue and the «Black is Beautiful» movement was born, many Blacks rediscovered their African roots. In spite of heated arguments, «black» became the preferred term, sanctified by the Black Panthers and James Brown's song «Say it Loud: I'm Black and I'm Proud!» (1968). «Black» became the accepted word, and still is today.

The 1970s and 1980s gave birth to the many hyphenated terms that describe modern America's ethnic minorities (Irish-Americans, Italian-Americans, Hispanic-Americans, Asian-Americans, etc.). The Black community chose «Afro-American», and later «African American». It expresses a sense of belonging to a culture and, more important, creates a bridge with the African continent. It evokes slavery and acculturation while claiming an African heritage and is now accepted and used by all. Africa is once again part of the name of Black Americans, as if the quest for identity had ended where it began. Returning to cultural origins that should never have been renounced, Black Americans have come full circle.

1. Match the term with the appropriate definition or comment (5 points):

| *Term* |
|---|
| African |
| Colored |
| Negro |
| Black |
| African American |

| *Definition/Comment* |
|---|
| This term marked clear segregation between black and white people |
| It started as a neutral name but stopped being used in the 1960s |
| It is the politically-correct term nowadays |
| Term used during slavery |
| It is still used by the black community nowadays |

2. Read the text carefully and tick the sentences true or false (5 points):

| | True | False |
|---|---|---|
| a) The change in terminology applied to Black Americans shows their powerful role in history | ☐ | ☐ |
| b) During slavery, they called themselves Afro-American | ☐ | ☐ |
| c) The term «colored» included people from South America | ☐ | ☐ |
| d) Both «colored» and «negro» refer to race | ☐ | ☐ |
| e) Both «black» and «African American» refer to ethnic origin or culture | ☐ | ☐ |

**3.d. Written production (20 min.) (Individual)**

Write a brief narrative text about how racism and equal rights have evolved. Do you think people are less racist now than when Martin Luther King Jr. lived? Justify your answer and try to show all what you have learnt in this unit. Write between 50 and 80 words.

Además de las actividades programadas, se preparan otra que servirán como refuerzo para ayudar a los estudiantes con problemas y ampliación para aquellos que superen los objetivos previstos y que serán empleadas en función de los resultados obtenidos en la evaluación formativa.

*Refuerzo*

1. Atención individualizada.
2. Aprendizaje guiado en actividades (*scaffolding*).
3. Uso de transcripciones en actividades de comprensión oral.
4. Hojas de trabajo con diferentes niveles de dificultad.

*Ampliación*

- — Proyección de la película *Mississipi Burning* con actividades preparadas para su realización antes, durante y después del visionado.
- — Escucha de otras canciones relacionadas con el tema: *I'm on my way, When the saints go marching in, Say it loud: I'm black and I'm proud.*
- — Páginas web relacionadas con *Black History Month.*

## 7. Evaluación

### 7.1 Evaluación del aprendizaje

#### 7.1.1 Tipos de evaluación

*Evaluación inicial*

Tiene una finalidad diagnóstica, ya que nos informa sobre los conocimientos previos de los alumnos relacionados con el tema de la unidad y que son fundamentales para construir la adquisición de los nuevos objetivos (Rodríguez y Valencia, 2003). Además, esta actividad inicial también nos permite repasar contenidos trabajados anteriormente y así ayudar a alumnos que puedan tener dificultades.

*Evaluación formativa*

Pretende observar y monitorizar en detalle el proceso de aprendizaje para así poder modificarlo en función de las necesidades de los alumnos. Se centra fundamentalmente en la interacción entre profesor/alumno, padres, la autoevaluación, el desarrollo personal, el trabajo de clase, etc.

*Evaluación sumativa*

Al final de la unidad debemos averiguar en qué medida los alumnos han adquirido los objetivos propuestos; para ello, se emplean actividades que resumen los aspectos fundamentales de la unidad.

### 7.2 Técnicas e instrumentos de evaluación

- Análisis de contenido sobre vocabulario y estructuras gramaticales.
- Autoevaluación mediante fichas de autocorrección con retroalimentación inmediata.
- Portafolios de tareas del alumno.
- Actividades de expresión y comprensión oral y escrita.
- Observaciones utilizando rúbricas de valoración.
- Exposición oral y escrita de trabajos.

### 7.3 Criterios y procedimientos de evaluación

Siguiendo la normativa, en esta unidad tendremos en cuenta los siguientes criterios:

- Comprender las ideas principales de una conversación o discusión informal, en conferencias y presentaciones, de un debate largo y de material grabado sencillo que trate temas cotidianos articulados con relativa lentitud y claridad.
- Iniciar, mantener y terminar conversaciones sencillas ofreciendo o buscando puntos de vista personales, hacer una presentación breve y preparada, con claridad y cuyas ideas principales estén explicadas con una razonable precisión, así como responder a preguntas complementarias de la audiencia.
- Encontrar y comprender información relevante en material escrito de uso cotidiano.

- Escribir informes muy breves en formato convencional con información sobre hechos comunes y los motivos de ciertas acciones, tomar notas durante una conferencia sencilla sobre temas conocidos y resumir y parafrasear breves fragmentos de información de diversas fuentes.

Además, se emplearán los siguientes procedimientos:

*Antes de comenzar la unidad*

1. Discusión sobre el título de la unidad, *I have a dream* y lluvia de ideas relativa a los conocimientos de los alumnos sobre los problemas raciales en EEUU y su propio país.

*Durante la unidad*

1. Autocorrección de actividades y retroalimentación por parte del profesor en las actividades de comprensión oral y de lectura, vocabulario y gramática.
2. Corrección por parte del profesor en las actividades de expresión e interacción oral y escrita y las relacionadas con la fonética.
3. Coevaluación de alumnos y profesor/alumnos en *Web Task*.

*Al finalizar la unidad*

1. Presentación e interacción oral de la *Web Task* (actividad 2.e). Para su valoración se usará una rúbrica: http://aicoletraining.wikispaces.com/file/view/Rubrics_Oral_Assessment.pdf
2. Prueba de evaluación de comprensión oral con corrección de errores (actividad 3.a).
3. Prueba de evaluación de expresión oral: comparación de dos fotografías (actividad 3.b).
4. Prueba de evaluación de comprensión lectora con corrección de errores (actividad 3.c).
5. Prueba de evaluación de expresión escrita con corrección de errores (actividad 3.d). Para su valoración se usará una rúbrica: http://www.sabes.org/resources/publications/adventures/vol14/14mansoor1.htm

Por último, los criterios de calificación aplicados en la unidad son los siguientes: las cinco pruebas de evaluación sumativa aportarán un 70% de la nota final; el otro 30% se obtendrá de la valoración del progreso del alumno durante la evaluación formativa teniendo en cuenta su esfuerzo por mejorar, participación y actitud positiva hacia la asignatura.

## 7.4 Evaluación del proceso

Al final de cada unidad el profesor realizará una autoevaluación para valorar tanto el proceso como su actuación que le permitirá reflexionar sobre su práctica docente de cara a mejorar el proceso de enseñanza-aprendizaje.

| GUÍA DE AUTOEVALUACIÓN DEL PROFESOR | | | |
|---|---|---|---|
| 1. Comienzo de la clase | ¿He sido puntual? | **Sí** | **No** |
| | ¿He saludado a los alumnos? | | |
| | ¿He recordado lo que hicimos en la clase anterior? | | |
| 2. Objetivos | ¿He logrado los objetivos que me había marcado? | | |
| | ¿He cambiado de objetivos durante la clase? | | |
| | ¿Han sido adecuados los objetivos para mis alumnos? | | |
| 3. Programación y puesta en práctica | ¿He preparado la clase de acuerdo con los objetivos? | | |
| | ¿He llevado a la práctica lo que había preparado? | | |
| | ¿Los cambios han sido justificados? | | |
| 4. Contenidos de la clase | ¿Las actividades han sido efectivas? | | |
| | ¿He intentado integrar más de una destreza en cada actividad? | | |
| | ¿Qué destrezas han practicado los alumnos en la clase? | | |
| | ¿Alguno de los alumnos no ha entendido las instrucciones después de exponerlas? | | |
| | ¿El tiempo para la realización de las actividades ha sido suficiente? | | |
| | ¿El contenido era adecuado al nivel de los alumnos? | | |
| | ¿Alguna actividad no ha dado el resultado esperado? | | |
| | ¿La sustituiría por otra? | | |
| | ¿Los materiales que he usado eran atractivos? | | |
| | ¿Las actividades estaban bien secuenciadas y facilitaban la asimilación? | | |
| 5. Cierre de la clase | ¿He acabado la clase de forma brusca? | | |
| | ¿He recordado a los alumnos lo que quería que aprendiesen? | | |
| | ¿La clase ha terminado con la sensación de haber completado algo? | | |
| | ¿La clase ha acabado con eficacia, sin tiempos muertos ni actividades de relleno? | | |

# 8. Índice de coherencia didáctica

Tabla 1. Unidad *I have a dream*. EOI. Nivel Intermedio 2 (nivel B1.2 del MCER), 2.º trimestre. Tres sesiones de 120 minutos

| *Objetivos* | *Contenidos* | *Actividades y recursos* | *Evaluación* |
|---|---|---|---|
| 1. Comprender información global y específica de textos orales y escritos sobre la discriminación racial.<br><br>2. Anticipar e inferir información del contexto (discriminación racial / derechos civiles).<br><br>3. Producir textos sencillos y cohesionados con su opinión sobre el tema de la discriminación a diferentes niveles.<br><br>4. Participar en conversaciones sobre el tema de la unidad con corrección, fluidez y espontaneidad. | COMPETENCIAS GENERALES<br><br>*Contenidos nocionales*<br>1. Propiedades: existencia, cantidad y valoración.<br>2. Relaciones temporales: presente y pasado.<br>3. Relaciones de estados, procesos y actividades: aspecto, participantes y sus relaciones.<br>4. Relaciones lógicas: conjunción, oposición, causa, finalidad, resultado.<br><br>*Contenidos socioculturales*<br>1. Condiciones de vida.<br>2. Relaciones personales (estructura social).<br>3. Valores, creencias y actitudes.<br>4. Convenciones sociales. | COMPRENSIÓN ORAL<br><br>1. Texto oral sobre la esclavitud. Actividades de verdadero / falso y línea del tiempo. (Individual).<br>2. Vídeo *I have a dream*. Resumen de ideas principales y completar huecos. (Individual).<br>3. Canción *We shall overcome*. Distinción de sonidos vocálicos y combinaciones. (Individual).<br>4. Prueba de evaluación de comprensión oral: completar huecos y línea del tiempo. (Individual).<br><br>EXPRESIÓN E INTERACCIÓN ORAL<br><br>1. Discusión sobre el título de la unidad y lluvia de ideas sobre el tema de la discriminación racial. (Gran grupo). | EVALUACIÓN INICIAL<br><br>1. Discusión sobre el título de la unidad, *I have a dream*, y lluvia de ideas relativa a los conocimientos de los alumnos sobre los problemas raciales en EE UU y su propio país.<br><br>EVALUACIÓN FORMATIVA<br><br>1. Autocorrección de actividades y *feedback* por parte del profesor en las actividades de comprensión oral y de lectura, vocabulario y gramática. |

Tabla 1. *(Continuación)*

| *Objetivos* | *Contenidos* | *Actividades y recursos* | *Evaluación* |
|---|---|---|---|
| 5. Revisar las normas básicas de la fonética inglesa en sonidos y fonemas vocálicos y sus agrupaciones.<br>6. Reflexionar críticamente sobre qué elementos forman un buen discurso.<br>7. Desarrollar la competencia digital relacionada con el aprendizaje de idiomas. | COMPETENCIAS COMUNICATIVAS<br><br>Competencias lingüísticas<br><br>*Contenidos léxico-semánticos*<br>1. Relaciones humanas y sociales.<br>2. Vida cotidiana.<br>3. Condiciones de vida.<br><br>*Contenidos gramaticales*<br>1. Revisión de los tiempos de pasado, con especial atención al pasado simple y presente perfecto.<br>2. Revisión de la voz pasiva.<br>3. Oración compuesta: expresión de relaciones lógicas y temporales.<br><br>*Contenidos ortográficos*<br>1. Representación gráfica de fonemas y sonidos vocálicos.<br>2. Signos ortográficos (comas y puntos en textos escritos). | 2. Debate sobre la esclavitud. (Gran grupo).<br>3. Presentación oral de la *Web Task Black History Month.* (Pequeño grupo).<br>4. Prueba de evaluación de expresión oral: comparación de dos fotografías sobre la evolución en los derechos civiles. (Individual).<br><br>COMPRENSIÓN LECTORA<br><br>1. Texto escrito sobre la esclavitud. Preguntas y respuestas. (Individual).<br>2. *Web Task Black History Month.* (Pequeño grupo).<br>3. Reflexión sobre elementos necesarios para una buena presentación oral o un discurso convincente. (En parejas).<br>4. Prueba de evaluación de comprensión lectora: diferentes formas de referirse a la gente de color. (Individual). | 2. Corrección por parte del profesor en las actividades de expresión e interacción oral y escrita y las relacionadas con la fonética.<br>3. Corrección por pares y por el profesor en *Web Task.* Observaciones utilizando rúbrica.<br><br>EVALUACIÓN SUMATIVA<br><br>1. Presentación oral de la *Web Task.*<br>2. Prueba de evaluación de comprensión oral con corrección de errores.<br>3. Prueba de evaluación de expresión oral: comparación de dos fotografías. |

Tabla 1. *(Continuación)*

| *Objetivos* | *Contenidos* | *Actividades y recursos* | *Evaluación* |
|---|---|---|---|
| | *Contenidos fonéticos*<br>1. Sonidos y fonemas vocálicos y sus combinaciones.<br>2. Patrones tonales en la oración.<br><br>Competencia sociolingüística<br><br>*Contenidos sociolingüísticos*<br>1. Diferencias entre inglés británico y americano.<br>2. Eufemismos (diferentes formas de referirse a la gente de color).<br>3. Estereotipos y dialectos sureños (zona esclavista de EE UU). | EXPRESIÓN E INTERACCIÓN ESCRITA<br><br>1. *Web Task Black History Month.* Escritura colaborativa. (Pequeño grupo).<br>2. Reflexión sobre elementos necesarios para una buena presentación oral o un discurso convincente. (En parejas).<br>3. Prueba de evaluación: breve texto narrativo sobre la evolución de la discriminación racial. (Individual). | 4. Prueba de evaluación de comprensión lectora con corrección de errores.<br>5. Prueba de evaluación de expresión escrita con corrección de errores. |
| | Competencias pragmáticas<br><br>*Contenidos funcionales*<br>1. Actos de habla asertivos: informar, describir, expresar acuerdo y desacuerdo.<br>2. Actos de habla compromisivos: expresión de ofrecimiento, intención, voluntad y decisión. | GRAMÁTICA<br><br>1. *Fact file* sobre Martin Luther King, Jr. Repaso de *past simple / present perfect* y distinción voz activa / pasiva. (Individual).<br>2. *Fact file* sobre Martin Luther King, Jr. Distinción voz activa / pasiva. (Individual).<br>3. Uso de los tiempos de pasado (especialmente *past simple* y *past perfect*) | |

Tabla 1. *(Continuación)*

| *Objetivos* | *Contenidos* | *Actividades y recursos* | *Evaluación* |
|---|---|---|---|
| | 3. Actos de habla directivos: consejos y advertencias.<br>4. Actos de habla expresivos: expresión de admiración, preferencia, aprobación y desaprobación. | en las actividades de expresión e interacción escrita. (Individual y pequeño grupo).<br>4. Mención de *shall* como forma antigua de futuro (canción *We shall overcome*). (Individual). | |
| | *Contenidos discursivos*<br>1. Coherencia textual: adecuación del texto (discurso) al contexto comunicativo.<br>2. Cohesión textual: organización interna de textos (inicio, desarrollo y conclusión).<br>3. Conclusión del discurso: resumen y/o reformulación de textos orales y escritos trabajados en la unidad.<br>4. Mantenimiento y seguimiento del discurso oral: toma y cesión del turno de palabra en las actividades orales.<br>5. Uso correcto de la puntuación como recurso de cohesión del texto escrito. | VOCABULARIO<br>1. Vocabulario sobre esclavitud: unir con su definición. (Individual).<br>2. Revisión del vocabulario aprendido sobre la esclavitud con sopa de letras. (Individual y gran grupo).<br>3. Prueba de evaluación: definiciones para las diferentes formas de referirse a la gente de color. (Individual). | |

Tabla 1. *(Continuación)*

| *Objetivos* | *Contenidos* | *Actividades y recursos* | *Evaluación* |
|---|---|---|---|
| REFUERZO<br>1. Atención individualizada.<br>2. Aprendizaje guiado en actividades (*scaffolding*).<br>3. Uso de transcripciones en actividades de comprensión oral.<br>4. Hojas de trabajo con diferentes niveles de dificultad. | | AMPLIACIÓN<br>— Proyección de la película *Mississipi Burning*<br>— Escucha de otras canciones relacionadas con el tema: *I'm on my way, When the saints go marching in, Say it loud: I'm black and I'm proud.*<br>— Páginas web relacionadas con *Black History Month.* | |
| COMENTARIOS DEL PROFESOR / AUTOEVALUACIÓN (rellenar una vez que se ha completado la unidad didáctica)<br>— Añadir contenidos gramaticales: uso del *past perfect versus past simple.*<br>— Añadir mayor práctica de contenidos funcionales, tanto asertivos como expresivos<br>— Dificultad por parte de los alumnos para diferenciar vocales cortas y largas. Añadir más práctica.<br>— Falta general de conocimiento sobre Martin Luther King y el movimiento de los derechos civiles. Buscar más materiales relacionados con aspectos socioculturales. | | | |

## Bibliografía

Blanco, M. T., Pino-Juste, M. R. y Rodríguez López, B. (2010): «Tipología y ventajas en la incorporación de estrategias de aprendizaje en la enseñanza de idiomas. Estudio cualitativo». *Innovación educativa*, 20, pp. 61-73.

— (2009): «Implementing a strategy awareness raising programme: Strategy changes and feedback». *Language Learning Journal*. 38(1), pp. 51-65.

Dudeney, G. (2007): *The Internet and the Language Classroom*. 2nd edition. Cambridge, Cambridge University Press.

— y Hockly, N. (2007): *How to Teach English with Technology*. Harlow: Pearson, Longman.

Martín Monje, E. y Varela, R. (2010): «The European Language Portfolio and its Implementation in Secondary Education», en Rodríguez, B. y Varela, R., *Language, Literature and Culture in English Studies*. Madrid, Alianza Editorial, pp. 93-105.

Pino-Juste, M. R. y Rodríguez López, B. (2010): «Common European Framework of Reference for languages: Evaluation in Different Class Levels», en Rodríguez, B. y Varela, R. *Language, Literature and Culture in English Studies*. Madrid, Alianza Editorial, pp. 79-92.

Rodríguez López, B. y Valencia González, M. L. (2003): «Assessment and Evaluation in Foreign Language Teaching», en Varela, R., *All about Teaching English: A Coursebook for Teachers of English (Pre-school through Secondary)*. Madrid, Centro de Estudios Ramón Areces, 195-211.

Trenchs, M. (2001): «Metodología para la utilización de programas informáticos en la enseñanza de lenguas», en Trench, M., *Nuevas Tecnologías para el autoaprendizaje y la didáctica de las lenguas*. Barcelona, Milenio, pp. 141-158.

